CHRIS CHAN

KAMPFFLUGZEUGE DES II. WELTKRIEGES

GONDROM

Lizenzausgabe für Gondrom Verlag GmbH, Bindlach 2000

Bearbeitung und Koordination der deutschen Ausgabe:
akapit Verlagsservice, Berlin – Saarbrücken
Übersetzung: Andreas Göbel (akapit Verlagsservice)

ISBN 3-8112-1740-2

Bildnachweise:
Alle Bilder von Aerospace Publishing, außer die von Bob Garwood auf den Seiten 47, 93

Covervorderseite: Avro Lancaster, Hawker Typhoon, Messerschmitt Me 262,
Blohm und Voss BV 141, Mitsubishi G4M
Coverrückseite: Short Sunderland

Inhalt

Einführung

Der 2. Weltkrieg begann im September 1939 mit dem deutschen Angriff auf Polen und endete im August 1945 mit dem Abwurf der amerikanischen Atombomben auf die japanischen Städte Hiroshima und Nagasaki. Es zeigte sich, dass die Luftherrschaft im taktischen, operationalen und strategischen Bereich immer wichtiger wurde; im Zuge der Bombardierung Hiroshimas und Nagasakis wurde jedoch endültig klar, dass den Luftstreitkräften die zentrale Rolle in den militärischen Strategien der Zukunft zukommen würde.

Die wesentlichen Merkmale des Luftkrieges im 2. Weltkrieg hatten sich in der zweiten Hälfte der 30er Jahre entwickelt, besonders während der Eroberung Abessiniens durch Italien (1935/36), im Spanischen Bürgerkrieg (1936–1939), in dem die republikanische Regierung durch Russland und durch die Faschisten Deutschlands und Italiens unterstützt wurde, und zu Beginn des zweiten Chinesisch-Japanischen Krieges (1937–1945).

Oben: In den ersten Jahren des 2. Weltkrieges war die Ju 87 „Stuka“ *von großer militärischer und strategischer Bedeutung.*

Oben: Die Hawker Hurricane *(hier die* Mk-I-*Version) wurde 1940 hauptsächlich in Kämpfen gegen die deutsche Luftwaffe eingesetzt.*

Gleichzeitig fanden radikale Veränderungen in der Flugzeugtechnik statt, die sich schon in den späten 20er und frühen 30er Jahren angekündigt hatten. Damals wurden die mit Leinwand verkleideten Doppeldecker aus Stahl oder Leichtmetall im zivilen und dann auch im militärischen Bereich durch Eindecker aus Leichtmetall, beschichtet mit leichten Legierungen, abgelöst. Etwa von 1934 an veränderte sich die taktische und operationale Situation bei den Luftstreitkräften der Industrieländer durch stetige Weiterentwicklungen, bessere Bedingungen und verstärkte Produktion, die zu „modernen" Eindeckern führten. Sie zeichneten sich durch eine Konstruktion aus Leichtmetall (mit dem sie auch beschichtet waren), einfache, unverspreizte Tragflächen, ein einziehbares Fahrgestell sowie durch eine geschlossene Kabine aus. Ferner besaßen die neuen Eindecker hintere Flügelklappen zur Verbesserung des Abhebens und Landens sowie Hochleistungsmotoren (gewöhnlich luftgekühlte Sternmotoren oder wassergekühlte V-Motoren) unter stromlinienförmigen Motorhauben, die einen höhenverstellbaren Propeller mit drei oder mehr Blättern antrieben. Dieser besaß wiederum einen handlichen Kühler und wurde von einem mechanisch angetriebenen Gebläse oder auch von einem Turbogebläse bedient.

Die Möglichkeit des Antriebs durch Rückstoßmotoren wie bei einer Rakete bot zwar ein überaus günstiges Verhältnis von Leistung und Gewicht, erforderte jedoch einen nur schwer berechenbaren und viel zu hohen Verbrauch an hoch gefährlichen Treibstoffen. Beim Strahltriebwerk war das Verhältnis von Leistung und Gewicht besser als bei einer Kolbenmaschine und der Benzinverbrauch geringer als bei der Rakete, es litt jedoch unter schwer wiegenden Problemen, die bei der Entwicklung des Materials entstanden.

Der 2. Weltkrieg war zu Anfang eine weitestgehend innereuropäische Angelegenheit und letztlich nur die Fortführung eines seit langem schwelenden Konflikts, den auch der 1. Weltkrieg nicht hatte lösen können, ganz im Gegenteil: Der Versailler Vertrag machte die alten Ressentiments gegenüber Deutschland offenkundig und provozierte geradezu eine Gegenreaktion, die mit dem Angriff auf Polen und Frankreich ihren blutigen Anfang nahm.

Eine neue Art der Kriegsführung

Was den reinen Luftkrieg betrifft, hatte sich die steigende Bedeutung von Bombardierungen und Bodenkampfunterstützung aus der Luft schon Mitte der 30er Jahre in Abessinien und Spanien angedeutet. Jene Zeit war eine Übergangsperiode vom Doppel- zum Eindecker. Voll ausgeschöpft wurden die Möglichkeiten des Luftkriegs jedoch erst in den Feldzügen des deutschen „Blitzkriegs" 1939–1941. Obwohl die Deutschen dabei taktische Effizienz an den Tag legten, nutzten sie den Luftkampf noch nicht im Sinne eines neuen Konzepts der Kriegsführung, sondern unterstützten mit Flugzeugen vorwiegend die Bodenkämpfe. Die Briten hingegen waren den Deutschen in ihrer Interpretation eines Luftkrieges voraus, auch wenn sie noch keine klaren Richtlinien dafür aufgestellt hatten – dieses sollte, zusammen mit technischen und taktischen Faktoren, schließlich den britischen Sieg in England herbeiführen.

Die in Großbritannien entstandenen und von den Amerikanern weiter entwickelten Richtlinien für den Luftkrieg hatten sich gegen Ende des 2. Weltkriegs zu drei Hauptaspekten verfestigt: der Beherrschung des Luftraums, der strategischen Bombardierung der feindlichen Rüstungsanlagen und der direkten Untersützung der Boden- und Seestreitkräfte.

Die Beherrschung des Luftraums war wichtig für die wirksame Umsetzung der anderen beiden Ziele sowie für defensive Zwecke. Um die eigene wirtschaftliche Stärke (und damit das Kriegsführungspotenzial) gegen strategische Bombardierung zu sichern sowie die Bodentruppen gegen Luftangriffe zu schützen, musste man den gegnerischen Bestrebungen nach Luftüberlegenheit wenigstens eine entsprechende Kraft entgegensetzen. Außerdem war die Beherrschung des Luftraums ein wesentlicher Faktor zur Aufrechterhaltung der Moral eines Landes, denn die Zivilbevölkerung und das Militär waren durch die feindlichen Luftangriffe direkt bedroht.

Luftüberlegenheit konnte durch einen defensiv geführten Luftkampf, durch Zermürben der gegnerischen Stärke mithilfe wiederholter strategischer Bombardierungen (auch mit Geleitschutz, um den Feind in die Luft zu locken) sowie durch Angriffe auf Flugzeuganlagen und langfristig auch der Flugzeugindustrie herbeigeführt werden.

Strategische Bombardierung

Befürworter des Luftkampfes hielten strategische Bombardierungen für den entscheidenden Punkt in einem Luftkrieg. Langstreckenbomber ermöglichten es zum ersten Mal, direkt die Grundlagen des gegnerischen Landes für den Krieg anzugreifen, nicht nur indirekt durch eine Blockade. Großbritannien war zwar unterlegen, was die Anzahl der Kriegsflugzeuge betraf, und musste sich dementsprechend auf seine Verteidigung konzentrieren, verlor aber nie den Luftkrieg aus den Augen und griff neben den Industriezentren zunehmend auch zivile Einrichtungen mit Langstreckenwaffen an – sogar 1940, als der Krieg auf englischem Boden tobte. Deutschland verstärkte umgehend seine Flugabwehr, was die Engländer veranlasste, sich auf Nachtangriffe zu verlegen. Das wiederum hatte zur Folge, dass sie aufgrund schlechter Sicht und ungenauer Navigation statt durch gezielte Angriffe die Industrieregionen flächendeckend bombardierten.

Von Ende 1942 an waren amerikanische Bomber in der Lage, geschützt durch Panzerung und mit zahlreichen lenkbaren Geschützen an Bord, effektiver bei Tageslicht zu bombardieren und dank der besseren Lichtverhältnisse die Ziele genauer anzupeilen. Die amerikanische Bombardierung wiederum traf auf die deutsche Flugabwehr. Diese verstärkte ihre Attacken, und die technischen Neuerungen führten zu einem zermürbenden Luftkrieg über Europa. Die Verluste der Amerikaner waren jedoch sehr hoch, und der Luftkrieg konnte 1944/45 nur fortgeführt werden, weil man nun die Bomber bei den Angriffen ins deutsche Binnenland mit Jagdflugzeugen von sehr großer Reichweite eskortieren konnte. Die britische Luftwaffe übernahm

Oben: Es wurden mehr als 15.000 Exemplare der Republic P-47 Thunderbolt *gebaut. Der Kampfflieger hatte eine enorme Feuerkraft und eine große Reichweite.*

die nächtlichen Flächenbombardierungen, während die 8. und 15. amerikanische Luftflotte gezielte Tagesangriffe durchführte. Diese kombinierte Bombenoffensive trug wesentlich zu Deutschlands industriellem und militärischem Zusammenbruch bei, besonders als Energiekraftwerke und Kommunikationseinrichtungen in den Mittelpunkt der Angriffe gestellt wurden.

Die strategische Bombardierung Japans durch die USA verlief nach einem ähnlichen Schema. Allerdings war hier die Bombenoffensive nicht ganz so effektiv, da die Entfernungen größer waren. Als man jedoch im März 1945 Iwo Jima einnahm, konnten die amerikanischen Bomber und Langstreckenjäger das japanische Mutterland von den beiden Landeplätzen der Insel aus angreifen und die industrielle Infrastruktur Japans wirksam zerstören.

In taktischer Hinsicht festigte sich die Bodenkampfunterstützung in der Kooperation zweier britischer Formationen im Jahr 1942 in Nordafrika – der Wüstenluftflotte und der 8. Armee. Die Kommandoführung war dabei der wichtigste Punkt; die Kontrolle wurde dem Luftkommandanten übertragen, nicht mehr den Kommandanten der Bodentruppen. So konnte man flexibel auf die Situation am Boden reagieren und mit unerwarteten Bedrohungen fertig werden – solche Flexibilität stand den Deutschen, deren Luftwaffe den Kommandanten der Bodenstreitkräfte unterstand, keineswegs zu Gebote. Man muss jedoch einwenden, dass es bei einer solchen Regelung zu keiner vollständigen Integration der Luftwaffe in die Bodeneinheiten kommen konnte.

Der Sieg des Jagdbombers

Der Jagdbomber war für die Bodenkampfunterstützung von wesentlicher Bedeutung. Dieses schnelle und bewegliche Kampfflugzeug war ideal für präzise Tiefangriffe auf Bodenziele, stellte aber auch eine effektive Waffe gegen vergleichbare Flugzeuge des Feindeslandes dar. Zunächst war es seine Aufgabe – in Begleitung leichter und mittelschwerer Bomber, die die Anlagen der feindlichen Luftwaffe angriffen – den Luftraum unter Kontrolle zu bringen, damit andere Flugzeuge ihre Aufgaben ohne allzu große Verluste bewältigen konnten.

Die Rolle der Luftwaffe bei der Unterstützung von Bodentruppen war zwar ähnlich, unterschied sich jedoch in wichtigen Einzelheiten. Gleich zu Beginn des Krieges wurde man sich der großen Bedeutung der Marine-Luft-

Oben: Die Boeing B-17 Fortress *war ein Riese unter den Kampfflugzeugen des 2. Weltkrieges. Die meisten der insgesamt 12.731 Stück waren in Europa im Einsatz.*

waffe bewusst, da bald ersichtlich wurde, dass Bomben- und Torpedo-Flugzeuge den feindlichen Schiffen so großen Schaden zufügen konnten, dass die Überlegenheit in der Luft sich konsequent auf den Boden übertrug, sogar wenn der Feind in der Überzahl war. Als Beweis für diese These galt die Schlacht von Midway im Juni 1942, als die Luftmacht der zahlenmäßig unterlegenen US-Streitmacht zu einem nahezu vollständigen Sieg über die japanischen Truppen verhalf. Obwohl die Amerikaner 150 Flugzeuge in der Schlacht verloren, versenkten sie vier japanische Flugzeugträger aus der Luft – ein Ereignis, welches die Wende des Seekriegs im Pazifik einleitete.

Die Bedeutung der Luftmacht

Bald setzte sich die Überzeugung durch, dass trägergestützte Kampfflugzeuge nicht mehr bloß die Bodentruppen unterstützen, sondern auch zum primären Angriffsorgan werden konnten. Auch die am schwersten bewaffneten Kriegsschiffe waren nicht gegen Luftangriffe gewappnet, wie die Versenkung der riesigen *Yamato* durch amerikanische Kampfflugzeuge im April 1945 nochmals unterstrich (wenn es auch sieben Bomben und elf Torpedos brauchte, um sie endgültig zu versenken). Man begriff schnell, dass der Flugzeugträger das Schlachtschiff als wichtigstes Wasserfahrzeug moderner Kriegsführung abgelöst hatte und dass er in kleineren Formen – etwa als Eskorte oder leichter Träger – in Begleitung von Langstreckenflugzeugen, die vom Land aus operierten, zur Bekämpfung von U-Booten – der zweiten großen Bedrohung für Schlacht- und Handelsschiffe – und zur taktischen Unterstützung von Landungsunternehmen an den Küsten des Feindeslandes unverzichtbar war.

Mit dem Ende des Krieges waren die Ansichten von Experten über Nutzen und Grenzen des Luftkrieges geteilt, auch wenn man sich einig war, dass die Luftmacht nun ein unentbehrliches Element der Streitkräfte geworden war.

In diesem Buch werden alle wichtigen Jagdflugzeuge, Bomber und Tiefangriffsflugzeuge vorgestellt, die im 2. Weltkrieg zum Einsatz kamen. Neben den legendären Modellen wurden auch seltenere Typen berücksichtigt, z. B. polnische, französische oder schwedische Maschinen, sowie Varianten der bedeutendsten Flugzeuge der Allierten oder der Achsenmächte.

Aeronca L-3 Grasshopper

Nachdem die USA lange Zeit Doppeldecker-Angriffsflugzeuge für Beobachtungseinsätze verwendet hatte, beschloss man, vielseitigere und größere Maschinen zu nehmen. Anfang der 40er Jahre kam man zu dem Schluss, dass nur geringfügige Veränderungen notwendig waren, um zweisitzige zivile Leichtflugzeuge dafür nutzen zu können. Sie waren kostengünstig in Anschaffung und Verbrauch, konnten sowohl als Beobachtungs- als auch als Verbindungsflugzeuge fungieren und waren dank ihrer Beweglichkeit schlechter für die Flugabwehr erreichbar. Besonders günstig waren sie im Kurzstreckenbereich, wo sie von den Kommandanten der Bodentruppen eingesetzt werden konnten. Deshalb besorgte man sich möglichst viele dieser Maschinen; sie besaßen eine geschlossene Kabine, hohe, verstrebte Tragflächen und ein fest sitzendes Spornrad-Fahrwerk. Das Modell Aeronca 65 war ein typisches Exemplar; 1.740 Stück wurden in Varianten von der L-3 bis zur L-3J gebaut.

Herkunftsland:	USA
Typ:	(L-3) zweisitziges leichtes Verbindungs- und Beobachtungsflugzeug
Triebwerk:	ein Continental O-170-3 mit 65 PS (48,5 kW)
Leistung:	Höchstgeschwindigkeit 140 km/h; Anfangssteiggeschwindigkeit 123 m/min; Dienstgipfelhöhe 2.360 m; Reichweite 351 km
Gewicht:	Leermasse 379 kg; max. Startmasse 590 kg
Abmessungen:	Spannweite 10,67 m; Länge 6,4 m; Höhe 2,34 m
Bewaffnung:	keine

Aichi B7A Ryusei „Grace"

Die japanische Flotte stellte 1944 eine Liste benötigter trägergestützter Bomber auf, um den Torpedobomber Nakajima B6N und den Sturzbomber Yokosuka D4Y zu ersetzen. Daraufhin entwarf Aichi die AM-23, und das erste von neun Modellen der B7A1 flog im Mai 1942. Das Entwicklungsprogramm verzögerte sich durch Triebwerksprobleme, und erst im April 1944 ging der Typ als B7A2 in Produktion, dann allerdings mit verbesserter Handhabung und Leistung. Statt in den geplanten drei Fabriken baute man jedoch nur in zweien, und die Produktion ging über insgesamt 105 Flugzeuge nicht hinaus (80 von Aichi und 25 vom 21. Marine-Luftarsenal). Diese mussten von Landstützpunkten aus operieren, da die japanische Marine keine einsatzfähigen Flugzeugträger zur Verfügung hatte. Das abgebildete Flugzeug ist eine B7A2 von Yokosuka Kokutai mit einem Langstreckent-Torpedo.

Herkunftsland:	Japan
Typ:	(B7A2) zweisitziger träger- und landgestützter Torpedo- und Sturzbomber
Triebwerk:	ein 12-Zylinder-Doppelsternmotor Nakajima NK9C Homare 12 mit 2.000 PS (1.491 kW)
Leistung:	Höchstgeschwindigkeit 566,5 km/h; Steigleistung 4.000 m in 6 min, 55 sek; Dienstgipfelhöhe 11.250 m; Reichweite 3.038 km
Gewicht:	Leermasse 3.810 kg; max. Startmasse 6.500 kg
Abmessungen:	Spannweite 14,40 m; Länge 11,49 m; Höhe 4,07 m
Bewaffnung:	zwei 20-mm-Kanonen in den Flügeln, ein nach hinten gerichtetes 13-mm-Maschinengewehr im hinteren Cockpit sowie eine interne Bomben- und Torpedolast von 800 kg

Aichi D3A „Val"

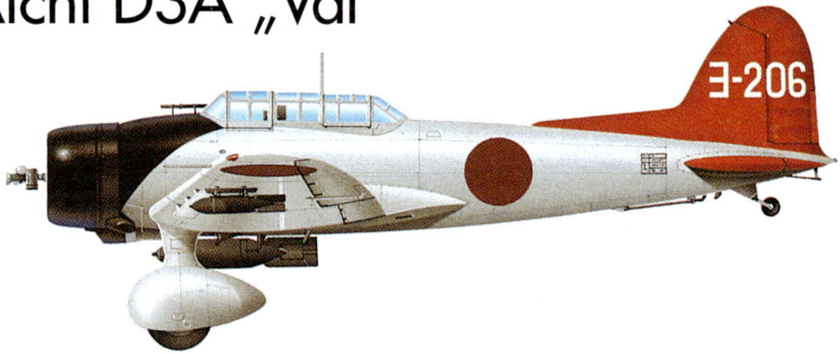

Die Aichi D3A war eines der beiden im Dezember 1941 beim japanischen Angriff auf Pearl Harbor hauptsächlich eingesetzten Kampfflugzeuge. Die D3A wurde gebaut, als man 1936 ein Nachfolgemodell für die D1A benötigte; sie war ein eleganter Tiefdecker mit geschlossener Kabine, aber festem und gut verkleidetem Fahrwerk. Der erste von acht Versuchsmaschinen flog im Januar 1938. Es folgte der Bau von 470 D3A1-Maschinen mit einem 1.000-PS-(746 kW)-Triebwerk Mitsubishi Kinsei 43 oder einem 1.070-PS-(898 kW)-Triebwerk Kinsei 44. Dieser Flugzeugtyp war die Hauptstütze der japanischen Flotte zu Beginn des 2. Weltkriegs. Die verbesserte D3A2, von der 1.016 Stück produziert wurden, nahm im Herbst 1942 den Dienst auf. Zu diesem Zeitpunkt war der Typ jedoch schon veraltet, und von 1943 an nutzte man die übrigen Maschinen als D3A2-K-Schulflugzeuge. Viele von ihnen wurden später für die Kamikaze-Angriffe auf die Schiffe der Alliierten verwendet. Die Abbildung zeigt eine D3A1 von Yokosuka Kokota in den Farben von 1940.

Herkunftsland:	Japan
Typ:	(D3A2) zweisitziger träger- und landgestützter Sturzbomber
Triebwerk:	ein 14-Zylinder-Doppelsternmotor Mitsubishi Kinsei 54 mit 1.300 PS (969 kW)
Leistung:	Höchstgeschwindigkeit 430 km/h; Steigleistung 3.000 m in 5 min, 48 sek; Dienstgipfelhöhe 10.500 m; Reichweite 1.352 km
Gewicht:	Leermasse 2.570 kg; max. Startmasse 4.122 kg
Abmessungen:	Spannweite 14,37 m; Länge 10,2 m; Höhe 3,8 m
Bewaffnung:	zwei 7,7-mm-Maschinengewehre im oberen Teil des Vorderrumpfes, ein lenkbares, rückwärts gerichtetes 7,7-mm-Maschinengewehr im hinteren Cockpit sowie eine Bombenlast an den Außenstationen von 370 kg

Aichi D1A „Susie“

Als die japanische Flotte 1932 einen fortgeschrittenen, trägergestützten Sturzkampfbomber benötigte, übernahm Nakajima die Heinkel He 66, von der ein einziges Modell aus Deutschland importiert worden war, mit einem japanischen Triebwerk – es entstand der Prototyp des Aichi-Spezialbombers. Ende 1934 forderte die Flotte Aichi auf, die Produktion des AB-9-Modells als D1A1 mit einem Sternmotor der Typen 580-PS-(432,5 kW)-Nakajima Kotobuki 2 Kai 1 oder Kotobuki 3 voranzutreiben. Von diesem Anfangsmodell wurden insgesamt 162 Stück geliefert. Dann baute die Firma 428 verbesserte D1A2-Maschinen mit verkleideten Rädern und einem aufgestockten Triebwerk. Die D1A wurde vielfältig im chinesisch-japanischen Krieg eingesetzt. Beim japanischen Eintritt in den 2. Weltkrieg hatte man die verbliebenen D1A1- und alle bis auf 68 D1A2-Flugzeuge schon den Übungseinheiten überstellt; die noch bis 1942 im Einsatz waren.

Herkunftsland:	Japan
Typ:	(D1A2) zweisitziger träger- und landgestützter Sturzbomber
Triebwerk:	ein 9-Zylinder-Sternmotor Nakajima Hikari 1 mit 730 PS (544 kW)
Leistung:	Höchstgeschwindigkeit 309 km/h; Steigleistung 3.000 m in 7 min, 51 sek; Dienstgipfelhöhe 6.980 m; Reichweite 927 km
Gewicht:	Leermasse 1.516 kg; max. Startmasse 2.610 kg
Abmessungen:	Spannweite 11,4 m; Länge 9,3 m; Höhe 3,41 m
Bewaffnung:	zwei 7,7-mm-Maschinengewehre im oberen Teil des Vorderrumpfes, ein lenkbares, rückwärts gerichtetes 7,7-mm-Maschinengewehr im hinteren Cockpit sowie eine Bombenlast an den Außenstationen von 310 kg

Aichi E13A „Jake"

Die E13A wurde aufgrund eines Auftrags für Langstrecken-Aufklärungswasserflugzeuge von 1937 gebaut, und ein Modell flog erstmals 1940. Daraufhin begann man mit dem Bau der E13A1, die Ende 1941 ihren Dienst aufnahm. Drei Hersteller produzierten 1.418 Stück und eine Anzahl von Modellen. Die gelieferten Varianten waren die E13A1, das E13A1-K-Doppelsteuerungs-Schulflugzeug, die E13A1a mit kleineren Verbesserungen sowie Auspuff-Flammendämpfer in einer Auführung für Nachtflüge, und die E13A1b mit Luft-Boden-Radar. E13A1b-Wasserflugzeuge kamen der Aufgabe der Bekämpfung leichter Schiffe besser nach, da sie eine 20-mm-Kanone in einer lenkbaren, nach unten gerichteten Halterung hatten. Manche japanischen Kampfflugzeuge flogen Patrouillen von bis zu 15 Stunden; viele kamen gegen Ende des Krieges jedoch zu einem eher unrühmlichen Ende bei den Kamikaze-Einsätzen.

Herkunftsland:	Japan
Typ:	(E13A1a) dreisitziges Aufklärungs-Wasserflugzeug
Triebwerk:	ein 14-Zylinder-Doppelsternmotor Mitsubishi Kinsei 43 mit 1.080 PS (805 kW)
Leistung:	Höchstgeschwindigkeit 377 km/h; Steigleistung 3.000 m in 6 min, 5 sek; Dienstgipfelhöhe 8.730 m; Reichweite 2.089 km
Gewicht	Leermasse 2.642 kg; max. Startmasse 4.000 kg
Abmessungen:	Spannweite 14,5 m; Länge 11,3 m; Höhe 4,7 m
Bewaffnung:	eine nach unten gerichtete, lenkbare 20-mm-Kanone in einer Halterung im Rumpfbauch (bei späteren Exemplaren auch drehbar) und ein lenkbares, rückwärts gerichtetes 7,7-mm-Maschinengewehr im hinteren Cockpit sowie eine externe Bombenlast von 250 kg

KAMPFFLUGZEUGE DES II. WELTKRIEGES

Amiot 143

Die Amiot 140 folg das erste Mal im April 1931 und sollte den Bedarf an Tag- und Nachtbombern, Aufklärungsflugzeugen mit langer Reichweite und Bomber-Begleitflugzeugen decken. 1934 begann die Produktion mit Lorraine-W-Triebwerken; später wurden Gnome-Rhône-Triebwerke eingebaut. Die Amiot 143M.4 nahm 1935 den Dienst auf; insgesamt wurden 138 Stück gebaut, wovon die späteren 7,5-mm-MAC-Maschinengewehre von 1934 statt der ursprünglichen Lewis-Geschütze eine längere Rumpfnase und feste statt abwerfbarer Reservetanks besaßen. Dieser veraltete Typ bildete am Kriegsanfang immer noch sechs Bombengeschwader, welche aber schwere Verluste hinnehmen mussten, als die Maschinen tagsüber statt nachts eingesetzt wurde. Die verbliebenen Maschinen dienten bis 1944 den französischen Vichy-Streitkräften in Afrika. Abgebildet ist die 78. 143M der 3. Staffel der bis September 1939 in Pontarlier stationierten GB II/35.

Herkunftsland:	Frankreich
Typ:	(Amiot 143M.4) vier-/sechssitziger Nachtbomber und Aufklärer
Triebwerk:	zwei 14-Zylinder-Doppelsternmotoren Gnome-Rhône 14Kirs/Kjrs Mistral-Major mit 870 PS (640 kW)
Leistung:	Höchstgeschwindigkeit 310 km/h; Steigleistung 4.000 m in 14 min, 20 sek; Dienstgipfelhöhe 7.900 m; Reichweite 2.000 km
Gewicht:	Leermasse 6.100 kg; max. Startmasse 9.700 kg
Abmessungen:	Spannweite 24,53 m; Länge 18,26 m; Höhe 5,68 m
Bewaffnung:	bis zu sechs 7,5-mm-Maschinengewehre sowie interne und externe Bombenlasten von 1.600 kg

Amiot 354

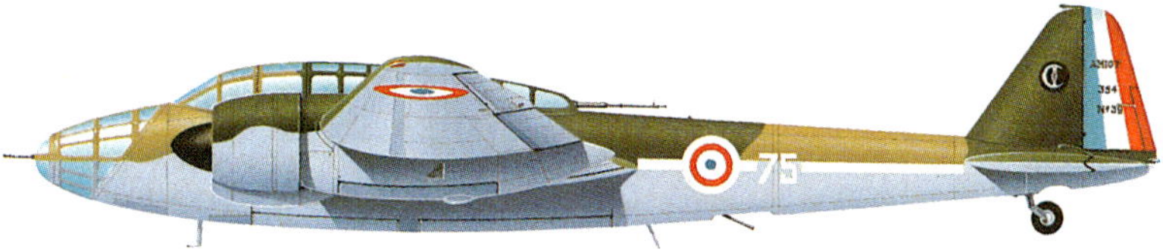

Nach der plumpen Amiot 143 aus den späten 20er Jahren entwickelte das Amiot-Team ein eleganteres Flugzeug und schuf das Postflugzeug Amiot 341 mit großer Reichweite. Diese Enwicklung bahnte den Weg für das Modell des Bombers Amiot 340, der wiederum zu dem Bomber Amiot 354B.4 führte. Die 354B.4 gehörte zu den besten Flugzeugen ihrer Art, die vor Kriegsbeginn produziert wurden. Etwa 900 Stück wurden in Auftrag gegeben und boten gute Leistung und starke Abwehrfeuerkraft. Durch Verzögerungen bei der Entwicklung und Produktion waren jedoch bis zur Niederlage Frankreichs im Juni 1940 nur 45 fertig geworden. Die davon übrig gebliebenen verwendete man als Hochgeschwindigkeits-Transporter, von denen vier von der deutschen Luftwaffe für geheime Operationen genommen wurden. Auf dem Bild ist das 39. an die Luftflotte gelieferte Exemplar zu sehen. Nach dem Krieg wurde das letzte Flugzeug vom französischen Kriegsministerium genutzt.

Herkunftsland:	Frankreich
Typ:	(Amiot 354B.4) viersitziger mittelschwerer Bomber
Triebwerk:	zwei 14-Zylinder-Doppelsternmotoren Gnome-Rhône 14N-48/49 mit 1.060 PS (790 kW)
Leistung:	Höchstgeschwindigkeit 480 km/h; Steigleistung 4.000 m in 8 min, 42 sek; Dienstgipfelhöhe 10.000 m; Reichweite 3.500 km mit einer Bombenlast von 800 kg
Gewicht:	Leermasse 4.725 kg; max. Startmasse 11.300 kg
Abmessungen:	Spannweite 22,83 m; Länge 14,5 m; Höhe 4,08 m
Bewaffnung:	eine lenkbare, rückwärts gerichtete 20-mm-Kanone im Rumpfrücken, ein lenkbares, vorwärts gerichtetes 7,5-mm-Maschinengewehr am Bug, ein lenkbares, rückwärts gerichtetes 7,5-mm-Maschinengewehr in einem Behälter im Rumpfbauch sowie eine interne Bombenlast von 1.200 kg

Arado Ar 68

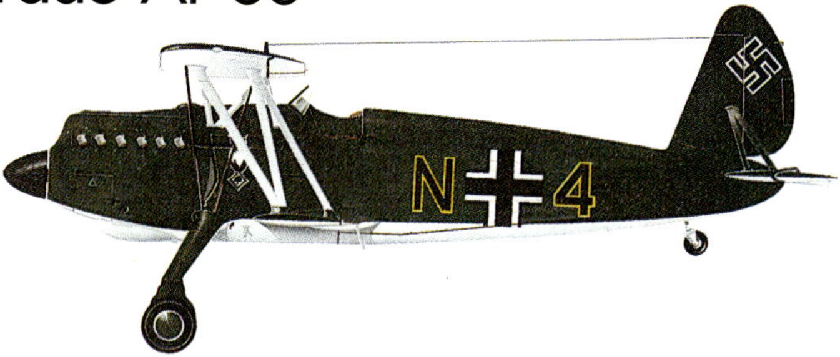

Die Ar 68 war Deutschlands letzter Doppeldecker und löste 1936 die Heinkel He 51 ab. Die Ar 68 war mit ihrem klaren Design, vergleichsweise starkem Triebwerk und ausklappbarem Hauptfahrwerk ein typisches Beispiel für spätere Doppeldecker, wurde jedoch schon 1938 von der Messerschmitt Bf 109 ersetzt. Die beiden Hauptmodelle waren, in der Reihenfolge ihrer Inbetriebnahme, die Ar 68F-1 mit dem 750-PS-(559 kW)-BMW-VI V-Motor und die Ar 68E-1, die mit dem überarbeiteten Triebwerk eines Junkers-Motors die Hauptvariante der Produktion darstellte. Zu Beginn des Krieges diente die Ar 68 als vorläufiger Nachtjäger, wurde jedoch schon im Frühling 1940 nur noch als Flieger- und Jäger-Übungsflugzeug genutzt. Auf der Abbildung ist ein Arado-Ar 68F-Nachtjäger zu sehen – eine von zehn im September 1939 in Ödheim bei Heilbronn stationierten JG 53-(Nacht-)Maschinen.

Herkunftsland:	Deutschland
Typ:	(Ar 68E-1) einsitziges Jagdflugzeug
Triebwerk:	ein 12-Zylinder-V-Motor Junkers Jumo 210Ea mit 690 PS (515 kW)
Leistung:	Höchstgeschwindigkeit 335 km/h; Steigleistung 6.000 m in 10 min; Dienstgipfelhöhe 8.100 m; Reichweite 415 km
Gewicht:	Leermasse 1.840 kg; max. Startmasse 2.475 kg
Abmessungen:	Spannweite 11 m; Länge 9,5 m; Höhe 3,28 m
Bewaffnung:	zwei vorwärts gerichtete 7,92-mm-Maschinengewehre an der Oberseite des Vorderrumpfes sowie eine externe Bombenlast von 60 kg

Arado Ar 232

Die Ar 232 mit vielrädrigem Fahrwerk war als Allweckflugzeug für Fronteinsätze gedacht. Ein Modell der Maschine flog im Sommer 1941 mit einem Triebwerk von zwei 1.600-PS-(1.193 kW)-BMW-801MA-Sternmotoren. Sie hatte zusätzlich eine Einrichtung für vereinfachtes Be- und Entladen des kokonartigen Hauptteils des Rumpfes. Für Kampfflugzeuge wurden dringend BMW-Maschinen benötigt, wie die Focke-Wulf 190, und das dritte Modell besaß bereits ein Triebwerk von vier BMW-Bramo-323-Sternmotoren an den Klappen eines Mittelbereiches einer insgesamt vergrößerten Spannweite. Auf dieser Grundform basierten die etwa 19 Ar-232B-Maschinen (eine von ihnen mit einem erbeuteten französischem Gnome-Rhône-Motor), die für intensiven Einsatz zwischen 1942 und 1945 zur Verfügung standen. Die meisten dienten in der KG 200, der Spezialeinheit der Luftwaffe.

Herkunftsland:	Deutschland
Typ:	(Ar 232B-0) viersitziges, mittelschweres Transportflugzeug
Triebwerk:	vier 9-Zylinder-Sternmotoren BMW Bramo 323R-2 Fafnir mit 1.200 PS (895 kW)
Leistung:	Höchstgeschwindigkeit 340 km/h; Steigleistung 4.000 m in 15 min, 48 sek; Dienstgipfelhöhe 6.900 m; Reichweite 1.335 km
Gewicht:	Leermasse 12.800 kg; max. Startmasse 21.160 kg
Abmessungen:	Spannweite 33,5 m; Länge 23,52 m; Höhe 5,7 m
Bewaffnung:	eine lenkbare 20-mm-Kanone in der Heckkanzel, ein lenkbares, vorwärts gerichtetes 13-mm-Maschinengewehr am Bug und eine oder zwei lenkbare, vorwärts oder rückwärts gerichtete 13-mm-Maschinengewehre im hinteren Teil des Rumpfbehälters

Armstrong Whitworth Whitley

Obwohl sie schon zu Beginn des Krieges veraltet war, blieb die Whitley gleichwohl 1939 eine der Hauptstützen des Bomberkommandos und hatte noch in den ersten Kriegstagen eine wichtige Rolle als Nachtbomber, bevor sie als Patrouillen- und U-Boot-Bekämpfungsflugzeug eingesetzt wurde und als Schleppflugzeug für Segelflugzeuge und als Schulungsflugzeug für Fallschirmjäger ihren Dienst beschloss. Die Whitley Mk I (34 Stück) war vom März 1937 an mit Armstrong-Siddeley-Tiger-Sternmotoren im Dienst, die in den 126 verbesserten Mk-II- und Mk-III-Flugzeugen beibehalten wurden, während die 33 Whitley-Mk-IV-Bomber zu Rolls-Royce-Merlin-Motoren wechselten und eine durch einen Motor drehbare Heckkanzel aufwiesen. Die Mk V mit einem längeren Hinterrumpf, verbessertem Heck und größerem Tank war die Hauptvariante, und diesen 1.466 Maschinen folgten die 146 Mk VII für die Küstenüberwachung und das Luft-Boden-Radar. Das Modell auf dem Bild diente in der 10. Staffel der Luftflotte Großbritanniens.

Herkunftsland:	Großbritannien
Typ:	(Whitley Mk V) 5-Mann-Langstrecken-Nachtjäger
Triebwerk:	zwei 12-Zylinder-V-Motoren Rolls-Royce Merlin X mit 1.145 PS (854 kW)
Leistung:	Höchstgeschwindigkeit 370 km/h; Steigleistung 4.570 m in 16 min; Dienstgipfelhöhe 7.925 m; Reichweite 2.655 km mit Normalbenzin und einer 1.361-kg-Bombenlast
Gewicht:	Leermasse 8.777 kg; max. Startmasse 15.195 kg
Abmessungen:	Spannweite 25,6 m; Länge 21,49 m; Höhe 4,57m
Bewaffnung:	ein lenkbares, vorwärts gerichtetes 07,7-mm-Maschinengewehr in der Bugkanzel, vier lenkbare, rückwärts.gerichtete 7,7-mm-Maschinengewehre in der Heckkanzel sowie eine interne Bombenlast von 3.175 kg

Armstrong Whitworth Albemarle

Der von Bristol 1939 entworfene mittelschwere Bomber Albemarle wurde von Armstrong Whitworth gebaut, da dort noch Produktionskapazitäten bestanden. Später änderte man den Entwurf zu einem Aufklärungsbomber mit einem Rahmen aus Stahl und Holz (wodurch der Bedarf an strategisch wichtigen Leichtmetallen gesenkt wurde), der weitgehend von Subunternehmern zum Zusammensetzen fertig gestellt werden konnte. Das erste von zwei Modellen flog im März 1940 und brachte aufgrund seines großen Gewichtes nur eine enttäuschende Leistung. Nach der veränderten Unterstützungsrolle der Luftstreitkräfte vom Januar 1943 an wurden 600 Stück als die ersten britischen Einsatzflugzeuge mit Dreibeinfahrgestell hergestellt. Die Mks I, II und VI unterschieden sich lediglich in Einzelheiten und wurden als Transporter für Fallschirmjäger und Schleppflugzeug für Lastensegler benutzt, während die Mk V bloß als letzteres diente.

Herkunftsland:	Großbritannien
Typ:	(Albemarle Mk II) dreisitziger Fallschirmjägertransporter und Schleppflugzeug
Triebwerk:	zwei 14-Zylinder-Doppelsternmotoren Bristol Hercules XI mit 1590 PS (1186 kW)
Leistung:	Höchstgeschwindigkeit 426 km/h; Anfangssteiggeschwindigkeit 279 m/min; Dienstgipfelhöhe 5485 m; Reichweite 2092 km
Gewicht:	Leermasse 11.497 kg; max. Startmasse 16.556 kg
Abmessungen:	Spannweite 23,47 m; Länge 18,26 m; Höhe 4,75 m; Tragflächenbereich 74.65 m^2
Bewaffnung:	zwei lenkbare 7,7-mm-Maschinengewehre am Rumpfrücken

Arado Ar 196

Von Ende 1936 an ersetzte die Ar 196 die Heinkel He 50 – das Aufklärungs-Wasserflugzeug mit Katapultstart, das auf deutschen Kampfschiffen transportiert wurde. Von der Ar 196 wurden zunächst fünf Modelle angefertigt (drei mit einfacher und zwei mit doppelter Gleitkufe am Wasserfahrwerk), von denen die ersten im Sommer 1938 flogen. Aus dem Doppelgleitermodell wurde die Ar 196A (536 Flugzeuge); sie trat im Herbst 1939 ihren Dienst in den folgenden Varianten an: Ar 196A-0, der Ar 196A-1 mit zwei vorwärts gerichteten Maschinengewehren, die verbesserte Ar 196A-2 mit zwei zusätzlichen, vorwärts gerichteten 20-mm-Kanonen, die Ar 196A-3, einem stabileren Modell, die Ar 196A-4 mit besonderer Funkausrüstung sowie die Ar 195A-5 mit veränderter Bewaffnung. Auch fünf Modelle der Ar 196B-0 mit einfacher Gleitkufe standen zur Verfügung.

Herkunftsland:	Deutschland
Typ:	(Ar 196A-3) zweisitziges Aufklärungs- und Angriffs-Wasserflugzeug
Triebwerk:	ein 9-Zylinder-Sternmotor BMW 132K mit 970 PS (723 kW)
Leistung:	Höchstgeschwindigkeit 320 km/h; Anfangssteiggeschwindigkeit 415 m/min; Dienstgipfelhöhe 7.000 m; Reichweite 1.070 km
Gewicht:	Leermasse 2.572 kg; max. Startmasse 3.730 kg
Abmessungen:	Spannweite 12,4 m; Länge 11 m; Höhe 4,45 m
Bewaffnung:	zwei vorwärts gerichtete 20-mm-Kanonen in den Flügeln, davon ein vorwärts gerichtetes 7,92-mm-Maschinengewehr an der Steuerbordseite des Vorderrumpfes und ein lenkbares, rückwärts gerichtetes 7,92-mm-Maschinengewehr im hinteren Teil des Cockpits sowie eine externe Bombenlast von 100 kg

Arado Ar 234 Blitz

Als einziger Düsenbomber war der Blitz bei Einsätzen im 2. Weltkrieg von Bedeutung. Seinen Ursprung hatte er in einem Auftrag des deutschen Luftfahrtministeriums von 1940 für einen schnellen Düsenaufklärer. Aus einem intensiven Entwicklungs- und Entwurfsprogramm entstanden nicht weniger als 18 Modelle mit einem Triebwerk von zwei Junkers-004- oder vier BMW-003-Turbostrahltriebwerken, raketengestützte Startvorrichtungen, eine Kabine mit oder ohne Druckanlage und mit einem Schleudersitz sowie eine schwerfällige Kombination eines abzustoßenden Startwagens und ausfahrbarer Gleitkufen zum Landen. Vier B-1-Maschinen unterstanden dem am Rhein stationierten Sonderkommando Götz ab Juli 1944 als Aufklärer, und vom frühen Oktober an wurden Aufklärungseinsätze über Europa und die Britischen Inseln geflogen.

Herkunftsland:	Deutschland
Typ:	(Ar 232 V3) einsitziger Aufklärer
Triebwerk:	zwei Turbostrahltriebwerke Junkers Jumo 109-004A-0 mit 8,24 kN Schub
Leistung:	(geschätzt) Höchstgeschwindigkeit 780 km/h; Dienstgipfelhöhe 16.370 m; Reichweite 2.000 km
Gewicht:	Leermasse 4.800 kg; max. Startmasse 8.000 kg
Abmessungen:	Spannweite 14,4 m; Länge 12,65 m
Bewaffnung:	keine

Arado Ar 234B Blitz

Die Start-/Landekonstruktion der Arado Ar 234 Blitz war für ein Einsatzflugzeug nicht praktikabel, also ließ man die Pläne für den Bau der auf der Ar 234 V3 basierenden Ar 234A zugunsten der Ar 234B fallen. Diese verwendete ein dreirädriges Fahrwerk, von dem alle drei Elemente in den Rumpf eingezogen werden konnten, was schon bei der Ar 234 V9 möglich war. Die Ar 234B sollte ein Aufklärungsbomber mit zwei Motorgondeln für Bomben von bis zu 500 kg sein. Etwa 20 Modelle der Ar 234B-0 wurden von 210 Ar-234B-1-Aufklärern mit Abwerftanks statt Bomben und Ar-234B-2-Aufklärungsbombern abgelöst. Im September 1944 wurde der Typ bei Einsätzen geflogen, und die Ar 234B wurde in nur 14 Exemplaren der Ar 234C weiter entwickelt, und zwar mit überarbeitetem Triebwerk, das dann aus vier BMW-109-003A-1-Turbostrahltriebwerken mit 790 kp Schub bestand.

Herkunftsland:	Deutschland
Typ:	(Ar 234B-2) einsitziger Aufklärungsbomber
Triebwerk:	zwei Turbostrahltriebwerke Junkers Jumo 109-004B-1/2/3 Orkan mit 8,825 kN Schub und Vorrichtungen für zwei Walter-HWK-109-500-(R-202b)-RATO-Triebwerke mit 4,90 kN
Leistung:	Höchstgeschwindigkeit 742 km/h; Steigleistung 6.000 m in 12 min, 48 sek mit einer Bombenlast von 500 kg; Dienstgipfelhöhe 10.000 m; Reichweite 1.630 km
Abmessungen:	Spannweite 14,11 m; Länge 12,64 m; Höhe 4,3 m
Gewicht:	Leermasse 5.200 kg; max. Startmasse 9.850 kg
Bewaffnung:	zwei rückwärts gerichtete 20-mm-Kanonen an der Unterseite des Hinterrumpfes und eine externe Bombenlast von 1.500 kg

Avia B-534

Avia entwickelte den letzten tschechoslowakischen Jagd-Doppeldecker, der tatsächlich zum Einsatz kam, die B-534, welche auf der B-34 basierte. Die B-534 flog erstmals 1933. Es gab fünf Hauptvarianten: die B-534-I (47 Stück mit paarweise angeordneten 7,7-mm-Maschinengewehren im Rumpf und im unteren Flügel), die B-534-II (99 Exemplare mit vier 7,7-mm-Maschinengewehren im Rumpf), die B-534-III (46 Stück, einschließlich Aufträgen aus Griechenland und dem ehemaligen Jugoslawien mit verkleideten Rädern und vergrößertem Gebläseeinlass), die B-534-IV (272 Stück mit geschlossenem Cockpit) und die Bk-534 (35 Stück mit einem 7,7-mm-Maschinengewehr, das durch den Propellerschaft abgefeuert wurde, sowie Einrichtungen für eine 20-mm-Kanone statt dieses Geschützes). Nach der deutschen Besetzung der Tschechoslowakei 1939 teilte man einige Maschinen der Regierung zu; die restlichen wurden als Schulflugzeuge benutzt.

Herkunftsland:	Tschechoslowakei
Typ:	(B-534-IV) einsitziges Jagdflugzeug
Triebwerk:	ein 12-Zylinder-V-Motor Avia (Hispano-Suiza) mit 830 PS (619 kW)
Leistung:	Höchstgeschwindigkeit 415 km/h; Steigleistung 5.000 m in 4 min, 28 sek; Dienstgipfelhöhe 10.600 m; Reichweite 580 km
Gewicht:	Leermasse 1.460 kg; normale Startmasse 1.980 kg; max. Startmasse 2.120 kg
Abmessungen:	Spannweite 9,4 m; Länge 8,2 m; Höhe 3,1 m
Bewaffnung:	vier vorwärts gerichtete 7,7-mm- oder 7,92-mm-Maschinengewehre sowie eine externe Bombenlast von 120 kg

Avro Anson Mk I

Von 1934 bis 1952 wurde die Anson in größeren Stückzahlen gebaut als alle anderen britischen Flugzeuge außer der Hawker Hurricane und der Supermarine Spitfire. Eigentlich sollte sie ein leichter Transporter sein, wurde jedoch ab 1934 als Küstenaufklärer ausgestattet. Das Modell flog erstmals im März 1935 und ging als Anson Mk I (später Anson GR.Mk I) mit veränderter Heckflosse, größerem Kabinenfenster, Cheetah-IX-Sternmotoren und voller militärischer Ausstattung in Produktion. Das erste dieser Flugzeuge flog im Dezember 1935, und im März des folgenden Jahres wurde ein Programm von 6.915 zu liefernden Flugzeugen begonnen; die späteren wurden zu fünfsitzigen Übungsflugzeugen mit Doppelsteuerung und veränderter Ausstattung umgestaltet. Die Abbildung zeigt eine Anson Mk 1 der 220. Staffel des Küstenkommandos der britischen Luftflotte im silbernen Vorkriegsdesign.

Herkunftsland:	Großbritannien
Typ:	(Anson Mk I) drei-/fünfsitziger Küstenaufklärer oder Mehrzweck-Schulflugzeug
Triebwerk:	zwei 7-Zylinder-Sternmotoren Armstrong Siddeley Cheetah IX mit 335 PS (250 kW) oder in späteren Modellen Cheetah XIX mit 395 PS (295 kW)
Leistung:	Höchstgeschwindigkeit 302,5 km/h; Anfangssteiggeschwindigkeit 293 m/min; Dienstgipfelhöhe 5.790 m; Reichweite 1.271 km
Gewicht:	Leermasse 2.438 kg; max. Startmasse 4.218 kg
Abmessungen:	Spannweite 17,22 m; Länge 12,88 m; Höhe 3,99 m
Bewaffnung:	bis zu vier 7,7-mm-Maschinengewehre an Kabinenaufhängungen (oder beim Übungsmodell in der Rückenkanzel) sowie eine interne Bombenlast von 227 kg

Avro Anson Mk II bis C.Mk 19

Nachdem man eingesehen hatte, dass die Anson Mk zu klein für eine Küstenpatrouille war, wurden die späteren Modelle zu Mehrzweck-Schulflugzeugen umgestaltet. Darunter waren die in Kanada gebaute Anson Mk II (1.050 Stück) mit 330-PS-(246 kW)-Jacobs L-6MB-Sternmotoren, die in England gebaute und in Kanada mit L-6MB-Motoren fertig gestellte Anson Mk III (559 Stück), die in England gebaute und in Kanada mit 300-PS-(224 kW)-Wright-R-760-E1/E3-Whirlwind-Motoren fertig gestellte Anson Mk IV (223 Stück), die in Kanada gebaute Anson Mk V (1.070 Stück) mit einem Sperrholzrumpf und einem 450-PS-(335,5 kW)-Pratt & Whitney-R-985-AN-12B/14B-Wasp-Junior-Motor, der Anson-Mk-X-Transporter (103 Stück) mit verstärktem Boden, der Anson-Mk-XI-Transporter (90 Stück und der Anson-Mk-XII-Transporter (276 Stück) mit 420-PS-(313 kW)-Cheetah-XV-Motoren. Das Bild zeigt eine Anson C.Mk 19 in Nachkriegsfarben; sie wurde zu Kommunikationszwecken eingesetzt.

Herkunftsland:	Großbritannien
Typ:	(Anson Mk XI) 2-Mann-Mehrzwecktransporter
Triebwerk:	zwei 7-Zylinder-Sternmotoren Armstrong-Siddeley Cheetah XIX mit 395 PS (295 kW)
Leistung:	Höchstgeschwindigkeit 306 km/h; Anfangssteiggeschwindigkeit 223 m/min; Dienstgipfelhöhe 4.570 m; Reichweite 982 km
Gewicht:	Leermasse 3.365 kg; max. Startmasse 2.957 kg
Abmessungen:	Spannweite 17,22 m; Länge 12,88 m; Höhe 4,22 m
Bewaffnung:	keine

Avro Manchester

Um die Mitte der 30er Jahre war die Flugzeugtechnik so weit fortgeschritten, dass das britische Luftfahrtministerium für einen neuen mittelschweren Bomber auf eine Ausschreibung von 1936 Angebote von Avro und Handley Page bekam. Beide erhielten Aufträge für Modelle; Handley Page kam jedoch über Entwürfe auf dem Zeichenbrett nicht hinaus. Avro legte den mittelschweren Bomber Manchester vor, der nach dem Bau von 200 Flugzeugen 1939 zum ersten Mal flog. Die Manchester Mk I wurde im November 1940 erstmals im Krieg eingesetzt, und diesen 20 Maschinen folgten 180 Exemplare der Manchester Mk IA mit größeren vertikalen Endplatten am Heck, wodurch die Fläche der Mittelleiste der Mk I nicht mehr benötigt wurde. Die Manchester hatte eine ideale Form, versagte jedoch durch die unzuverlässigen Vulture-Motoren und wurde ab Juni 1942 endgültig nicht mehr eingesetzt. Auf dem Bild ist eine Mk 1 der 207. Staffel des Bombenkommandos der britischen Luftflotte von 1941 zu sehen.

Herkunftsland:	Großbritannien
Typ:	(Manchester Mk I) siebensitziger mittelschwerer Bomber
Triebwerk:	zwei 24-Zylinder-X-Motoren Rolls-Royce Vulture I mit 1.760 PS (1312 kW)
Leistung:	Höchstgeschwindigkeit 426 km/h; Dienstgipfelhöhe 5.850 m; Reichweite 2.623 km mit einer Bombenlast von 3.674 kg
Gewicht:	Leermasse 13.350 kg; max. Startmasse 25.402 kg
Abmessungen:	Spannweite 27,46 m; Länge 21,14 m; Höhe 5,94 m
Bewaffnung:	zwei lenkbare, vorwärts gerichtete 7,7-mm-Maschinengewehre in der Bugkanzel, zwei lenkbare 3,03-mm-Maschinengewehre in einem Behälter im Rumpfbauch, der später durch eine Rückenkanzel ersetzt wurde, vier lenkbare, rückwärts gerichtete 7,7-mm-Maschinengewehre in der Heckkanzel sowie eine interne Bomben last von 4.695 kg

Avro Lancaster Mk I

Eine Weiterentwicklung der Manchester, die Lancaster, die ein verändertes Triebwerk mit vier Rolls-Royce-Merlin-V-Motoren hatte, wurde zum erfolgreichsten schweren Nachtbomber der britischen Luftflotte im 2. Weltkrieg. Der erste Flug erfolgte am 9. Januar 1941, und von Anfang 1942 an war sie im Einsatz. Bald galt die ursprüngliche Lancaster Mk I als robustes Flugzeug, das sich gut in der Luft handhaben ließ, leistungsstark war und gute Abwehr- und Angriffsfeuerkraft besaß. Aus diesem Grunde fanden kaum Veränderungen statt, abgesehen von Einzelheiten in Motor und Ausstattung, die im Laufe einer langen Produktion von insgesamt 7.378 Flugzeugen, darunter auch 3.294 Exemplaren der Lancaster Mk I (später Lancaster B.Mk I, schließlich B.Mk X), verändert wurden. Auf der Abbildung ist eine Lancaster Mk 1 der 463. Staffel der RAF, die im Frühling 1945 in Waddington stationiert war, zu sehen.

Herkunftsland:	Großbritannien
Typ:	(Lancaster Mk I) siebensitziger schwerer Nachtbomber
Triebwerk:	vier 12-Zylinder-V-Motoren Rolls-Royce Merlin XX, 22 oder 24 mit 1.640 PS (1.223 kW)
Leistung:	Höchstgeschwindigkeit 462 km/h; Anfangssteiggeschwindigkeit 76 m/min; Dienstgipfelhöhe 5.790 m; Reichweite 2.784 km mit einer Bombenlast von 5.443 kg
Gewicht:	Leermasse 16.783 kg; max. Startmasse 29.484 kg
Abmessungen:	Spannweite 31,09 m; Länge 21,18 m; Höhe 6,25 m
Bewaffnung:	zwei lenkbare 7,7-mm-Maschinengewehre in der Bugkanzel, zwei lenkbare 7,7-mm-Maschinengewehre in der Rückenkanzel, vier lenkbare 7,7-mm-Maschinengewehre in der Heckkanzel, Einrichtungen für ein lenkbares 7,7-mm-Maschinengewehr in einem Behälter im Rumpfbauch sowie eine interne Bombenlast von 8.165 kg

Avro Lancaster Mk I (Special)

Einer der bekanntesten Luftangriffe des Krieges war die Bombardierung der Staudämme der Ruhr 1943 durch die Briten. Hierbei sollte die rheinische Rüstungsindustrie geschwächt werden. Dabei wurden „springende“ Bomben eingesetzt, die nach hinten aufgespult und auf einer bestimmten Höhe abgeworfen wurden, vom Staudamm weg über das Wasser sprangen, dabei immer schneller wurden, gegen die Rückseite des Damms stießen und anschließend an der Vorderseite explodierten. Die eigens für diese Aufgabe gegründete 617. Staffel griff am 17. Mai 1943 mit 19 umgewandelten Lancaster B.Mk I fünf Staudämme an, zerstörte dabei drei und verlor acht Flugzeuge. Die Bezeichnung ED912/G auf der abgebildeten Maschine weist auf ein Spezialflugzeug hin, das am Boden unter Bewachung stand.

Herkunftsland:	Großbritannien
Typ:	(Lancaster Mk I Special) sechssitziger Bomber für Spezialeinsätze
Triebwerk:	vier 12-Zylinder-Motoren Rolls-Royce Merlin mit 1640 PS (1223 kW)
Leistung:	Höchstgeschwindigkeit 462 km/h; Anfangssteiggeschwindigkeit 76 m/min; Dienstgipfelhöhe 5790 m; Reichweite 2784 km mit einer Bombenlast von 5443 kg
Gewicht:	Leermasse 16.783 kg; max. Startmasse 29.484 kg
Abmessungen:	Spannweite 31,09 m; Länge 21,18 m; Höhe 6,25 m
Bewaffnung:	zwei lenkbare 7,7-mm-Maschinengewehre in der Bugkanzel, vier lenkbare 7,7-mm-Maschinengewehre in der Rückenkanzel, ein lenkbares 7,7-mm-Maschinengewehr in einem Behälter im Rumpfbauch sowie eine halb unter dem Rumpf verborgene „Springbombe“ von 3.900 kg

Avro Lancaster Mk III und Mk X

Als klar wurde, dass der Merlin-Motor von Rolls-Royce mit der Entwicklung der äußeren Flugzeugform nicht mehr Schritt halten konnte, entschied man sich für die in Amerika gebaute Lizenzversion, den Packard V-1650 in den Varianten Merlin 28, 38 oder 224. Damit wurde die Lancaster Mk I zur Lancaster Mk III (später B.Mk III, schließlich B.Mk 3), von der 3.020 Stück geliefert wurden. Die Lancaster Mk III wurde von Victory Aircraft Ltd. in Toronto, Kanada, produziert, die 430 Exemplare der Lancaster Mk X (später B.Mk X, schließlich B.Mk 10) lieferten; sie waren im Wesentlichen identisch mit den Mk III-Maschinen. Die KB861 gehörte zu einem von Victory Aircraft gebauten Schub von 300 Lancaster-Mk-X-Maschinen mit Packard-Motoren und dem elektrisch angetriebenen mittleren/oberen MG-Turm Martin-250-CE23 mit 127-mm-Maschinengewehren.

Herkunftsland:	Großbritannien
Typ:	(Lancaster Mk III) siebensitziger schwerer Nachtbomber
Triebwerk:	vier 12-Zylinder-V-Motoren Packard (Rolls-Royce) Merlin 28, 38 oder 224 mit 1.640 PS (1.223 kW)
Leistung:	Höchstgeschwindigkeit 462 km/h; Anfangssteiggeschwindigkeit 76 m/min; Dienstgipfelhöhe 5.790 m; Reichweite 2.784 km mit einer Bombenlast von 5.443 kg
Gewicht:	Leermasse 16.783 kg; max. Startmasse 29.484 kg
Abmessungen:	Spannweite 31,09 m; Länge 21,18 m; Höhe 6,25 m
Bewaffnung:	zwei lenkbare 7,7-mm-Maschinengewehre in der Bugkanzel, zwei lenkbare 7,7-mm-Maschinengewehre in der Rückenkanzel, vier lenkbare 7,7-mm-Maschinengewehre in der Heckkanzel sowie eine interne Bombenlast von 8.165 kg

Avro Lancaster B.Mk I (Special)

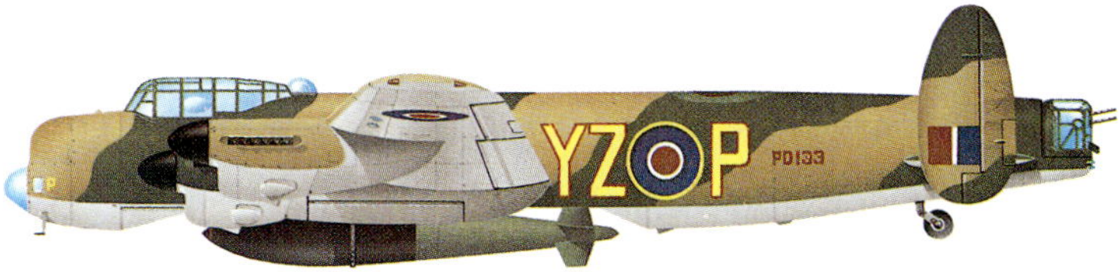

Nachdem die britische Luftflotte durch die 5.443 kg schwere „Tallboy"-Bombe Erfahrung mit „Deep Penetration"-Bomben gemacht hatte, plante man Einsätze mit dem schwersten Geschütz dieser Art, der 9.979 kg schweren „Grand Slam"-Bombe. Sie sollte vor der Detonation tief in die Erde eindringen und dadurch einen erdbebenartigen Effekt erzeugen. Der Bomber, der dieses Geschütz vom März 1945 an tragen sollte, war die Lancaster B.Mk I (Special), von denen 33 durch Umwandlung der Lancaster B.Mk I mit einem verlängerten und türlosen Bombenschacht und – um Gewicht zu sparen – ohne Rumpfnase oder Rückenkanzeln gebaut wurden. Das Flugzeug wurde von der 617. Staffel eingesetzt, die 41 solcher Bomben auf U-Boot-Bunker und Verkehrsknotenpunkte abwarf. Die ungewöhnlichen Farben trug eines der Flugzeuge auf dem C-Flug der Staffel. Auffällig ist die Halterungskette unter der Bombe.

Herkunftsland:	Großbritannien
Typ:	(Lancaster B.Mk I [Special]) fünfsitziger Bomber für Spezialeinsätze
Triebwerk:	vier 12-Zylinder-V-Motoren Rolls-Royce Merlin 24 mit 1.640 PS (1.223 kW)
Leistung:	Höchstgeschwindigkeit 462 km/h; Anfangssteiggeschwindigkeit 76 m/min; Dienstgipfelhöhe 5.790 m; Reichweite 2.494 km mit einer Bombenlast von 9.979 kg
Gewicht:	Leermasse 16.083 kg; max. Startmasse 32.659 kg
Abmessungen:	Spannweite 31,09 m; Länge 21,18 m; Höhe 6,25 m
Bewaffnung:	vier lenkbare 7,7-mm-Maschinengewehre in der Heckkanzel sowie eine halb-interne Bombenlast von einer 9.979 kg schweren „Grand Slam"-Bombe

Avro Lancaster Mk VI

Damit die Spähertruppen ihre Aufgabe der elektronischen Gegenmaßnahmen erfüllen konnte, wurden Lancaster-Bomber der Mk-I- und Mk-III-Maschinen umgebaut (jeweils zwei und neun). Diese erhielten einen zweistufigen Merlin 85/87-Kompressormotor in runden Hauben (mit gebogenem Bauchkühler), die man später für Lincolns und Shackletons verwendete. Vierblättrige Schaufelpropeller verschafften der Mk VI ein Mehr an Leistung, besonders da alle Bewaffnungsstationen außer der Heckkanzel entfernt wurden. Die Mk VI profitierte auch von einer verbesserten Version des H2S-Bombenradars; die Hauptantenne war durch eine Verkleidung am Rumpfbauch geschützt. Dieses Exemplar diente der 635. Staffel, einer Spähereinheit. Zur Identifizierung der Späherflugzeuge wurden die Heckflossen mit auffälligen Streifen markiert.

Herkunftsland:	Großbritannien
Typ:	(Lancaster B.Mk VI) fünfsitziger Bomber für Spezialeinsätze
Triebwerk:	vier 12-Zylinder-V-Motoren Packard Merlin 85/87 mit 1.640 PS (1.223 kW)
Leistung:	Höchstgeschwindigkeit 555 km/h; Anfangssteiggeschwindigkeit 76 m/min; Dienstgipfelhöhe 6.500 m; Reichweite 2.494 km mit einer Bombenlast von 9.979 kg
Gewicht:	Leermasse 16.083 kg; max. Startmasse 32.659 kg
Abmessungen:	Spannweite 31,09 m; Länge 21,18 m; Höhe 6,25 m
Bewaffnung:	vier lenkbare 7,7-mm-Maschinengewehre in der Heckkanzel

Bell P-39 Airacobra

Die P-39 war ein Versuch, den Motor im Rumpf hinter dem Cockpit anzubringen, der die Zugschraube durch einen langen Schacht antrieb. Das Ziel war, an der Rumpfnase Platz zu lassen für eine nach vorne gerichtete Geschützbatterie, die Beweglichkeit zu verbessern (da der Motor näher als üblich am Schwerpunkt lag) und die Einrichtung eines dreirädrigen Fahrwerks zu erleichtern. Das Modell der XP-39 absolvierte im April 1938 seinen Jungfernflug, und weitere Modelle erschienen, bevor die P-39D als erstes Einsatzmodell in Betrieb genommen wurde. Obwohl sie bei 13 Geschwadern eingesetzt wurde, war die P-39 bei den US-Streitkräften kein großer Erfolg, und 4.924 der 9.590 Flugzeuge wurden in die damalige UdSSR für Tiefangriffe verschifft. Die anderen Hauptvarianten waren die P-39F, J, K, L, M, N und Q. Diese Airacobra Mk 101 hat die Farben der 601. Staffel, der einzigen britischen Luftwaffen-Einheit, die dieses Flugzeug benutzte.

Herkunftsland:	USA
Typ:	(P-39N) einsitziger Jäger und Jagdbomber
Triebwerk:	ein 12-Zylinder-V-Motor Allison V-1710-85 mit 1.125 PS (839 kW)
Leistung:	Höchstgeschwindigkeit 605 km/h; Steigleistung 4.570 m in 6 min, 6 sek; Dienstgipfelhöhe 11.665 m; Reichweite 1569 km
Gewicht:	Leermasse 2.903 kg; max. Startmasse 3.992 kg
Abmessungen:	Spannweite 10,36 m; Länge 9,2 m; Höhe 3,79 m
Bewaffnung:	eine vorwärts gerichtete 37-mm-Kanone und zwei vorwärts gerichtete 127-mm-Maschinengewehre im Bug, vier vorwärts gerichtete 7,6-mm-Maschinengewehre an den Eintrittskanten sowie eine externe Bombenlast von 227 kg

Bell P-59 Airacomet

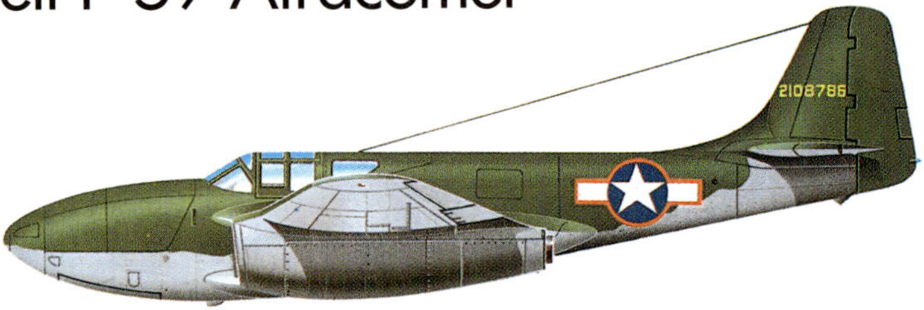

Als erstes in Amerika entworfenes Flugzeug hatte die Airacomet ein Turbostrahltriebwerk. Gleichzeitig war es das erste Flugzeug der Alliierten, das im 2. Weltkrieg eingesetzt wurde, obwohl es ursprünglich für Turbinen konstruiert war. Das erste von drei Modellen der XP-59A absolvierte seinen Jungfernflug im Oktober 1942 mit General-Electric-I-A-Turbostrahltriebwerken nach einem britischen Vorbild, der Whittle W.2. Es folgten 13 Testflugzeuge YP-59A mit stärkeren I-16-(J31)-Motoren und Bewaffnung. Die Flugversuche zeigten jedoch mittelmäßige Leistungen und Handhabung und überzeugten die US-Armee, dass diese Produktionsvariante nur als Übungs-Jagdflugzeug benutzt werden konnte. Die beiden Modelle waren die P-59A und die P-59B. Die vom Herbst 1944 an gelieferten 20 P-59A-Maschinen hatten J31-GE-5-Motoren und einen verlängerten Rumpf. Abgebildet ist das dritte und letzte Modell mit Kennzeichnungen der US-Luftwaffe von 1943.

Herkunftsland:	USA
Typ:	(P-59A) einsitziger Jäger und Jagdbomber
Triebwerk:	zwei Turbostrahltriebwerke General Electric J31-GE-3
Leistung:	Höchstgeschwindigkeit 664,5 km/h; Steigleistung 6.095 m in 7 min, 24 sek; Dienstgipfelhöhe 14.080 m; Reichweite 837 km
Gewicht:	Leermasse 3.704 kg; normale Startmasse 5.008 kg; max. Startmasse 6.214 kg
Abmessungen:	Spannweite 13,87 m; Länge 11,62 m; Höhe 3,66 m
Bewaffnung:	eine vorwärts gerichtete 37-mm-Kanone und drei vorwärts gerichtete 12,7-mm-Maschinengewehre im Bug sowie eine externe Bomben- und Raketenlast von 907 kg

Bell P-59B Airacomet

Die P-59A und die P-59B Airacomet, von der jeweils 20 bzw. 30 Stück gebaut wurden, hatten eine kürzere Flosse als die ursprünglichen Modelle. Die P-59B wies auch eine erhöhte Kabinenhaube auf, die man von der YP-59 kannte, und besaß größere Tanks. Die Leistung entsprach in etwa der der frühen Gloster Meteors. Die Airacomet wurde zu Test- und Auswertungszwecken von der 12. Jägergruppe geflogen, einer Spezialeinheit der US-Luftwaffe. Das abgebildete Flugzeug wurde bei ferngesteuerten Einsätzen verwendet, war an der Rumpfnase bewaffnet und besaß Abwurfbehälter. In der Rumpfnase befand sich ein offenes Cockpit, in dem die Fernsteuerung untergebracht war. Die Stabilisierungsflosse lag sehr hoch und konnte damit nicht von den beiden Düsenströmen beeinträchtigt werden.

Herkunftsland:	USA
Typ:	(P-59B) einsitziger Jäger und Jagdbomber
Triebwerk:	zwei Turbostrahltriebwerke General Electric J31-GE-5 mit 8.90 kN Schub
Leistung:	Höchstgeschwindigkeit 664,5 km/h; Steigleistung 6.095 m in 7 min, 24 sek; Dienstgipfelhöhe 14.080 m; Reichweite 837 km
Gewicht:	Leermasse 3.704 kg; normale Startmasse 5.008 kg; max. Startmasse 6.214 kg
Abmessungen:	Spannweite 13,87 m; Länge 11,62 m; Höhe 3,66 m
Bewaffnung:	eine vorwärts gerichtete 37-mm-Kanone und drei vorwärts gerichtete 12,7-mm-Maschinengewehre im Bug sowie eine externe Bomben- und Raketenlast von 907 kg

Besson MB.411

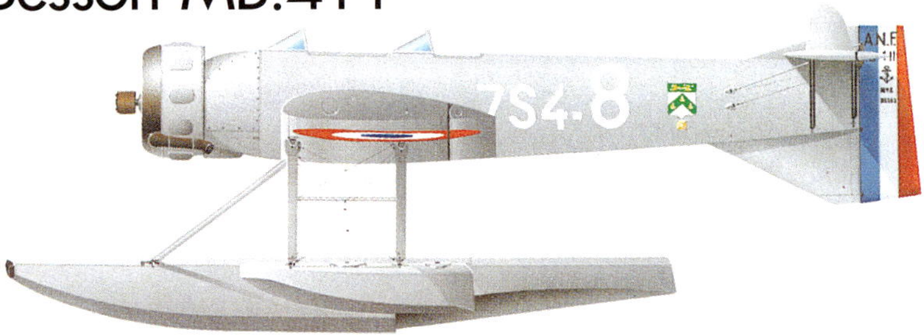

Dieses kleine Wasserflugzeug war speziell für den Transport in zerlegtem Zustand gedacht (in dem wasserdichten, zylindrischen Hangar hinter dem Kommandoturm des U-Bootes Surcout), um schnell als Aufklärer oder als Späher für die beiden 31,5-mm-Geschütze der U-Boote zusammengesetzt zu werden. Aus den frühen Formen MB.35 und MB.410 wurde die MB.410, die im Juni 1935 als Tiefdecker mit einfachem Wasserfahrwerk ihren Jungfernflug bestritt. Nur eine andere MB.411 wurde gebaut, und ihr Einsatzkonzept erwies sich zwar als praktisch, aber nicht sehr wirkungsvoll in Anbetracht der Zeit, die man zum Zusammenbauen und Auseinandernehmen brauchte. Keines der beiden Wasserflugzeuge war an Bord der Surcout, als sie im Februar 1942 in der Dunkelheit von einem amerikanischen Frachter gerammt wurde und sank. Pläne, die MB.411 von einem britischen Handelsschiff aus einzusetzen, wurden nie verwirklicht.

Herkunftsland:	Frankreich
Typ:	(MB.411) zweisitziger, U-Boot-gestützter Aufklärer und Beobachtungs-Wasserflugzeug
Triebwerk:	ein 9-Zylinder-Sternmotor Salmson 9Nd mit 175 PS (130 kW)
Leistung:	Höchstgeschwindigkeit 190 km/h; Anfangssteiggeschwindigkeit nicht bekannt; Dienstgipfelhöhe 5.000 m; Reichweite 650 km
Gewicht:	Leermasse 760 kg; max. Startmasse 1.140 kg
Abmessungen:	Spannweite 12 m; Länge 8,25 m; Höhe 2,85 m
Bewaffnung:	keine

Berijew KOR-2 (Be-4)

Als Nachfolger für das Wasserflugzeug Heinkel HD 55, das auf Kampfschiffen mit Startkatapulten transportiert wurde, entwarf Berijew 1934–1935 die KOR-1. Das Modell absolvierte im April 1936 seinen Jungfernflug. Im folgenden Jahr wurde der Typ in Betrieb genommen, und obwohl seine mangelnde Seetüchtigkeit und seine Unbeweglichkeit auf dem Wasser und bei Katapultstarts problematisch waren, lief die Produktion (etwa 300 Stück) bis 1940. Da Berijew ständig die Konstruktionsprobleme der KOR-1 zu beheben suchte, wurde sie meistens nur an der Küste eingesetzt. Erst 1939, als sie auf dem neuesten Stand der Technik war und die Bezeichnung KOR-2 erhalten hatte, stand sie der Marine voll zur Verfügung. Sie war jedoch nicht bewaffnet und auf den Wasserstart beschränkt. Da im Herbst 1941 die Berijew-Fabrik in Taganrog in die Hände der Deutschen fiel, konnte nur eine geringe Zahl der Flugzeuge fertig gestellt worden.

Herkunftsland:	UdSSR
Typ:	(KOR-1) zweisitziges Aufklärungs-Wasserflugzeig
Triebwerk:	ein 9-Zylinder-Doppelsternmotor M-25A mit 900 PS (671 kW)
Leistung:	Höchstgeschwindigkeit 360 km/h; Steigleistung 1.000 m in 3 min, 12 sek; Dienstgipfelhöhe 8.100 m; Reichweite 950 km
Gewicht:	Leermasse 2.055 kg; normale Startmasse 2.486 kg; max. Startmasse 2.760 kg
Abmessungen:	Spannweite 12 m; Länge 10,5 m; Höhe 4,05 m
Bewaffnung:	ein lenkbares 7,62-mm-Maschinengewehr hinten im Cockpit sowie eine externe Bombenlast von 300 kg

Berijew MBR-2

Im Oktober 1932 flog zum ersten Mal ein Modell der MBR-2. Das Flugzeug war für die sowjetische Marine-Luftwaffe vorgesehen und sollte als Küstenaufklärer dienen. Nach zufriedenstellenden Tests lief die Produktion an. Die erste von zunächst etwa 100 MBR-2/M-17 wurde im Frühling 1934 mit dem 500 PS (373 kW) starken M-17-V-Motor geliefert. Anschließend entwickelte Berijew den Typ weiter zur MBR-2/M-34 mit dem stärkeren M-34NB-Motor, verstärkter Konstruktion für größere Gewichte und höhere Geschwindigkeiten, verbessertem Heckelement mit gebogenem statt eckigem Umriss, abgesenkter Hülle, überarbeitetem, geschlossenem Cockpit und stärkerer Abwehrfeuerkraft. Bis 1942 wurden etwa 1.200 dieser Flugboote gebaut. Die abgebildete MBR-2 hat einen Tarnanstrich. Der Typ diente fast zehn Jahre nach Kriegsende noch als Fischereipatrouille.

Herkunftsland:	Russland
Typ:	(MBR-2/M-34) viersitziger Küstenaufklärer
Triebwerk:	ein 12-Zylinder-V-Motor Mikulin M-34NB mit 860 PS (641 kW)
Leistung:	Höchstgeschwindigkeit 238 km/h; Anfangssteiggeschwindigkeit nicht bekannt; Dienstgipfelhöhe 7.900 m; Reichweite 800 km
Gewicht:	Leermasse 2.718 kg; normale Startmasse 4.100 kg; max. Startmasse 4.000 kg
Abmessungen:	Spannweite 19 m; Länge 13,5 m; Höhe nicht bekannt
Bewaffnung:	ein lenkbares, vorwärts gerichtetes 7,62-mm-Maschinengewehr am Bug, ein lenkbares 7,62-mm-Maschinengewehr in der Rückenkanzel sowie eine externe Bombenlast von 500 kg

Blackburn Baffin

Nachdem die finnische Luftwaffe den Napier-Lion-W-Motor in den meisten ihrer in Lizenz gebauten Blackburn-Ripon-Torpedobombern durch einen Sternmotor ersetzt hatte, folgte Blackburn mit der Entwicklung der beiden T.5J-Modelle (Ripon Mk V). Diese Flugzeuge wurden dann zur B-4 und B-5 mit dem 650 PS (485 kW) starken Armstrong-Siddeley-Tiger-I- bzw. dem 545 PS (406 kW) starken Bristol-Pegasus-IMS-Sternmotor umgebaut. Die Modelle flogen erstmals 1932. Darauf folgten zwei Pegasus-IM3-angetriebene T.8-Modelle. Diese wiederum bahnten den Weg für die Baffin Mk I, von der bis Juni 1935 97 Stück geliefert wurden: 38 Ripon MkIIa, 30 MkIIC sowie 29 neue Maschinen. Ab September 1937 wurde die Baffin von den Briten als veraltet ausgewiesen. Neuseeland baute bis 1942 noch 19 Flugzeuge für die Küstenpatrouille. Auf dem Bild ist eine B-5 der finnischen Luftwaffe zu sehen.

Herkunftsland:	Großbritannien
Typ:	(Baffin MkI) zweisitziger träger- und landgestützter Torpedobomber
Triebwerk:	ein 9-Zylinder-Sternmotor Bristol Pegasus IM3 mit 565 PS (421 kW)
Leistung:	Höchstgeschwindigkeit 219 km/h; Anfangssteiggeschwindigkeit 146 m/min; Dienstgipfelhöhe 4.570 m; Reichweite 869 km
Gewicht:	Leermasse 1.452 kg; max. Startmasse 3.452 kg
Abmessungen:	Spannweite 13,88 m; Länge 11,68 m; Höhe 3,91m
Bewaffnung:	ein vorwärts gerichtetes 7,7-mm-Maschinengewehr in der oberen Backbordseite des Vorderrumpfes, ein lenkbares, rückwärts gerichtetes 7,7-mm-Maschinengewehr im hinteren Cockpit sowie eine externe Torpedo- und Bombenlast von 907 kg

Blackburn Botha

Einer Ausschreibung von 1935 für einen doppelmotorigen Aufklärungsbomber mit einem Bombenschacht für ein 7,1-cm-Torpedo folgend, absolvierte ein Modell der Botha im Dezember 1938 seinen Erstflug. Bei Tests kamen einige Probleme bei der Handhabung sowie eine zu schwache Motorisierung zum Vorschein; diese wurden jedoch behoben, und der Typ ging mit geringfügig stärkeren Motoren in Produktion (580 Stück). Das dritte Flugzeug der Produktion in Dumbarton wurde an die britische Luftwaffe geliefert und und traf im Dezember 1939 auf der Wartungsstation Nr. 12 in Kemble ein. Als die Botha im Mai 1940 ihren Dienst aufnahm, erwies sie sich als inadäquat für Küstenaufklärungs- und Tiefangriffszwecke, dass sie nur von zwei Staffeln eingesetzt wurde; bald übernahm sie nur noch zweitrangige Aufgaben. Die Botha wurde als Navigations- und Geschütz-Übungsflugzeug bis 1944 eingesetzt.

Herkunftsland:	Großbritannien
Typ:	(Botha Mk I) viersitziger Aufklärungs- und Torpedobomber, hauptsächlich für Schul- und Kommunikationszwecke verwendet
Triebwerk:	zwei 9-Zylinder-Sternmotoren Bristol Perseus XA mit 930 PS (694 kW)
Leistung:	Höchstgeschwindigkeit 401 km/h; Anfangssteiggeschwindigkeit 300 m/min; Dienstgipfelhöhe 5.610 m; Reichweite 2.044 km
Gewicht:	Leermasse 5.366 kg; max. Startmasse 8.369 kg
Abmessungen:	Spannweite 17,98 m; Länge 15,56 m; Höhe 4,46 m
Bewaffnung:	ein vorwärts gerichtetes 7,7-mm-Maschinengewehr im Bug, zwei lenkbare 7,7-mm-Maschinengewehre in der Rückenkanzel sowie eine interne Bomben- und Torpedolast von 907 kg

Blackburn Firebrand

Im März 1939 vergab das britische Marineministerium den Auftrag für zweisitzige Flottenabwehrjäger mit einer Bewaffnung von vier 20-mm-Kanonen auf Flügelgestellen, der später zum Einsitzer umgerüstet wurde. Das Blackburn-Design schien viel versprechender als das Typhoon-Konzept von Hawker, und das erste von drei Firebrand-Modellen absolvierte im Februar 1942 seinen Jungfernflug. Inzwischen war die Supermarine Seafire im Dienst und man plante, sie zu einem Torpedojäger umzugestalten. Die ersten neun Flugzeuge waren zu kompliziert für einen Umbau und wurden als Firebrand-F.Mk I-Jäger fertig gestellt, bevor die Firebrand TF.Mk II mit einem externen Torpedo auftauchte. Nach der Produktion von nur 12 Maschinen überarbeitete man den Typ mit einem Bristol-Centaurus-Sternmotor für die Nachkriegszeit. Auf dem Bild ist ein Firebrand TF.5 der 813. Staffel zu sehen; der Torpedo hat MAT-Mk IV-Steuerflossen.

Herkunftsland:	Großbritannien
Typ:	(Firebrand Mk II) einsitziger träger- und landgestützter Torpedojäger
Triebwerk:	ein 24-Zylinder-H-Motor Sabre III mit 2.305 PS (1.719 kW)
Leistung:	Höchstgeschwindigkeit 571 km/h; Anfangssteiggeschwindigkeit 701 m/min; Dienstgipfelhöhe nicht bekannt; Reichweite 1.239 km
Gewicht:	Leermasse 5.368 kg; max. Startmasse 6.826 kg
Abmessungen:	Spannweite 15,63 m; Länge 11,63 m; Höhe 4,06 m
Bewaffnung:	vier vorwärts gerichtete 20-mm-Kanonen an den Eintrittskanten der Flügel, eine externe Torpedo- oder Bombenlast von 839 kg

Blériot-SPAD S.510

Als letzter Doppeldecker diente die S.510 in der französischen Luftwaffe. Sie war aus der von Blériot-SPAD als leichtes Jagdflugzeug entworfenen S.91 hervorgegangen. Wenn sie auch nur eine Weiterentwicklung der S.91 war, so wies die S.510 eine Reihe moderner Kennzeichen auf, etwa die Verkleidung des Schwanzspornfahrwerks. Die Entwicklung der S.510 war umständlich; letzendlich war sie dem Design des Dewoitine D.510-Eindeckers unterlegen. Trotzdem gab das französische Luftfahrtministerium 60 Exemplare in Auftrag. Die S.510C.1 trat ihren Dienst Anfang 1936 an und war zu Kriegsbeginn immer noch begrenzt im Einsatz, bevor sie für zweitrangige Aufgaben in Nordafrika verwendet wurde. Das abgebildete Flugzeug war im Oktober 1939 bei der ERC 4/561 der in Havre-Octeville stationierten in Armée de l'Air im Einsatz.

Herkunftsland:	Frankreich
Typ:	(S.510C.1) einsitziges Jagdflugzeug
Triebwerk:	ein 12-Zylinder-V-Motor Hispano-Suiza 12Xbrs mit 690 PS (515 kW)
Leistung:	Höchstgeschwindigkeit 372 km/h; Steigleistung 4.000 m in 4 min 31 sek; Dienstgipfelhöhe 10.500 m; Reichweite 875 km
Gewicht:	Leermasse 1.250 kg; max. Startmasse 1.830 kg
Abmessungen:	Spannweite 8,84 m; Länge 7,46 m; Höhe 3,72 m
Bewaffnung:	zwei vorwärts gerichtete 7,5-mm-Maschinengewehre im oberen Teil des Vorderrumpfes und zwei vorwärts gerichtete 7,5-mm-Maschinengewehre in Gondelverkleidungen unter dem unteren Flügel oder vier vorwärts gerichtete 7,5-mm-Maschinengewehre in Gondelverkleidungen unter dem unteren Flügel

Bloch MB.151 und MB.152

Dieses zunächst im Modell als MB.150.01 fertig gestellte Jagdflugzeug versagte zunächst beim ersten Start. Als MB.151.01 mit vergrößeren Flügeln flog sie jedoch schließlich im August 1938. Die Produktion begann als MB.151C.1; die ersten 25 der 140 Flugzeuge hatten den 920 PS (686 kW) starken Gnome-Rhône-14N-11-Motor, die späteren den verbesserten 14N-25. Leistung und Handhabung waren mittelmäßig, und der Typ wurde als Übungs-Jagdflugzeug genutzt. Parallel dazu entstanden 481 Exemplare der MB.152C.1 mit einem stärkeren Motor und einer veränderten Bewaffnung. Der Typ wurde begrenzt in der Verteidigung Frankreichs Mitte 1940 eingesetzt und blieb unter dem Vichy-Regime nach Frankreichs Niederlage im Dienst. Deutschland übernahm eine Anzahl der Maschinen als Übungsflugzeuge und gab später 20 MB.151- und MB.152-Jäger an Rumänien weiter. Auf dem Bild ist eine MB. 152 der Mai 1940 in Chantilly-les-Aigles stationierten 1. Escadrille, Groupe de Chasse I/1, zu sehen.

Herkunftsland:	Frankreich
Typ:	(MB.152C.1) einsitziges Jagdflugzeug
Triebwerk:	ein 14-Zylinder-Doppelsternmotor Gnome-Rhône 14N-25 mit 1.080 PS (805 kW) oder Gnome-Rhône 14N-49 mit 1.060 PS (790 kW)
Leistung:	Höchstgeschwindigkeit 509 km/h; Steigleistung 4.000 m in 6 min, 55 sek; Dienstgipfelhöhe 10.000 m; Reichweite 540 km
Gewicht:	Leermasse 2.158 kg; max. Startmasse 2.800 kg
Abmessungen:	Spannweite 10,54 m; Länge 9,1 m; Höhe 3,03 m
Bewaffnung:	vier vorwärts gerichtete 7,5-mm-Maschinengewehre oder zwei vorwärts gerichtete 20-mm-Kanonen und zwei vorwärts gerichtete 7,5-mm-Maschinengewehre, jeweils an den Eintrittskanten der Flügel

Bloch MB.155

Mit der Umwandlung der MB.152C.1 zur MB.155.01 wurde aus der MB.150-Serie ein leistungsfähiges Jagdflugzeug. Die wichtigste Veränderung an der MB.155 war der Motoreinbau. Das Modell absolvierte 1940 seinen Jungfernflug, und es folgte eine Produktion für die französische Vichy-Luftwaffe von 33 Flugzeugen mit der Bezeichnung MB.155C.1. Im Unterschied zum Modell war bei diesen das Cockpit weiter nach hinten verlegt, so dass ein neuer Tank eingesetzt und damit die Gesamtkapazität erhöht werden konnte. Außerdem konnte die Panzerung verstärkt werden. Nach der deutschen Besetzung von Frankreich im November 1942 wurden einige der Maschinen von den Deutschen als Übungs-Jagdflugzeuge beschlagnahmt. Die bunte Farbgestaltung des abgebildeten Flugzeugs weist darauf hin, dass es zur Groupe de Chasse II/8 gehörte. Diese Einheit der Luftwaffe Frankreichs war im Juli 1940 in Marignane stationiert.

Herkunftsland:	Frankreich
Typ:	(MB.155C.1) einsitziges Jagdflugzeug
Triebwerk:	ein 14-Zylinder-Doppelsternmotor Gnome-Rhône 14N-49 mit 1.060 PS (790 kW)
Leistung:	Höchstgeschwindigkeit 520 km/h; Steigleistung 4.000 m in 6 min; Dienstgipfelhöhe 10.000 m; Reichweite 1.050 km
Gewicht:	Leermasse 2.158 kg; normale Startmasse 2.748 kg; max. Startmasse 2.850 kg
Abmessungen:	Spannweite 10,54 m; Länge 9,05 m; Höhe 3,03 m
Bewaffnung:	zwei vorwärts gerichtete 20-mm-Kanonen und zwei oder vier vorwärts gerichtete 7,5-mm-Maschinengewehre oder sechs vorwärts gerichtete 7,5-mm-Maschinengewehre an den Eintrittskanten der Flügel

Bloch MB.174

Die Ursprünge der Bloch MB.174 gehen bis Ende 1936 zurück, als Bloch mit der Planung für das Mehrzweckflugzeug MB.170 begann, das die Funktion des dreisitzigen Verbindungsflugzeuges A.3 oder des zweisitzigen Tiefangriffsbombers AB.2 übernehmen konnte. Ihren ersten Flug machte die MB.170 im Februar 1938. Der Typ wurde schließlich als MB.174 in Auftrag gegeben, hauptsächlich für Aufklärungseinsätze, aber mit leichten Bomben bewaffnet. Die MB.174A.3 übernahm die Oberflächen, das Fahr- und das Triebwerk der MB.170B.3, besaß aber einen neu gestalteten Rumpf. Das Cockpit war weiter hinten, und die Rumpfnase wurde verglast. Nur 56 Modelle wurden fertig gestellt und wirkten an dem Verteidigungsfeldzug kurz vor Frankreichs Kapitulation im Juni 1940 mit. Abgebildet ist eine der von der Aufklärungsgruppe II/33 bei der Schlacht von Frankreich eingesetzten Maschinen. Einige wurden später von der Luftwaffe der Vichy-Regierung benutzt.

Herkunftsland:	Frankreich
Typ:	(MB.174A.3) dreisitziger, leichter Aufklärungsbomber
Triebwerk:	zwei 14-Zylinder-Doppelsternmotoren Gnome-Rhône 14N-48/49 mit 1.140 PS (850 kW)
Leistung:	Höchstgeschwindigkeit 530 km/h; Steigleistung 8.000 m in 11 min; Dienstgipfelhöhe 11.000 m; Reichweite 1.285 km mit einer Bombenlast von 400 kg
Gewicht:	Leermasse 5.600 kg; max. Startmasse 7.160 kg
Abmessungen:	Spannweite 17,90 m; Länge 12,25 m; Höhe 3,55 m
Bewaffnung:	zwei vorwärts gerichtete 7,5-mm-Maschinengewehre an den Eintrittskanten der Flügel, zwei lenkbare, rückwärts gerichtete 7,5-mm-Maschinengewehre am Rumpfrücken, drei rückwärts gerichtete 7,5-mm-Maschinengewehre am Rumpfbauch sowie eine interne Bombenlast von 400 kg

Bloch MB.200

Die Bloch MB.200, die eigentlich die veraltete Lioré-et-Olivier LeO 20 als Nachtbomber ablösen sollte, war typisch für die kantigen französischen Kampfflugzeuge der späten 20er und frühen 30er Jahre. Das Modell MB.200.01 absolvierte im Juni 1933 seinen Erstflug. Zunächst wurden im Dezember desselben Jahres 30 MB.-200B.4-Bomber in Auftrag gegeben, der Typ wurde 1934 in Betrieb genommen. Schließlich wurden von sechs französischen Firmen (Bloch, Breguet, Hanriot, Loire, Potez und SNCASO) 208 Stück gebaut; weitere 124 wurden unter Lizenz in der ehemaligen Tschechoslowakei von Aero und Avia gebaut. 1939 war das Flugzeug veraltet, und die meisten französischen Maschinen wurden als Übungsflugzeuge benutzt. Viele blieben nach Frankreichs Niederlage im Dienst; einige wurden von den Deutschen für den eigenen Gebrauch beschlagnahmt und gelangten später in die Hände der Alliierten. Das abgebildete Flugzeug wurde 1940 von der Section de Remorquage d'Orange eingesetzt.

Herkunftsland:	Frankreich
Typ:	(MB.200B.4) viersitziger mittelschwerer Bomber
Triebwerk:	zwei 14-Zylinder-Doppelsternmotoren Gnome-Rhône 14Kirs/Kjrs Mistral-Major mit 870 PS (649 kW)
Leistung:	Höchstgeschwindigkeit 283 km/h; Steigleistung 4.000 m in 13 min; Dienstgipfelhöhe 8.000 m; Reichweite 1.000 km
Gewicht:	Leermasse 4.300 kg; max. Startmasse 7.480 kg
Abmessungen:	Spannweite 22,45 m; Länge 15,8 m; Höhe 3,92 m
Bewaffnung:	ein lenkbares, vorwärts gerichtetes 7,5-mm-Maschinengewehr in der Nasenkanzel, ein lenkbares 7,5-mm-Maschinengewehr in der Rückenkanzel, ein lenkbares, vorwärts gerichtetes 7,5-mm-Maschi nengewehr in der Bauchgondel sowie eine externe Bomben last von 1.200 kg

Blohm und Voss Bv 138

Die Bv 138 war als Ha 138 mit drei Junkers-Jumo-205D-Dieselmotoren geplant und bereits als Modell gebaut, bevor sie 1938 – dem Jahr, als der Hamburger Flugzeugbau von Blohm und Voss übernommen wurde – völlig umgebaut wurde. Das erste von sechs Modellen der Bv-138A-0-Flugboote absolvierte seinen Jungfernflug im Februar 1939. Diesen Maschinen folgten 25 Bv-138A-1-Boote mit drei 600 PS (447kW) starken Jumo-205C-4-Motoren, und der Typ kam zum ersten Mal im April 1940 zum Einsatz. Sechs und vierzehn Bv-138B-0- und B-1-Maschinen wiesen jeweils eine stabilere Konstruktion und größere Kraft auf, während die endgültige Bv 138C-1 (etwa 227 Flugboote) besser gestützt war und größere Feuerkraft zur Verteidigung besaß. Die Bezeichnung Bv 138MS trugen diejenigen Exemplare, die zu Minensuchern umgerüstet worden waren. Die Abbildung zeigt eine BV 138C-1 von der 2/KüF/Gr. 406, die ihren Stützpunkt im März 1942 im nördlichen Norwegen hatte.

Herkunftsland:	Deutschland
Typ:	(Bv 138C-1) fünfsitziges Meeresaufklärungs-Flugboot
Triebwerk:	drei 12-Zylinder-Gegenkolben-Dieselmotoren Junkers Jumo 205D mit 1.000 PS (746 kW)
Leistung:	Höchstgeschwindigkeit 285 km/h; Steigleistung 3.000 m in 22 min, 48 sek; Dienstgipfelhöhe 5.000 m; Reichweite 4.300 km
Gewicht:	Leermasse 11.770 kg; max. Startmasse 17.650 kg
Abmessungen:	Spannweite 26,94 m; Länge 19,85 m; Höhe 5,9 m
Bewaffnung:	eine lenkbare, vorwärts gerichtete 20-mm-Kanone in der Bugkanzel, eine lenkbare, rückwärts gerichtete 20-mm-Kanone in der hinteren Rumpfkanzel, ein lenkbares, rückwärts gerichtetes 13-mm-Maschinengewehr hinter der mittleren Motorgondel, ein lenkbares, seitlich ausgerichtetes 7,92-mm-Maschinengewehr im Steuerbordrumpf sowie eine Bombenlast von 300 kg

Blohm und Voss Bv 141

Auf dieselbe Ausschreibung wie die Focke-Wulf Fw 189 wurde die Bv 141 als taktischer Aufklärer entworfen. Sie wies einen ungewöhnlichen, asymmetrischen Zuschnitt auf. So war die voll verglaste Passagiergondel zur Steuerbordseite hin versetzt, und der Ausleger mit dem Motor an der Vorder- und einem Leitwerk an der Rückseite befand sich an der Backbordseite. Das erste von drei Modellen absolvierte im Februar 1938 seinen Erstflug, und es folgten fünf Bv-141A-0-Modelle. Aufgrund des BMW-132N-Motors mit 865 PS (645 kW) war die Leistung relativ schwach, also rüstete man die nächsten fünf Maschinen, die Bv 141B-0, mit einem stärkeren Triebwerk, einer verstärkten Struktur und einem veränderten Leitwerk aus. Diese Maschinen wurden vom Herbst 1941 an für Einsatztests über Großbritannien und der UdSSR genutzt, doch das Programm wurde wegen Entwicklungsverzögerungen 1943 beendet. Das Bild zeigt ein Modell der BV 141A-04.

Herkunftsland:	Deutschland
Typ:	(Bv 141B-0) dreisitziges taktisches Aufklärungsflugzeug mit beschränkten Möglichkeiten der Bodenkampfunterstützung
Triebwerk:	ein 14-Zylinder-Doppelsternmotor BMW 801A mit 1.560 PS (1.163 kW)
Leistung:	Höchstgeschwindigkeit 438 km/h; Anfangssteiggeschwindigkeit nicht bekannt; Dienstgipfelhöhe 10.000 m; Reichweite 1.900 km
Gewicht:	Leermasse 4.700 kg; max. Startmasse 6.100 kg
Abmessungen:	Spannweite 17,46 m; Länge 13,95 m; Höhe 3,6 m
Bewaffnung:	zwei vorwärts gerichtete 7,92-mm-Maschinengewehre im vorderen Teil der Passagiergondel, ein lenkbares, rückwärts gerichtetes 7,92-mm-Maschinengewehr am Rumpfrücken, ein lenkbares, rückwärts gerichtetes 7,92-mm-Maschinengewehr in rotierender Heckkonusposition sowie eine externe Bombenlast von 200 kg

Blohm und Voss Bv 222 Wiking

Ein Projekt von 1937 für eine 24-Personen-Flugbootlinie, die zwischen Berlin und New York verkehren sollte, führte zur Entwicklung der Wiking. Anschließend wurde der Typ zu einem Langstrecken-Seeaufklärer umgebaut und war dann das größte Flugboot, das im 2. Weltkrieg zum Einsatz kam. Das erste von acht Modellen absolvierte im September 1940 seinen Erstflug. Die Bv 222B war das nicht verwirklichte Zivilmodell, und die Militärversion war als Bv 222C geplant, von der nur vier Bv-222C-0-Modelle vollendet wurden. Mitte 1941 übernahmen die Flugzeuge Transportdienste, hauptsächlich im Mittelmeergebiet, und von 1943 an wurden sie zu Aufklärern umgebaut und durch die vier Modelle der Flugboote ersetzt. Diese wurden dann über dem Atlantik, den Baltischen und den Arktischen Regionen eingesetzt. Nur vier Exemplare überlebten den Krieg. Eines von ihnen kam zur Auswertung zur britischen Luftwaffe nach Calshot und wurde der 201. Staffel zugewiesen.

Herkunftsland:	Deutschland
Typ:	(Bv 222C) Transport- und Seeaufklärungs-Flugboot
Triebwerk:	sechs 12-Zylinder-Gegenkolben-Dieselmotoren Junkers Jumo 207C mit 1.000 PS (746 kW)
Leistung:	Höchstgeschwindigkeit 390 km/h; Anfangssteiggeschwindigkeit 144 m/min; Dienstgipfelhöhe 7.300 m; Reichweite 6.100 km
Gewicht:	Leermasse 30.650 kg; max. Startmasse 49.000 kg
Abmessungen:	Spannweite 46 m; Länge 37 m; Höhe 10,9 m
Bewaffnung:	eine lenkbare 20-mm-Kanone in der Rückenkanzel, eine lenkbare 20-mm-Kanone in jeder der beiden strombetriebenen Flügelkanzeln, ein lenkbares, vorwärts gerichtetes 13-mm-Maschinengewehr am Bug und ein lenkbares, seitlich ausgerichtetes 13-mm-Maschinengewehr in jeder der vier seitlichen Rumpfpositionen

Boeing B-17C Flying Fortress

Auf eine Ausschreibung von 1934 für einen mehrmotorigen, mittelschweren Bomber hin wurde das Model 299 entworfen. Es flog zum ersten Mal mit einer geplanten Bombenlast von 2.177 kg und wurde später als XB-17 eingestuft. Aufträge wurden dann für 14 YB-17- und YB-17A-Testflugzeuge erteilt, die später als B-17 und B-17A übernommen wurden. Sie bahnten den Weg für 39 B-17B-Maschinen mit veränderter Rumpfnase, 38 B-17B-Maschinen mit größerer Kraft und Verteidungsgeschützen und 42 B-17D-Maschinen mit einem zusätzlichen Besatzungsmitglied. Etwa 20 Exemplare der B-17C wurden nach Großbritannien als Fortress-Mk-I-Maschinen überführt. Die meisten der B-17D-Bomber waren im Fernen Osten stationiert, wo etwa die Hälfte von ihnen bei japanischen Angriffen am 7. Dezember 1941 zerstört wurden. Auffällig bei der abgebildeten B-17C sind die Wanne am Rumpfbauch und die Mittelgeschützstationen.

Herkunftsland:	USA
Typ:	(B-17C) neunsitziger mittelschwerer Bomber
Triebwerk:	vier 9-Zylinder-Sternmotoren Wright R-1820-65 mit 1.200 PS (895 kW)
Leistung:	Höchstgeschwindigkeit 515 km/h; Steigleistung 3.050 m in 7 min, 30 sek; Dienstgipfelhöhe 11.280 m; Reichweite 5.471 km
Gewicht:	Leermasse 13.880 kg; max. Startmasse 22.521 kg
Abmessungen:	Spannweite 31,62 m; Länge 20,7 m; Höhe 4,7 m
Bewaffnung:	zwei vorwärts gerichtete 7,6-mm-Maschinengewehre an den Backen, drei 12,7-mm-Maschinengewehre am Rumpfrücken, zwei 12,7-mm-Maschinengewehre am Rumpfbauch, ein 12,7-mm-Maschinengewehr in jeder der beiden Mittelpositionen sowie eine interne Bombenlast von 4.761 kg

Boeing B-17F Flying Fortress

Die B-17D bereitete die erste große Produktion der Flying Fortress, der B-17E, vor. Etwa 512 Stück wurden geliefert und besaßen ein völlig überarbeitetes Leitwerk für größere Stabilität bei großen Höhen sowie ein gänzlich verändertes Abwehrkonzept mit einem Doppelgeschütz am Heck und mit doppelten Geschütztürmen am Rumpfbauch und -rücken. Die B-17E nahm 1942 ihren Dienst auf und wurde bald von der B-17F ersetzt. Diese war das endgültige Modell und wurde in einer Stückzahl von insgesamt 3.405 von drei Herstellern produziert. Die B-17F hatte eine rahmenlose, durchsichtige Plexiglas-Rumpfnase, eine stabilere Konstruktion für Einsätze mit höherem Gewicht und verbessertem Verteidigungsfeuer. Einige B-17E- und B-17F-Bomber wurden von den Briten mit den Bezeichnungen Fortress Mk IIA bzw. Fortress Mk II benutzt. Andere kamen in die Hände der Deutschen und wurden von der deutschen Luftwaffe ausgewertet.

Herkunftsland:	USA
Typ:	(B-17F) zehnsitziger mittelschwerer Bomber
Triebwerk:	vier 9-Zylinder-Sternmotoren Wright R-1820-97 mit 1.200 PS (895 kW)
Leistung:	Höchstgeschwindigkeit 523 km/h; Steigleistung 6.095 m in 25 min, 42 sek; Dienstgipfelhöhe 11.430 m; Reichweite 7.113 km
Gewicht:	Leermasse 16.206 kg; max. Startmasse 32.6591 kg
Abmessungen:	Spannweite 31,63 m; Länge 22,78 m; Höhe 5,85 m
Bewaffnung:	zwei lenkbare, vorwärts gerichtete 7,6-mm-Maschinengewehre an den Backen, drei lenkbare 12,7-mm-Maschinengewehre am Rumpfrücken, zwei lenkbare 12,7-mm-Maschinengewehre am Rumpfbauch, eine lenkbares, seitlich ausgerichtetes 12,7-mm-Maschinengewehr in jeder der beiden Mittelpositionen sowie eine interne Bombenlast von 4.761 kg

Boeing B-17G Flying Fortress

Erfahrungen, die US-Bomberteams 1943 mit der B-17F gemacht hatten, und die mangelnde Verteidigung gegen Jägerangriffe von vorne führten zur B-17G Flying Fortress. Die wichtigste Änderung bei der B-17G war ein kraftbetriebener Geschützturm mit zwei 12,7-mm-Maschinengewehren, die von der verglasten Rumpfnase aus ferngesteuert wurden. Dieser war insofern praktischer, als man auf die beiden handgesteuerten 12,7-mm-Maschinengewehre wie in der B-17F verzichten konnte. Die Lieferungen begannen im September 1943. Im Laufe der Produktion von 8.680 Flugzeugen von drei Herstellern in der Zeit bis zum April 1945 wurden eine Reihe weiterer Verbesserungen eingeführt. Die B-17G war der Grundstein für die Bombenangriffe der US-Luftwaffe in den Jahren 1944 und 1945. Das abgebildete Flugzeug ist die berühmte B-17G „A Bit o'Lace" von der 711. Staffel, 447. BG mit Stützpunkt in Rattlesden.

Herkunftsland:	USA
Typ:	(B-17G) zehnsitziger schwerer Bomber
Triebwerk:	vier 9-Zylinder-Sternmotoren Wright R-1820-97 mit 1.200 PS (895 kW)
Leistung:	Höchstgeschwindigkeit 486 km/h; Steigleistung 6.095 m in 37 min; Dienstgipfelhöhe 10.850 m; Reichweite 2.897 km
Gewicht:	Leermasse 20.212 kg; max. Startmasse 32.659 kg
Abmessungen:	Spannweite 31,63 m; Länge 22,78 m; Höhe 5,82 m
Bewaffnung:	zwei 12,7-mm-Maschinengewehre in der Kanzel, ein 12,7-mm-Maschinengewehr an jeder Backe, zwei lenkbare 12,7-mm-Maschinengewehre in der Rückenkanzel, ein 12,7-mm-Maschinengewehr auf dem Dach, zwei 12,7-mm-Maschinengewehre in der Bauchkanzel, ein 12,7-mm-Maschinengewehr in jeder Mittelposition, zwei 12,7-mm-Maschinengewehre im Heck, eine Bombenlast von 7.983 kg

Boeing B-29 Superfortress

Von einer B-29 wurden am 6. und 9. August 1945 Atombomben auf Hiroshima und Nagasaki abgeworfen. Bis dahin war die B-29 auch am Luftkrieg gegen Japan beteiligt.Von ihrem ersten Einsatz im Sommer 1944 an war die Superfortress ein Bomber mit Turboladermotoren. Dem Grundmodell, der B-29, von der 2.458 Stück fertig gestellt wurden, wurde die B-29A zur Seite gestellt, von der 1.119 Stück mit größerer Spannweite und einem Rückenkasten für vier statt zwei Geschütze gebaut wurden, sowie die B-29B, von der 310 mit reduziertem Verteidigungsfeuer, aber größerer Bombenlast und höherer Geschwindigkeit geliefert wurden.

Herkunftsland:	USA
Typ:	(B-29) neunsitziger schwerer Langstreckenbomber
Triebwerk:	vier 18-Zylinder-Doppelsternmotoren Wright R-3350-23 mit 2.200 PS (1.640 kW)
Leistung:	Höchstgeschwindigkeit 576 km/h; Steigleistung 6.095 m in 38 min; Dienstgipfelhöhe 9.710 m; Reichweite 9.382 km
Gewicht:	Leermasse 31.816 kg; normale Startmasse 47.628 kg; max. Startmasse 56.246 kg
Abmessungen:	Spannweite 43,05 m; Länge 30,18 m; Höhe 9,02 m
Bewaffnung:	eine lenkbare, rückwärts gerichtete 20-mm-Kanone und zwei lenkbare, rückwärts gerichtete 12,7-mm-Maschinengewehre im Heck, zwei lenkbare 12,7-mm-Maschinengewehre in jeweils zwei Rücken- und zwei Bauchkästen sowie eine interne Bombenlast von 9.072 kg

Boeing B-29

Der Beitrag der Boeing B-29 zu dem Erfolg der Alliierten stand in keinem Verhältnis zur Dauer ihres Einsatzes. Obwohl die meisten Maschinen als schwere Bomber konzipiert waren, wurden viele später für andere Aufgaben wie Seenot-/Luftrettung, Strahltriebwerk-Forschung oder Lufttankung umgebaut. 1942 begann Boeing mit der Entwicklung einer Transportversion der Boeing B-29 mit einem großen oberen Lappen, um einen „Doppelblasen"-Rumpf zu schaffen. Dieses 367er-Modell flog erstmals im November 1944. Zusammen mit der Consolidated C-87 und der modifizierten B-24 drängte man auf die Fertigstellung der B-29 als Tankflugzeug, um Kraftstoff zu chinesischen Flugplätzen zu bringen, der für die Einsätze über Japan gebraucht wurde. Viele wurden dauerhaft als Tankflugzeuge umgestaltet, z. B. die B-29-1-BW-42-6242 Esso Express, die bei der 486. BG. im Einsatz war. Von der olivbraunen Tarnfarbe sah man später ab.

Herkunftsland:	USA
Typ:	(B-29) neunsitziger schwerer Langstreckenbomber
Triebwerk:	vier 18-Zylinder-Doppelsternmotoren Wright R-3350-23 mit 2.200 PS (1.640 kW)
Leistung:	Höchstgeschwindigkeit 576 km/h; Steigleistung 6.095 m in 38 min; Dienstgipfelhöhe 9.710 m; Reichweite 9.382 km
Gewicht:	Leermasse 31.816 kg; normale Startmasse 47.628 kg; max. Startmasse 56.246 kg
Abmessungen:	Spannweite 43,05 m; Länge 30,18 m; Höhe 9,02 m
Bewaffnung:	eine lenkbare, rückwärts gerichtete 20-mm-Kanone und zwei lenkbare, rückwärts gerichtete 12,7-mm-Maschinengewehre im Heck sowie eine interne Bombenlast von 9.072 kg

Boulton Paul Defiant

In den 30er Jahren begeisterte man sich für Jagdbomber mit Geschütztürmen, in der die vorwärts gerichteten Geschütze durch eine einzige Kanzel für alle Geschütze ersetzt wurden. Die beiden Vorteile waren eine Entlastung des Piloten und der erweiterte Spielraum des Turms. Die Briten reagierten auf diese Idee mit der Defiant, die im Dezember 1939 in Betrieb genommen wurde. Beim Kriegseintritt im Mai 1940 hatte der Typ aufgrund seiner Neuheit anfänglich Erfolg.Die deutschen Piloten lernten jedoch bald mit der größeren Beweglichkeit ihrer leichteren Kampfflugzeuge die Defiant von vorne oder von unten anzugreifen, wohin die Geschütze nicht gerichtet werden konnten. Die Defiant wurde später als Nachtjäger und schließlich zum Zielschleppen genutzt. Es wurden 723 Mk-I- und NF.Mk-I-Maschinen gebaut, 210 Mk-II- und NF.Mk-II-Flugzeuge mit dem 1.260 PS (939,5 kW) starken Merlin-XX-Motor und 140 als Mk-II-Jäger in Auftrag gegebene TT.Mk-I-Maschinen.

Herkunftsland:	Großbritannien
Typ:	(Defiant Mk I) zweisitziges Jagdflugzeug
Triebwerk:	ein 12-Zylinder-V-Motor Rolls-Royce Merlin III mit 1.030 PS (768 kW)
Leistung:	Höchstgeschwindigkeit 489 km/h; Steigleistung 4.800 m in 8 min, 30 sek; Dienstgipfelhöhe 9250 m; Reichweite 748 km
Gewicht:	Leermasse 2757 kg; max. Startmasse 3788 kg
Abmessungen:	Spannweite 11,99 m; Länge 10,77 m; Höhe 4,39 m
Bewaffnung:	vier lenkbare 7,7-mm-Maschinengewehre in der Rückenkanzel

Breda Ba 88 Lince

Die Lince wurde im Oktober 1936 zum ersten Mal geflogen. Die Kampfausrüstung machte sie jedoch so schwerfällig, dass ihre Leistungen unzureichend und die Handhabung schwierig waren, trotz stärkeren Triebwerks und zweier statt einer vertikalen Heckfläche. Die ersten 88 Exemplare wurden zwischen Mai und Oktober 1939 fertig gestellt. In der ersten Phase des Nordafrika-Feldzuges erwies sich das Flugzeug als taktisch nutzlos, mit den übrigen Exemplaren sollten schließlich die angreifenden britischen Flugzeuge geködert werden. Die meisten der 155 Flugzeuge wurden verschrottet. Die Bezeichnung Ba 88M trugen drei Maschinen, die 1943 zu Sturzbombern mit verlängertem Flügel, schwächerem Triebwerk und veränderter Bewaffnung umgebaut wurden. Das Bild zeigt eine Ba 88.

Herkunftsland:	Italien
Typ:	zweisitziges Bodenangriffsflugzeug
Triebwerk:	zwei 14-Zylinder-Kolben-Sternmotoren Piaggio P.XI RC.40 mit 1.000 PS (746 kW)
Leistung:	Höchstgeschwindigkeit 490 km/h; Steigleistung 3.000 m in 7 min, 30 sek; Dienstgipfelhöhe 8.000 m; Reichweite 1.640 km
Gewicht:	Leermasse 4.650 kg; max. Startmasse 6.750 kg
Abmessungen:	Spannweite 15,6 m; Länge 10,79 m; Höhe 3,1 m
Bewaffnung:	drei vorwärts gerichtete 12,7-mm-Maschinengewehre, ein lenkbares, rückwärts gerichtetes 7,7-mm-Maschinengewehr sowie eine interne Bombenlast von 1.000 kg

Breguet Bre.521 Bizerte

Nach dem Kauf eines Short-S.8-Calcutta-Flugbootes von Großbritannien und dem lizensierten Bau vier weiterer mit den Bezeichnungen S.8/2 entwickelte Breguet seine eigene Version, die Bre.521 Bizerte. Ein Modell absolvierte den Jungfernflug im September 1933 und wurde von zunächst drei weiteren und dann von 27 Flugbooten mit verstärktem Triebwerk und anderen Verbesserungen ergänzt. Die Bre.521Hy.8 wurde Ende 1935 in Betrieb genommen, und zu Beginn des 2. Weltkriegs hatte Frankreich 20 Stück bei vier Staffeln der Marineluftwaffe im Dienst. Nach der Niederlage übernahmen zwei Vichy-Einheiten die restlichen Flugboote. Als die Deutschen im November 1942 das Vichy-Frankreich besetzten, beschlagnahmten sie acht Bizertes und nutzten sie als Luft-/Seenotrettungs-Flugboote. Eines von ihnen ist hier in den Farben der 1. Seenotstaffel der Luftwaffe abgebildet, die im Winter 1943/44 in Brest-Hourtin im Nordwesten Frankreichs stationiert war.

Herkunftsland:	Frankreich
Typ:	(Bre.521Hy.8) achtsitziges Seeaufklärungs- und Bomberflugboot
Triebwerk:	drei 14-Zylinder-Doppelsternmotoren Gnome-Rhône 14Kirs-1 Mistral-Major mit 900 PS (671 kW)
Leistung:	Höchstgeschwindigkeit 243 km/h; Steigleistung 2.000 m in 8 min, 46 sek; Dienstgipfelhöhe 6.000 m; Reichweite 3.000 km
Gewicht:	Leermasse 9.470 kg; max. Startmasse 16.600 kg
Abmessungen:	Spannweite 35,15 m; Länge 20,48 m; Höhe 7,48 m
Bewaffnung:	fünf lenkbare 7,5-mm-Maschinengewehre, einzeln am Heck angebracht, zwei in den vorderen Back- und Steuerbordpositionen, zwei in den hinteren Back- und Steuerbordpositionen sowie eine externe Bombenlast von 300 kg

Breguet Bre.693

Ihren Ursprung hatte die Bre.690 in einer Ausschreibung von 1934 für ein dreisitziges schweres Jagdflugzeug. Doch nachdem man sich für die Potez 630 entschieden hatte, wurde sie zum zweisitzigen Tiefangriffsflugzeug Bre.691 umgebaut. Erst 1937 wurde der Auftrag erteilt. Sie flog in dieser Gestalt erstmals im März 1938 und bereitete die folgende Produktion von 78 Bre.691AB.2-Flugzeugen mit zwei Hispano-Suiza-14-Sternmotoren vor. Obwohl man an den Entwurf einer Bre.692 mit Gnome-Rhône-14N-Sternmotoren dachte, war das nächste Modell, die Bre.693, eine Weiterentwicklung der Bre.691 mit Gnome-Rhône-14M-Sternkolbenmotoren und später einem schräg nach unten bzw. hinten gerichteten 7,5-mm-Maschinengewehr in jeder Motorgondel. Die erste von 254 gelieferten Bre.693AB.2-Maschinen absolvierte ihren Erstflug im März 1940. Die späteren wurden nach dem Fall Frankreichs im Juni 1940 von der Vichy-Luftwaffe eingesetzt. November 1942 wurden sie von den Deutschen konfisziert.

Herkunftsland:	Frankreich
Typ:	zweisitziger leichter Tiefangriffsbomber
Triebwerk:	zwei 14-Zylinder-Doppelsternmotoren Gnome-Rhône 14M-6/7 Mars mit 700 PS (522 kW)
Leistung:	Höchstgeschwindigkeit 475 km/h; Steigleistung 4.000 m in 7 min,12 sek; Dienstgipfelhöhe 8.500 m; Reichweite 1.350 km
Gewicht:	Leermasse 3.010 kg; max. Startmasse 5.500 kg
Abmessungen:	Spannweite 15,36 m; Länge 9,67 m; Höhe 3,19 m
Bewaffnung:	eine vorwärts gerichtete 20-mm-Kanone und zwei vorwärts gerichtete 7,5-mm-Maschinengewehre, ein schräg rückwärts gerichtetes 7,5-mm-Maschinengewehr, zwei schräg nach unten bzw. rückwärts gerichtete 7,5-mm-Maschinengewehre, ein lenkbares, rückwärts gerichtetes 7,5-mm-Maschinengewehr sowie eine interne Bombenlast von 400 kg

Breguet Bre.695

Besorgt über die begrenzten Kapazitäten im Flugzeugmotorenbau entschied Frankreich 1939, dass sich in jedes bedeutende französische Kampfflugzeug ein importierter amerikanischer oder britischer Motor integrieren lassen müsse. Das führte zur Bre.695.01, dem Modell der Bre.690.01, das mit zwei Sternmotoren Pratt & Whitney R-1830-SB4G Twin Wasp ausgestattet war, die leichter und leistungsfähiger als die französischen Motoren, aber auch größer im Durchmesser waren. Die Bre.695.01 flog erstmals im März 1940, und während bei Tests der Motor gut abschnitt, ergaben sich einige andere Probleme. Trotzdem plante man einen großen Auftrag für die Bre.695AB.2, doch nur 50 wurden vor Frankreichs Niederlage im Juni 1940 fertig gestellt. Die Abbildung zeigt eine Breguet 695 AB.2, die im Juni 1942 in Lézignan-Corbières stationiert war.

Herkunftsland:	Frankreich
Typ:	zweisitziger leichter Tiefangriffsbomber
Triebwerk:	zwei 14-Zylinder-Doppelsternmotoren Pratt & Whitney R-1830-SB4G Twin Wasp mit 825 PS (640,5 kW)
Leistung:	Höchstgeschwindigkeit 560 km/h; Dienstgipfelhöhe 9.000 m; Reichweite 1.500 km
Gewicht:	max. Startmasse 5.400 kg
Abmessungen:	Spannweite 15,36 m; Länge 9,67 m; Höhe 3,19 m
Bewaffnung:	eine vorwärts gerichtete 20-mm-Kanone und zwei vorwärts gerichtete 7,5-mm-Maschinengewehre, ein schräg rückwärts gerichtetes 7,5-mm-Maschinengewehr, zwei schräg rückwärts/nach unten gerichtete 7,5-mm-Maschinengewehre, ein lenkbares, nach hinten gerichtetes 7,5-mm-Maschinengewehr sowie eine interne Bombenlast von 400 kg

Breguet Bre.19

Von der Bre.19, dem Nachfolgemodell der Bre.14, die erfolgreich im 1. Weltkrieg eingesetzt wurde, wurden sicherlich mehr Exemplare gebaut als von jedem anderen Kampfflugzeugtypen zwischen den Weltkriegen (rund 1.500 Stück, darunter 400 in Lizenz gebaute Maschinen). Der Jungfernflug des Modells fand im November 1921 statt, und unter den Versionen war das Beobachtungs- und Aufklärungsmodell Bre.19A.2 mit Motoren zwischen 400 und 860 PS (298 und 693 kW), der leichte Bomber Bre.19B.2 mit Einrichtungen für eine äußere Bombenlast und der Aufklärer Bre.19GR. Viele wurden an ausländische Kunden verkauft. Unter den in kleineren Stückzahlen gebauten Varianten waren die Bre.19bis, ter, T, Tbis, 19.1, 19.2, 19.7, 19.8 und 19.9. Der Typ flog 1940 immer noch Einsätze für Griechenland während der italienischen Angriffe im Oktober 1940. Das Bild zeigt eine der von der Türkei 1933 in Auftrag gegebenen 50 Bre.19.7-Maschinen.

Herkunftsland:	Frankreich
Typ:	(Bre.19A.2) zweisitziges Kooperations- und Aufklärungsflugzeug
Triebwerk:	ein 12-Zylinder-V-Motor Renault 12Kb mit 513 PS (382,5 kW)
Leistung:	Höchstgeschwindigkeit 235 km/h; Steigleistung 5.000 m in 29 min, 50 sek; Dienstgipfelhöhe 6.900 m; Reichweite 1.200 km
Gewicht:	Leermasse 1.722 kg; max. Startmasse 3.110 kg
Abmessungen:	Spannweite 14,83 m; Länge 9,51 m; Höhe 3,69 m
Bewaffnung:	ein vorwärts gerichtetes 7,7-mm- oder 7,5 mm-Maschinengewehr an der Steuerbordseite des Vorderrumpfes, eine oder zwei rückwärts gerichtete 7,7-mm- oder 7,5-mm-Maschinengewehre im hinteren Cockpit, Einrichtungen für ein lenkbares 7,7-mm- oder 7,5-mm-Maschinengewehr am Rumpfbauch sowie eine Bombenlast von 800 kg

Brewster F2A und Buffalo

Als erstes Eindecker-Jagdflugzeug der US-Marine flog ein Modell der F2A in Gestalt der XF2A-1 im Januar 1938 und bereitete den Bau von 11 F2A-1.-Flugzeugen vor, die im Juli 1939 mit dem 940 PS (701 kW) starken R-1820-34-Motor in Betrieb genommen wurden. Es folgten 43 und 108 Exemplare der F2A-2 und F2A-3, erstere mit einem stärkeren Motor und letztere mit mehr Geschützen und einer längeren Rumpfnase. Die F2A war bei den Amerikanern erfolglos, im Gegensatz zur B-239 (44 für Finnland, dem einzigen Land, bei dem größere Erfolge mit der Maschine erzielt wurden), B-339B (40 für Belgien, von denen 38 als Buffalo Mk I an Großbritannien geliefert wurden) und der B-339D sowie B-439, von der 72 bzw. 20 Exemplare für die holländischen Karibikinseln bestimmt waren. Auf dem Bild ist eine Brewster F2A-2 aus dem Jahr 1941.

Herkunftsland:	USA
Typ:	(F2A-3) einsitziger träger- und landgestützter Jäger/Jagdbomber
Triebwerk:	ein 9-Zylinder-Sternmotor Wright R-1820-40 Cyclone mit 1.200 PS (895 kW)
Leistung:	Höchstgeschwindigkeit 517 km/h; Anfangssteiggeschwindigkeit 698 m/min; Dienstgipfelhöhe 10.120 m; Reichweite 2.704 km
Gewicht:	Leermasse 2.146 kg; normale Startmasse 2.867 kg; max. Startmasse 3.247 kg
Abmessungen:	Spannweite 10,67 m; Länge 8,03 m; Höhe 3,68 m
Bewaffnung:	zwei vorwärts gerichtete 12,7-mm-Maschinengewehre im oberen Teil des Vorderrumpfes; zwei vorwärts gerichtete 12,7-mm-Maschinengewehre an den Eintrittskanten der Flügel sowie eine Bomben last von 105 kg

Bristol Beaufighter Mk X und Mk XI

Als verbesserte Version des Beaufighter Mk VIC war der Beaufighter TF.Mk X mit Hercules-XVII-Motoren ausgestattet; er wurde zur Schiffsbekämpfung für geringe Flughöhe optimiert. Ein AI.Mk-VIII-Radar war zum Aufspüren von Schiffen in eine „Fingerhut"-Rumpfnase eingepasst, ein Geschütz am Rumpfrücken sorgte für Abwehrfeuerkraft, und unter dem Flügel waren Einrichtungen für eine Bomben- und Raketenlast alternativ zum Torpedo unter dem Rumpf angebracht. Die Kombination einer großen Heckflosse und vergrößerten Höhenrudern verbesserten die Flugkontrolle. Vom Beaufighter TF.Mk X, dem von 1944 an wichtigsten britischen Schiffsbekämpfungsflugzeug in Europa und im Fernen Osten, wurden 2.205 Stück gebaut, und weitere 163 Maschinen wurden als Beaufighter Mk XIC gebaut, der keine Torpedos tragen konnte. Das abgebildete Flugzeug ist eine TF. Mk X der 455. Staffel der britischen Luftflotte.

Herkunftsland:	Großbritannien
Typ:	(Beaufighter TF.Mk X) zwei-/dreisitziges Jagdflugzeug zur Schiffsabwehr und zum Tiefflugangriff
Triebwerk:	zwei 14-Zylinder-Doppelsternmotoren Bristol Hercules XVII mit 1.770 PS (1.320 kW)
Leistung:	Höchstgeschwindigkeit 512 km/h; Steigleistung 1.525 m in 3 min, 30 sek; Dienstgipfelhöhe 4.570 m; Reichweite 2.913 km
Gewicht:	Leermasse 7.076 kg; max. Startmasse 11.431 kg
Abmessungen:	Spannweite 17,63 m; Länge 12,7 m; Höhe 4,83m
Bewaffnung:	vier vorwärts gerichtete 20-mm-Kanonen in der Unterseite des Vorderrumpfes, ein lenkbares, rückwärts gerichtetes 7,7-mm-Maschinengewehr am Rumpfrücken sowie eine externe Torpedo-, Bomben- und Raketenlast von 1.111 kg

Bristol Beaufighter Mk VI

Der Beaufighter basierte auf Beaufort-Torpedobombern und flog erstmals im Juli 1939 als schweres Jagdflugzeug mit verkleinertem Rumpf und einem stärkeren Triebwerk von zwei 1.400-PS-(1044 kW)-Bristol-Hercules III- oder 1.500-PS-(1118 kW)-Hercules XI-Sternmotoren. Etwa 553 mit Radar ausgerüstete Mk-IF-Nachtjäger und 397 Mk-IC-Küstenjäger besaßen Hercules-Motoren und wurden später durch 597 Mk-IIF-Nachtjäger mit 1.280-PS-(954 kW)-Rolls-Royce-Merlin-XX-V-Motoren ergänzt. 1942 erreichte der Typ als Mk VI seine endgültige Gestalt. Es gab drei Nebenvarianten: den Beaufighter Mk-VIC-Torpedojäger (693 Stück), den Beaufighter Mk-VIF-Nachtjäger (879 Stück) und den Beaufighter Mk VI als provisorischer Torpedojäger (60 Stück) mit Einrichtungen unter dem Flügel für acht 27-kg-Torpedos. Das hier abgebildete Flugzeug ist eine Mk VIF, die bei der 416. Nachtjäger-Staffel der US-Luftflotte eingesetzt wurde.

Herkunftsland:	Großbritannien
Typ:	(Beaufighter Mk VIF) zweisitziger Nachtjäger
Triebwerk:	zwei 14-Zylinder-Doppelsternmotoren Bristol Hercules VI mit 1.635 PS (1.219 kW)
Leistung:	Höchstgeschwindigkeit 536 km/h; Anfangssteiggeschwindigkeit nicht bekannt; Dienstgipfelhöhe nicht bekannt; Reichweite 2.478 km
Gewicht:	Leermasse 6.622 kg; max. Startmasse 9.798 kg
Abmessungen:	Spannweite 17,63 m; Länge 12,7 m; Höhe 4,82 m
Bewaffnung:	vier vorwärts gerichtete 20-mm-Kanonen in der Unterseite des Vorderrumpfes und sechs vorwärts gerichtete 7,7-mm-Maschinengewehre an den Eintrittskanten der Flügel (zwei an der Backbord- und vier an der Steuerbordseite)

Bristol Beaufighter Mk 21

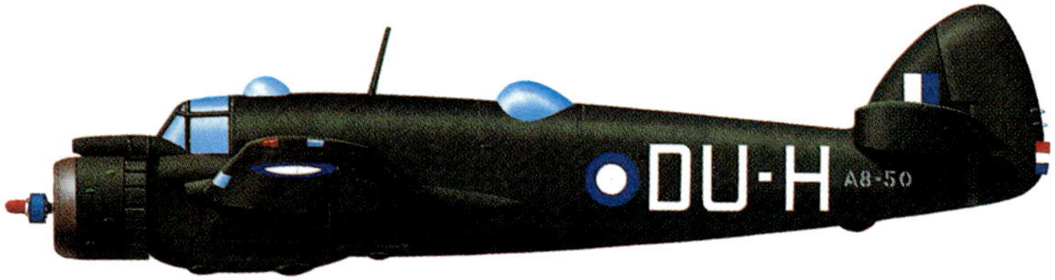

Schon früh zeigte die australische Luftwaffe ein Interesse am Beaufighter. Das zuverlässige zweimotorige Triebwerk, die hohe Feuerkraft und insgesamt gute Leistung bei großer Reichweite waren für eine Armee attraktiv, die mit der Möglichkeit eines japanischen Angriffs auf die Nordküste Australiens rechnen musste, einer rauen Gegend, die nicht besonders viele Flugplätze besaß. Daraufhin wurde der Beaufighter TF.Mk X als Beaufighter TF.Mk 21 mit zwei Hercules XVIII-Motoren für optimale Leistung bei mittlerer Höhe gebaut. Außderdem wurden die Torpedobügel, das Radar und die Heckflossenleiste entfernt, die Flügel für vier 12,7-mm-Maschinengewehre eingerichtet und eine Ausbuchtung in der Rumpfnase für einen Autopiloten eingefügt, der allerdings kaum benutzt wurde. Das erste von 364 Flugzeugen flog im Mai 1944. Die abgebildete Maschine trägt die Farben der 22. Staffel der australischen Luftwaffe.

Herkunftsland:	Australien (nach einem britischen Muster)
Typ:	(Beaufighter Mk 21) zwei-/dreisitziges, schweres Mehrzweck-Jagdflugzeug
Triebwerk:	zwei 14-Zylinder-Doppelsternmotoren Bristol Hercules XVIII mit 1.770 PS (1.320 kW)
Leistung:	Höchstgeschwindigkeit 512 km/h; Steigleistung 1.525 m in 3 min, 30 sek; Dienstgipfelhöhe 4.570 m; Reichweite 2.913 km
Gewicht:	Leermasse 7.076 kg; max. Startmasse 11.431 kg
Abmessungen:	Spannweite 17,63 m; Länge 12,7 m; Höhe 4,83 m
Bewaffnung:	vier vorwärts gerichtete 20-mm-Kanonen im Vorderrumpf, vier vorwärts gerichtete 12,7-mm-Maschinengewehre an den Eintrittskanten der Flügel, ein rückwärts gerichtetes 7,7-mm-Maschinengewehr am Rumpfrücken sowie eine externe Bomben- und Raketenlast von 1.111 kg

Bristol Bombay

Ein vergleichsweise einfacher Hochdecker war die erstmals im Juni 1935 geflogene Bombay mit festem Spornradfahrwerk. Sie entstand aus einer Ausschreibung von 1931 für einen Transporter/Bomber mit besonderer Eignung für Afrika, den Mittleren Osten und Indien. Dieser Typ musste 24 Passagiere oder entsprechendes Frachtgewicht tragen können (darunter auch Flugzeugmotoren), mit Verteidigungsfeuer ausgerüstet sein und als Bomber mit einer äußeren Bombenlast fungieren können. 50 Stück wurden in Auftrag gegeben, die im März 1939 in Betrieb genommen wurden, als sie technisch allerdings schon veraltet waren. Trotzdem leistete die Maschine gute Dienste als Transporter in Nordafrika und am Mittelmeer und wurde auch zeitweilig als Bomber genutzt. Die übrig gebliebenen Flugzeuge zog man in der Mitte des 2. Weltkriegs aus dem Verkehr. Die Bombay Mk 1 auf dem Bild hat die Farben der 216. Staffel der britischen Luftwaffe, stationiert 1940 in Ägypten.

Herkunftsland:	Großbritannien
Typ:	(Bombay Mk I) drei-/sechssitziger Transporter und Bomber
Triebwerk:	zwei 9-Zylinder-Sternmotoren Bristol Pegasus XXII mit 1010 PS (753 kW)
Leistung:	Höchstgeschwindigkeit 309 km/h; Steigleistung 4570 m in 20 min; Dienstgipfelhöhe 7620 m; Reichweite 3589 km
Gewicht:	Leermasse 6260 kg; max. Startmasse 9072 kg
Abmessungen:	Spannweite 29,18 m; Länge 21,11 m; Höhe 5,94 m
Bewaffnung:	ein lenkbares, vorwärts gerichtetes 7,7-mm-Maschinengewehr in der Nasenkanzel und ein lenkbares, rückwärts gerichtetes 7,7-mm-Maschinengewehr in der Heckkanzel; Option eines lenkbaren 7,7-mm-Maschinengewehrs in jeder der beiden Balkenpositionen sowie eine Bombenlast von 907 kg

Bristol Blenheim Mk I

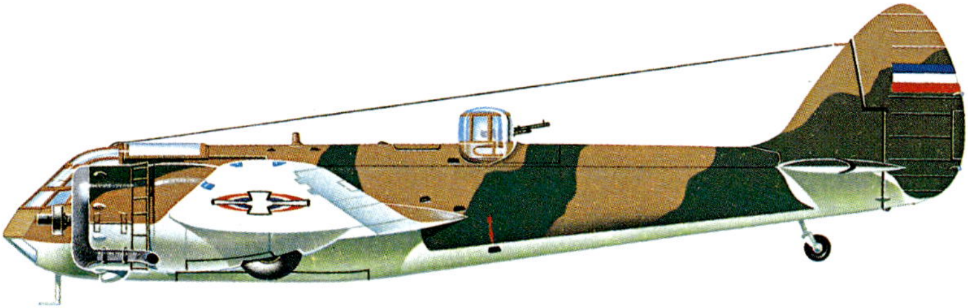

Eigentlich als militarisierte Version des 142er leichten Hochgeschwindigkeitstransporters angelegt, bereitete das Modell des 142M den leichten Bomber Blenheim Mk I vor, der 1939 in Betrieb genommen wurde. Die britische Luftwaffe erhoffte sich von dem Flugzeug nicht nur Leistung, sondern auch, dass während der Entwicklung von Hochleistungsflugzeugen ein Kader speziell ausgebildeter Flugzeugbesatzung entstehen würde. Die Blenheim wurde oft eingesetzt. Die erste Variante war die Blenheim Mk I, von der 1.365 Stück von drei britischen Herstellern gebaut wurden. 45 und 16 im Wesentlichen ähnliche Maschinen wurden in Finnland bzw. Jugoslawien gebaut. Zusätzlich erhielt Rumänien 1939 einige als diplomatisches Geschenk, mit dem Ergebnis, dass die Blenheim im 2. Weltkrieg sowohl gegen als auch für die Allieerten kämpfte. Viele der britischen Maschinen wurden zu den Nachtjägern Blenheim Mk IF mit vier 7,6-mm-MGs und Radar umgebaut.

Herkunftsland:	Großbritannien
Typ:	(Blenheim Mk I) dreisitziger leichter Bomber
Triebwerk:	zwei 9-Zylinder-Sternmotoren Bristol Mercury VIII mit 840 PS (627 kW)
Leistung:	Höchstgeschwindigkeit 459 km/h; Steigleistung 4.570 m in 9 min, 58 sek; Dienstgipfelhöhe 8.315 m; Reichweite 1.810 km
Gewicht:	Leermasse 4.013 kg; max. Startmasse 5.947 kg
Abmessungen:	Spannweite 17,17 m; Länge 12,12 m; Höhe 3 m
Bewaffnung:	ein vorwärts gerichtetes 7,7-mm-Maschinengewehr in der Nasenklappe des Backbordflügels, ein lenkbares 7,7-mm-Maschinengewehr in der Rückenkanzel sowie eine interne Bombenlast von 454 kg

Bristol Blenheim Mk IV

Die Blenheim Mk IV unterschied sich von der Blenheim Mk I in dem verstärkten Triebwerk und geringerer Kraftstoffkapazität. Eine weitere Veränderung war der Vorderrumpf, der um etwa 91 cm verlängert wurde, damit eine Navigationsstation unter einer zur Backbordseite gebogenen Glaskuppel untergebracht werden könnte. Der Bau der Blenheim Mk IV begann Anfang 1939, und bei Kriegsausbruch hatte die britische Luftwaffe 13 Mk-IV-Staffeln. Die Gesamtproduktion dreier britischer Hersteller betrug 3.285 Stück. Finnland baute 10 Maschinen für den eigenen Gebrauch, und 676 Stück wurden in Kanada unter dem Namen „Bolingbroke" hergestellt. Der Bomber Blenheim Mk IV rüstete 25 Staffeln in Großbritannien, 19 im Mittleren und eine im Fernen Osten aus, und viele wurden später zum Nachtjäger Blenheim Mk IVF mit Geschützbündel am Rumpfbauch und Radar umgebaut.

Herkunftsland:	Großbritannien
Typ:	(Blenheim Mk IV) dreisitziger leichter Bomber
Triebwerk:	zwei 9-Zylinder-Sternmotoren Bristol Mercury XV mit 995 PS (742 kW)
Leistung:	Höchstgeschwindigkeit 428 km/h; Anfangssteiggeschwindigkeit 457 m/min; Dienstgipfelhöhe 6.705 m; Reichweite 2.350 km mit einer Bombenlast von 454 kg
Gewicht:	Leermasse 4.456 kg; max. Startmasse 6.804 kg
Abmessungen:	Spannweite 17,17 m; Länge 12,98 m; Höhe 3,9 m
Bewaffnung:	Ein vorwärts gerichtetes 7,7-mm-Maschinengewehr in der Nasenklappe des Backbordflügels, zwei lenkbare 7,7-mm-Maschinengewehre in der Rückenkanzel, zwei lenkbare, rückwärts gerichtete 7,7-mm-Maschinengewehre an der Radarkuppel unter der Rumpfnase sowie eine interne Bombenlast von 454 kg

Bristol Blenheim Mk V

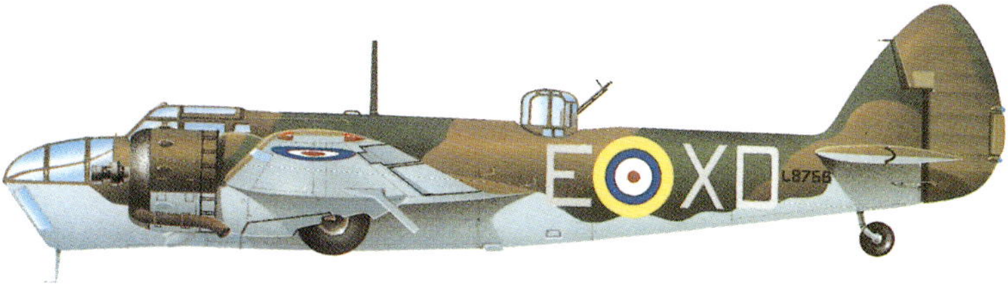

Der letzte Versuch, aus dem Rahmen der Bristol Typ 142 eine bessere Leistung herauszuholen, war die Blenheim Mk V (ursprünglich Bisley Mk I). Sie wurde 1940 als Tiefangriffsbomber mit Option zum Jäger und Übungsflugzeug mit Doppelsteuerung geplant. Die zweisitzige Blenheim Mk V war im Grunde die Blenheim Mk IV mit verändertem Vorderrumpf (u. a. mit vier vorwärts gerichteten 7,7-mm-Maschinengewehren an der Backbordseite), verbesserter Windschutzscheibe, verstärkter Panzerung, einer Rückenkanzel mit Gyroskop und für mittlere Höhe optimierte Motoren. Insgesamt wurden von dem Bomber Mk V, dem Tiefangriffsflugzeug Mk VA, dem Einsatz-Übungsflugzeug Mk VB und der Mk VD sowie der tropenfesten Mk VA 942 Stück gebaut. Der Typ wurde 1942 in Nordafrika eingesetzt, diente jedoch hauptsächlich den Staffeln im Fernen Osten. Nach neun Monaten wurde sie wegen ihrer schwachen Leistung aus dem Verkehr gezogen.

Herkunftsland:	Großbritannien
Typ:	(Blenheim Mk VA) zwei-/dreisitziger leichter Bomber
Triebwerk:	zwei 9-Zylinder-Sternmotoren Bristol Mercury XXX mit 950 PS (708 kW)
Leistung:	Höchstgeschwindigkeit 418 km/h; Dienstgipfelhöhe 9.450 m; Reichweite 2.575 km
Gewicht:	Leermasse 4.990 kg; max. Startmasse 7.711 kg
Abmessungen:	Spannweite 17,17 m; Länge 13,39 m; Höhe 3,9 m
Bewaffnung:	zwei lenkbare 7,7-mm-Maschinengewehre in der Rückenkanzel, zwei lenkbare, rückwärts gerichtete 7,7-mm-Maschinengewehre an der Radarkuppel unter der Rumpfnase sowie eine interne Bombenlast von 454 kg

CAMS 55

Aus dem Transportflugboot CAMS 53 mit Merkmalen der Aufklärer CAMS 51 und CAMS 54GR entstanden, absolvierte ein Modell der CAMS 55 1928 seinen ersten Flug. Erfolgreiche Tests der fünf Modelle führten zu 107 gebauten Modellen, die von 1930 an im Einsatz waren. Die übrig gebliebenen waren noch am Beginn des 2. Weltkrieges im Einsatz, wurden aber nach Frankreichs Niederlage im Juni 1940 verschrottet. Hauptvarianten waren die Grundversion CAMS 55.1 mit zwei 600 PS (522 kW) starken Hispano-Suiza-12Lbr-V-Motoren. Diesen 43 Flugbooten folgten 29 Exemplare der CAMS 55.2 mit 480 PS-(358 kW)-Sternmotoren Gnome-Rhône 9Akx Jupiter, 28 Exemplare der CAMS 55.10, der stärkeren Version der CAMS 55.2, und vier Langstreckenflugzeuge AMS 55.10 Col. für Einsatz in den Kolonien. Auf dem Bild ist eine CAMS 55/2 der französischen Luftwaffe zu sehen, die in den 30er Jahren in Nordafrika stationiert war.

Herkunftsland:	Frankreich
Typ:	(CAMS 55.10Hy.5) fünfsitziges Seeaufklärungs-Flugboot
Triebwerk:	zwei 9-Zylinder-Sternmotoren Gnome-Rhône 9Kbr Mistral mit 530 PS (395 kW)
Leistung:	Höchstgeschwindigkeit 215 km/h; Steigleistung 2.500 m in 28 min; Dienstgipfelhöhe 3.400 m; Reichweite 1.300 km
Gewicht:	Leermasse 4.640 kg; max. Startmasse 6.530 kg
Abmessungen:	Spannweite 20,39 m; Länge 15 m; Höhe 5,41 m
Bewaffnung:	zwei lenkbare, vorwärts gerichtete 7,7-mm-Maschinengewehre am Bug, zwei lenkbare, rückwärts gerichtete 7,7-mm-Maschinengewehre am Rumpfrücken sowie eine externe Bombenlast von 150 kg

CANT Z.501 Gabbiano

Schon bei ihrem Jungfernflug 1934 stellte die Gabbiano einen Flugrekord für Flugboote von 4.955 km zwischen Triest and Berbera im britischen Somalia auf. Die Produktion für die italienische Luftwaffe begann 1936, und im Juni 1940 waren etwa 202 Exemplare im Einsatz. Einsätze als Seeaufklärer zeigten bald, dass es der Z.501 an Leistung und Abwehrfeuer gegen Jagdflugzeuge mangelte, so dass der Typ der Luft-/Seenotrettung und der Küstenpatrouille überstellt wurde. Trotzdem lief die Produktion bis Mitte 1943 weiter und ergab eine Gesamtlieferung von 444 Maschinen einschließlich einer kleineren Anzahl an Rumänien und Spanien. Die Abbildung zeigt eines der Flugzeuge der spanischen Luftwaffe, die 1939 in Mallorca stationiert war.

Herkunftsland:	Italien
Typ:	(Z.501) fünfsitziges Seeaufklärungs- und Bomberflugboot
Triebwerk:	ein 12-Zylinder-V-Motor Isotta-Fraschini Asso XI R2C.15 mit 900 PS (671 kW)
Leistung:	Höchstgeschwindigkeit 275 km/h; Steigleistung 4.000 m in 16 min; Dienstgipfelhöhe 7.000 m; Reichweite 2.400 km
Gewicht:	Leermasse 3.840 kg; max. Startmasse 7.050
Abmessungen:	Spannweite 22,5 m; Länge 14,3 m; Höhe 4,4 m
Bewaffnung:	ein lenkbares, vorwärts gerichtetes 7,7-mm-Maschinengewehr am Bug, ein lenkbares 7,7-mm-Maschinengewehr in der Rumpfkanzel, ein lenkbares, rückwärts gerichtetes 7,7-mm-Maschinengewehr in der Rückenkanzel sowie eine externe Bombenlast von 640 kg

CANT Z.506 Airone

Aus dem Modell der Z.505, die als Postflugzeug zwischen Italien und den ostafrikanischen Kolonien fliegen sollte, entstand die Z.506. Letztendlich standen dort jedoch zu wenige Landeplätze zur Verfügung. Das Flugzeug wurde daher als Transporter für 15 Passagiere gebaut (20 Maschinen), bevor man es zum Militärflugzeug Z.506B Airone (Reiher) machte, das ab 1938 im Einsatz war. Von der Z.506B wurden insgesamt etwa 324 Stück gebaut, von denen bei Italiens Eintritt in den 2. Weltkrieg 95 im Einsatz waren. Der Typ war anfänglich als Bomber geplant, wurde aber dann mit stärkerem Verteidigungsfeuer ausgerüstet und übernahm Seeaufklärung, Eskortierung und U-Boot-Bekämpfung. Eine Reihe von Flugzeugen wurde auch zur Z.506S für die Luft-/Seenotrettung umgebaut, und einige blieben bis 1959 im Einsatz. Die Abbildung zeigt eine Z.506B in den Farben der spanischen Luftwaffe, die 1939 in Mallorca stationiert war.

Herkunftsland:	Italien
Typ:	(Z.506B) fünfsitziges Seeaufklärungs- und Bombenflugboot
Triebwerk:	drei 9-Zylinder-Sternmotoren Alfa Romeo 126 RC.34 mit 750 PS (559 kW)
Leistung:	Höchstgeschwindigkeit 350 km/h; Steigleistung 4.000 m in 20 min; Dienstgipfelhöhe 8.000 m; Reichweite 2.745 km
Gewicht:	Leermasse 8.300 kg; max. Startmasse 12.705 kg
Abmessungen:	Spannweite 26,5 m; Länge 19,24 m; Höhe 7,45 m
Bewaffnung:	ein lenkbares 12,7-mm-Maschinengewehr in der Rückenkanzel, ein lenkbares, rückwärts gerichtetes 7,7-mm-Maschinengewehr im hinteren Teil der Bauchgondel, ein lenkbares, seitlich ausgerichtetes 7,7-mm-Maschinengewehr in jeder der beiden Seitenpositionen sowie eine interne Bombenlast von 1.200 kg

CANT Z.1007 Alcione

Nachdem ein Modell schon 1937 flog, kam die Z.1007 Alcione Ende 1938 zum Einsatz und wurde zu einem der wichtigsten mittelschweren Bombern Italiens. Insgesamt wurden nur etwa 35 Flugzeuge mit 840 PS (626 kW) starken Piaggio-Asso-XI-Sternmotoren und vier 7,7-mm-Maschinengewehren zur Verteidigung gebaut. Dieser Version folgten 526 Exemplare der Z.1007bis und Z.1007ter. Erstere hatte einen größeren Rahmen, ein stärkeres Triebwerk mit veränderten Motorgondeln, veränderte Bewaffnung und zwei Hecktypen (einzelne, vertikale Schwanzfläche in den ersten drei und doppelte Schwanzfläche in den letzten sechs Lieferungen). Die zweite Version hatte einen auf drei Piaggio-P.XIX -Sternmotoren mit 1.175 PS (876 kW) aufgestocktes Triebwerk, aber eine verringerte Bombenlast von 1.000 kg. Dieses Flugzeug trägt die Kennzeichen der „Aviazione Nazionale Republicana“, die Ende 1943 aus den Überresten der „Regia Aeronautica“ entstand.

Herkunftsland:	Italien
Typ:	(Z.1007bis) fünfsitziger mittelschwerer Bomber
Triebwerk:	drei 14-Zylinder-Doppelsternmotoren Piaggio P.XI R2C.40 mit 1.000 PS (746 kW)
Leistung:	Höchstgeschwindigkeit 466 km/h; Steigleistung 4.000 m in 10 min, 30 sek; Dienstgipfelhöhe 8.200 m; Reichweite 1.750 km mit einer Bombenlast von 1.200 kg
Gewicht:	Leermasse 9.396 kg; max. Startmasse 13.621 kg
Abmessungen:	Spannweite 24,8 m; Länge 18,35 m; Höhe 5,22 m
Bewaffnung:	ein lenkbares 12,7-mm-Maschinengewehr in der Rückenkanzel, ein lenkbares, rückwärts gerichtetes 12,7-mm-Maschinengewehr in Bauchposition, ein seitlich ausgerichtetes 7,7-mm-Maschinengewehr in jeder der beiden Balkenpositionen sowie eine interne Bombenlast von 1.200 kg

Caproni Ca 101

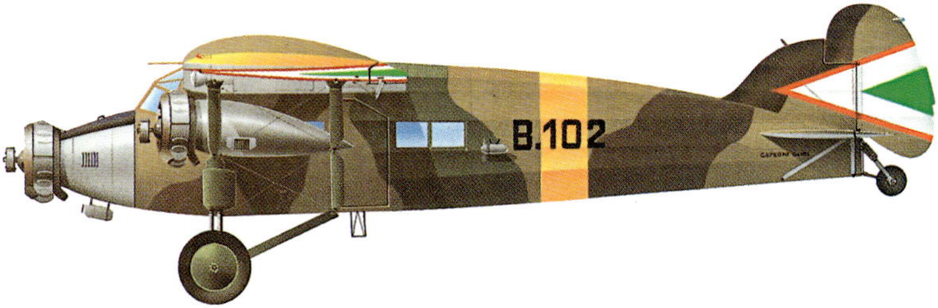

Aus dem Transporter Ca 97, der mit einem, zwei und drei Motoren gebaut wurde, entwickelte Caproni 1927 den vergrößerten dreimotorigen Transporter Ca 101. Bald gab die italienische Luftwaffe den Typ als Bomber mit drei Piaggio-P.VII-Sternmotoren mit 370 PS (276 kW) in Auftrag. Die Ca 101 blieb nicht lange in Italien im Einsatz, sondern wurde als Bomber bzw. Transporter in Italiens damaliger ostafrikanischer Kolonie Eritrea eingesetzt, und zwar mit den schwächeren, dafür aber etwas zuverlässigeren und sparsameren Alfa-Romeo-Dux- oder Alfa-Romeo-D.2-Sternmotoren. Etwa 20 Flugzeuge wurden nach Ungarn verkauft, das sie an der Ostfront gegen Russland einsetzte, wo sie bis Anfang 1943 im Dienst blieben. Die Abbildung zeigt eine Ca 101 der ungarische Luftwaffen, die Anfang 1941 in Papa in Ungarn stationiert war.

Herkunftsland:	Italien
Typ:	(Ca 101) dreisitziger leichter Aufklärungsbomber
Triebwerk:	drei 9-Zylinder-Sternmotoren Alfa Romeo D.2 mit 240 PS (179 kW)
Leistung:	Höchstgeschwindigkeit 165 km/h; Steigleistung 5.000 m in 40 min 30 sek; Dienstgipfelhöhe 6.100 m; Reichweite 2.000 km
Gewicht:	Leermasse 3.275 kg; max. Startmasse 4.975 kg
Abmessungen:	Spannweite 19,68 m; Länge 14,37 m; Höhe 3,89 m
Bewaffnung:	ein lenkbares 7,7-mm-Maschinengewehr im Rumpfrücken, ein oder zwei lenkbare, rückwärts gerichtete 7,7-mm-Maschinengewehre im Rumpfbauch, bei manchen Modellen ein lenkbares, seitlich ausgerichtetes 7,7-mm-Maschinengewehr in jeder der Balkenpositionen sowie eine interne und externe Bombenlast von 500 kg

Caproni Bergamaschi Ca 310 Libeccio

Die Ca 310 Libeccio war die erste Maschine in einer Produktionsserie von Tiefangriffs-, Bomber-, Aufklärungs-, Torpedo- und Übungsflugzeugen mit einziehbarem Fahrwerk. Sie wurde gemeinsam mit dem Ziviltransporter Ca 308 Borea und dem Mehrzweckflugzeug Ca 309 Ghibli (mit festem Fahrgestell) eingesetzt. Die Ca 310 machte ihren ersten Flug als Modell im April 1937 und wurde 1938 in Betrieb genommen, als 16 Maschinen für Einsatztests nach Spanien geschickt wurden. Caproni war im Exportmarkt erfolgreicher und bekam bald Aufträge von Ungarn, Norwegen, Peru und dem ehemaligen Jugoslawien. Die Kunden bemängelten jedoch die ungenügende Leistung, noch bevor alle Flugzeuge geliefert waren. 33 von Ungarn zurückgegebene Maschinen kamen als Ersatz für die Breda Ba 65 zur italienischen Luftwaffe. Auf dem Bild ist eine spanische Ca 103M von 1938 zu sehen.

Herkunftsland:	Italien
Typ:	(Ca 310) dreisitziger leichter Aufklärungsbomber
Triebwerk:	zwei 7-Zylinder-Sternmotoren Piaggio P.VII C.35 mit 470 PS (350,5 kW)
Leistung:	Höchstgeschwindigkeit 365 km/h; Steigleistung 4.000 m in 12 min, 23 sek; Dienstgipfelhöhe 7.000 m; Reichweite 1.200 km
Gewicht:	Leermasse 3.040 kg; max. Startmasse 4.650 kg
Abmessungen:	Spannweite 16,2 m; Länge 12,2 m; Höhe 3,52 m
Bewaffnung:	zwei vorwärts gerichtete 7,7-mm-Maschinengewehre an den Eintrittskanten der Flügel, ein lenkbares 7,7-mm-Maschinengewehr in der Rückenkanzel sowie eine interne Bombenlast von 400 kg

Caproni Bergamaschi Ca 135

Die Ca 135 war als mittelschwerer Bomber geplant, konnte aber nicht überzeugen. Nach dem ersten Flug des Modells im Jahr 1935 gab die italienische Luftwaffe 14 Ca 135 Spagna für Einsatzauswertungen im Spanischen Bürgerkrieg in Auftrag. Für diesen Zweck kamen die Lieferungen jedoch zu spät. Etwa 32 im Wesentlichen ähnliche Ca-135-Peru-Bomber wurden an die peruanische Luftwaffe geliefert. Nach der Auswertung von zwei veränderten Ca-135-Spagna-Maschinen mit zwei 1.000 PS (746 kW) starken Fiat-A.80-RC.41-Sternmotoren, die sich als unzuverlässig erwiesen, konzentrierte man die Produktion auf die Ca 135/P.XI mit Piaggio-Sternmotoren. Etwa 100 dieser Flugzeuge wurden für die Lieferung an die ungarische Luftwaffe fertig gestellt, die die im zweiten Halbjahr 1942 noch übrig gebliebenen von Einsatz- zu Übungszwecken herabstufte. Die Bezeichnungen auf der abgebildeten Maschine weisen auf den Einsatz in Südrussland hin.

Herkunftsland:	Italien
Typ:	(Ca 135/P.XI) viersitziger mittelschwerer Bomber
Triebwerk:	zwei 14-Zylinder-Doppelsternmotoren Piaggio P.XI RC.40 mit 1.000 PS (746 kW)
Leistung:	Höchstgeschwindigkeit 440 km/h; Steigleistung 5.000 m in 17 min, 24 sek; Dienstgipfelhöhe 6.500 m; Reichweite 1.200 km mit einer Bombenlast von 1.600 kg
Gewicht:	Leermasse 6.050 kg; max. Startmasse 9.550 kg
Abmessungen:	Spannweite 18,8 m; Länge 14,4 m; Höhe 3,4 m
Bewaffnung:	ein lenkbares, vorwärts gerichtetes Maschinengewehr in der Nasenkanzel, ein lenkbares 12,7-mm-Maschinengewehr in der Rückenkanzel, ein lenkbares 12,7-mm-Maschinengewehr in der Bauchkanzel sowie eine interne Bombenlast von 1.600 kg

Caproni Ca 133

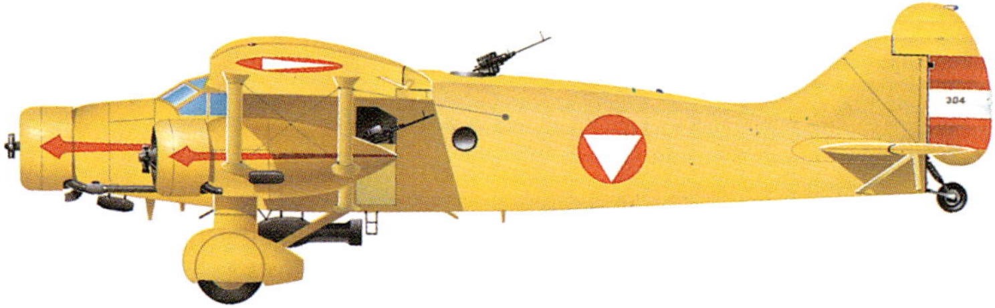

Die Ca 133 – eine verbesserte Version des Bombers/Transporters Ca 101 – war besonders aerodynamisch durch langsehnige Motorhauben (mit drei verstärkten Motoren), verkleidete Beine und Räder, ein verbessertes Heck und geteilte hintere Flügelklappen. Die italienische Luftwaffe begriff bald, dass der Typ trotz der Verbesserungen nur für den Einsatz in den nord- und ostafrikanischen Kolonien geeignet war. Die Produktion der Ca 133 betrug insgesamt nur 419 Stück; abgewandelte Formen waren 21 Ca-133S-Luftambulanzen und 329 Ca-133T-Transporter mit verringertem Verteidigungsfeuer. Nach Italiens Eintritt in den 2. Weltkrieg im Juni 1940 gingen viele Ca-133-Maschinen bei Kämpfen gegen britische Jagdflugzeuge verloren. Einige Ca-133-Flugzeuge wurden Mitte der 30er Jahre auch nach Österreich exportiert. Das abgebildete Flugzeug wurde von der Bomberstaffel 1B, Fliegerregiment Nr. 2 der österreichischen Luftwaffe, 1937 eingesetzt.

Herkunftsland:	Italien
Typ:	(Ca 133) dreisitziger Bomber und Transporter
Triebwerk:	drei 7-Zylinder-Sternmotoren Piaggio Stella P.VII C.16 mit 460 PS (343 kW)
Leistung:	Höchstgeschwindigkeit 265 km/h; Dienstgipfelhöhe 5.500 m; Reichweite 1.350 km
Gewicht:	Leermasse 4.190 kg; max. Startmasse 6.700 kg
Abmessungen:	Spannweite 21,24 m; Länge 15,36 m; Höhe 4 m
Bewaffnung:	ein lenkbares 7,7-mm-Maschinengewehr am Rumpfrücken, zwei lenkbare, rückwärts gerichtete 7,7-mm-Maschinengewehre am Rumpfbauch, ein lenkbares, seitlich ausgerichtetes 7,7-mm-Maschinengewehr in der Tür der Backbordseite des Rumpfes sowie eine externe Bombenlast von 1.200 kg

Caproni Ca 148

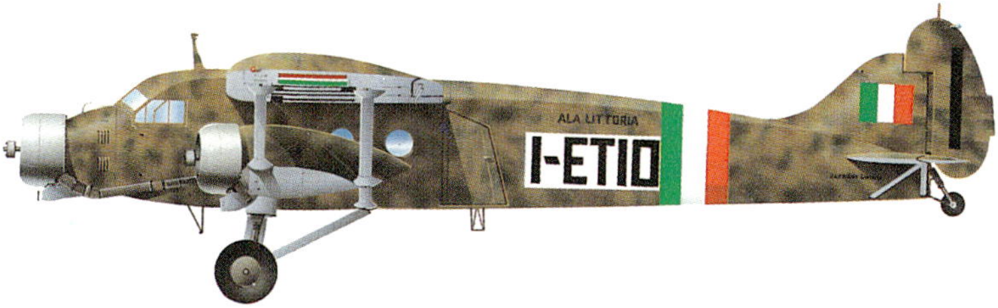

Als letzte Weiterentwicklung der Ca 101 erschien 1938 die Ca 148, ein Transporter für achtzehn Passagiere mit einem Triebwerk von drei 460 PS (343 kW) starken Piaggio-Stella- P.VII-RC-Sternmotoren, die jeweils einen dreiblättrigen Metallpropeller variabel antrieben. Das Cockpit war um 60 cm unter die Eintrittskante des Flügels versetzt, die Rumpftür war von ihrer ursprünglichen Position unter der Austrittskante des Backbord-Flügelansatzes weiter nach hinten verlegt, und das Fahrgestell war für eine erhöhte Startmasse verstärkt worden. Insgesamt wurden 106 Stück hauptsächlich für zivile und militärische Einsätze in Ostafrika gebaut, doch setzten die Deutschen und die Italiener in Europa einige Flugzeuge auch als Militärtransporter ein. Einige Ca-148-Maschinen blieben bis Ende der 40er Jahre in Italien im Dienst. Die Ca 148 I-ETIO der italienischen Fluggesellschaft „Ala Littoria" wurde sogar noch im Abessinienfeldzug eingesetzt.

Herkunftsland:	Italien
Typ:	(Ca 148) zweisitziger Transporter mit Unterbringungsmöglichkeiten für 18 Passagiere
Triebwerk:	drei 7-Zylinder-Sternmotoren Piaggio Stella P.VII C.16 mit 460 PS (343 kW)
Leistung:	Höchstgeschwindigkeit 265 km/h; Dienstgipfelhöhe 5.500 m; Reichweite 1.350 km
Gewicht:	Leermasse 4.190 kg; normale Startmasse 4.970 kg
Abmessungen:	Spannweite 21,24 m; Länge 15,36 m; Höhe 4 m
Bewaffnung:	keine

Caudron C.445 Goéland

Geplant war die Goéland als weiterentwickelter Eindecker, der am wachsenden Markt der Zubringer- und Geschäftstransportlinien beteiligt werden sollte. Das erste Mal flog sie 1934 als C.440 und wurde mit zwei 220 PS (164 kW) starken Renault-Bengali-Six-Motoren gebaut. Bei der C.441 wurden sie durch Renault-6Q-01-Motoren gleicher Kraft ersetzt. Die C.441 hatte auch einen verändeten Flügel, der in der C.444 (mit Renault-6Q-00/01-Motoren) und dann in der C.445 mit vergrößertem Neigungswinkel am äußerem Flügel beibehalten wurde. Die C.445 wurde im zivilen und militärischen Bereich eingesetzt. Die französische Luftwaffe gab die C.445M als leichtes Transport-, Kommunikations- und Übungsflugzeug und mit einer verglasten Rumpfnase als Schulflugzeug für Bombenschützen in Auftrag. Der Anteil der C.445M an den 1.702 Maschinen der Goéland-Serie betrug 404 Stück. Ab Juni 1940 dienten einige den Freien Französischen Streitkräften in Großbritannien.

Herkunftsland:	Frankreich
Typ:	(C.445M) zweisitziger leichter Transporter mit Unterbringungsmöglichkeiten für sechs Passagiere
Triebwerk:	zwei 6-Zylinder-Reihenmotoren Renault 6Q-00/01 oder -08/09 mit 220 PS (164 kW)
Leistung:	Höchstgeschwindigkeit 300 km/h; Steigleistung 2.000 m in 10 min, 15 sek; Dienstgipfelhöhe 5.600 m; Reichweite 1.000 km
Gewicht:	Leermasse 2.300 kg; max. Startmasse 3.500 kg
Abmessungen:	Spannweite 17,6 m; Länge 13,8 m; Höhe 3,5 m
Bewaffnung:	keine

Caudron C.714 Cyclone

Die C.714 war ein interessanter, aber letztlich erfolgloser Versuch, einen preisgünstigen und schnell zu bauenden, leichten Abfangjäger aus einer erfolgreichen Serie hölzerner Rennflugzeuge zu schaffen. Sie flog erstmals 1936 als das Modell C.710.01 mit einem 450 PS (335,5 kW) starken Renault-12R-01-Motor und einer Bewaffnung von zwei 20-mm-Kanonen. Daraus entstand das Modell C.713.01 mit einziehbarem Fahrwerk und veränderter vertikaler Schwanzfläche. Die C.713 wiederum wurde zum Modell C.714.01 mit verstärkter Konstruktion und verändertem Flügel umgebaut, woraus dann das Modell C.714 C.1 entstand, von dem Anfang 1940 92 Stück (einschließlich sechs für Finnland) fertig gestellt wurden. Nach dem Fall Frankreichs wurden neun Maschinen von Vichy-Frankreich und Deutschland als Übungs-Jagdflugzeuge benutzt. Abgebildet ist eine C.714, die im Mai 1940 in Lyon-Bron stationiert war.

Herkunftsland:	Frankreich
Typ:	(C.714C.1) einsitziger leichtgewichtiger Abfangjäger
Triebwerk:	ein 12-Zylinder V-Motor Renault 12R-03 mit 500 PS (373 kW)
Leistung:	Höchstgeschwindigkeit 460 km/h; Steigleistung 4.000 m in 9 min, 40 sek.; Dienstgipfelhöhe 9.100 m; Reichweite 900 km
Gewicht:	Leermasse 1.395 kg; max. Startmasse 1.880 kg
Abmessungen:	Spannweite 8,97 m; Länge 8,63 m; Höhe 2,87 m
Bewaffnung:	vier vorwärts gerichtete 7,5-mm-Maschinengewehre in zwei glatt anliegenden Schalen unter dem Flügel

Chance Vought V-166 Corsair

Die Corsair wurde im 2. Weltkrieg oft eingesetzt, vor allem ab Februar 1943 im Pazifik. 1938 hatte die Entwicklung der V-166B begonnen und war darauf ausgerichtet, den kleinstmöglichen Rahmen für den leistungsstarken XR-2800-Double-Wasp-Motor von Pratt & Whitney zu bauen. Der stark gekröpfte Flügel sollte Freiraum für den großen Propeller schaffen, ohne dass ein überlanges Hauptfahrwerk benötigt würde. Das Modell der XF4U-1 flog erstmals im Mai 1940, aber erst im folgenden Februar gab die US-Marine den Auftrag für 585 F4U-1-Maschinen. Die Auswertung führte zu Veränderungen am Fahrwerk und an der Höhe des Cockpits, um die Sicht nach vorne zu verbessern. Die meisten Flugzeuge wurden bei der Produktion verändert und mit der Bezeichnung F4U-1A versehen. Nach anfänglichem Einsatz bei der USMC im Februar 1943 kam der Typ zur Luftflotte der US-Marine.

Herkunftsland:	USA
Typ:	(F4U-1A) einsitziges, schiffs- und landgestütztes Jagdflugzeug
Triebwerk:	ein Sternmotor Pratt & Whitney R-2800-8 Double Wasp mit 2.000 PS (1.491 kW)
Leistung:	Höchstgeschwindigkeit 671 km/h; Steigleistung 951 m in 1 min; Dienstgipfelhöhe 11.245 m; Reichweite 1.633 km
Gewicht:	Leermasse 4.074 kg; max. Startmasse 6.350 kg
Abmessungen:	Spannweite 12,5 m; Länge 10,16 m; Höhe 4,9 m
Bewaffnung:	sechs vorwärts gerichtete 12,7-mm-Maschinengewehre in den Eintrittskanten am Flügel

Commonwealth Wirraway

Die „Commonwealth Aircraft Corporation“ entstand aus einem Beschluss der australischen Regierung 1936, eine eigene Flugzeugindustrie aufzubauen, die Australien unabhängig von Flugzeugimporten machen sollte. Das erste Produkt der CAC war die CA-1 Wirraway, die australische Version der amerikanischen NA-33, welche wiederum als verbesserte Version des Übungsflugzeuges NA-26, das als BC-1 für die amerikanische Luftflotte gebaut worden war. Von den beiden Modellen der CA-1 flog das erste 1939 und bereitete die Wirraway Mk I vor, von der 755 Stück in sieben Produktionsschüben während des 2. Weltkriegs gebaut wurden. 1939 wurde der Typ in Betrieb genommen und 1942 wegen seiner guten Leistung und Bewaffnung zum Kriegseinsatz gebracht. Auf dem Bild ist eine von 30 CA-5 Wirraway, die für die australische Luftwaffe gebaut wurden und bei der 4. Staffel im Dezember 1942 in Neuguinea im Einsatz waren.

Herkunftsland:	Australien
Typ:	(Wirraway Mk I) zweisitziges Flug- und Bewaffnungs-Schulflugzeug
Triebwerk:	ein in Australien gebauter 9-Zylinder-Sternmotor Pratt & Whitney R-1340-S1H1-G Wasp mit 600 PS (447 kW)
Leistung:	Höchstgeschwindigkeit 354 km/h; Anfangssteiggeschwindigkeit 594 m/min; Dienstgipfelhöhe 7.010 m; Reichweite 1.159 km
Gewicht:	Leermasse 1.811 kg; max. Startmasse 2.991 kg
Abmessungen:	Spannweite 13,11 m; Länge 8,48 m; Höhe 2,66 m
Bewaffnung:	zwei vorwärts gerichtete 7,7-mm-Maschinengewehre in der Oberseite des Vorderrumpfes, Einrichtungen für ein lenkbares, rückwärts gerichtetes 7,7-mm-Maschinengewehr im hinteren Cockpit sowie eine externe Bombenlast 454 kg

Commonwealth Boomerang

Australien beschloss 1941, eigene Geschütze zu produzieren. Die Boomerang wurde als Notfalljäger in Auftrag gegeben und basierte auf vielen Elementen des Wirraway-Übungsflugzeuges, das seinerseits eine Weiterentwicklung der amerikanischen NA-33 war, und einem leistungsfähigen, in Australien gebauten US-Motor. Der daraus entstandene Jagdbomber Boomerang flog als Modell erstmals im Mai 1942, nur 14 Wochen nach der Genehmigung des Entwurfes. 105 Maschinen der im Wesentlichen ähnlichen Boomerang Mk I wurden bis Juni 1943 geliefert. Es folgten 95 Boomerang Mk-II-Maschinen, die sich nur in kleinen Details von der Mk I unterschieden. Die Boomerang verband entsprechende Leistung mit guter Bewaffnung, Beweglichkeit im Tiefflug und Kraft. Auf dem Bild ist eine Boomerang Mk 1 zu sehen.

Herkunftsland:	Australien
Typ:	(Boomerang Mk II) einsitziger Jäger und Jagdbomber
Triebwerk:	ein 14-Zylinder-Doppelsternmotor Pratt & Whitney R-1830-S3C4G Twin Wasp mit 1.200 PS (895 kW)
Leistung:	Höchstgeschwindigkeit 491 km/h; Steigleistung 6.095 m in 9 min, 12 sek; Dienstgipfelhöhe 10.365 m; Reichweite 2.575 km
Gewicht:	Leermasse 2.437 kg; normale Startmasse 3.492 kg; max. Startmasse 3.742 kg
Abmessungen:	Spannweite 10,97 m; Länge 7,77 m; Höhe 2,92 m
Bewaffnung:	zwei vorwärts gerichtete 20-mm-Kanonen und vier vorwärts gerichtete 7,7-mm-Maschinengewehre an den Eintrittskanten der Flügel sowie eine externe Bombenlast von 227 kg

Consolidated PBY-1 bis PBY-5 Catalina

Nach der britischen Bezeichnung kennt man die PBY-Serie besser als „Catalina“ – das meistgebaute Flugboot. Sie wurde über einen Zeitraum von 10 Jahren an sechs Produktionsstätten hergestellt. Der Typ war zwar langsam, doch sehr zuverlässig und dauerhaft. Das Modell der XP3Y-1 absolvierte seinen Jungfernflug im März 1934. Darauf folgten 60, 50, 66, 33 und 1.024 Exemplare jeweils von der PBY-1, der verbesserten PBY-2, der PBY-3 mit verstärkten Motoren, der PBY-4 mit noch stärkeren Motoren und der PBY-5 mit wiederum höherer Motorleistung und mit Kuppeln statt Luken in der Mitte. Der Typ wurde auch in Kanada als Boeing PB2B (290 Stück) und in Russland (mehr als 400 Stück) gebaut. Die hier abgebildete PBY-5 wurde der australischen Luftwaffe im Rahmen eines Auftrags für 18 Stück übergeben und der 11. Staffel überstellt. Auffällig sind die Radaraantennen vor den Stützen.

Herkunftsland:	USA
Typ:	(PBY-5) neunsitziges Seeaufklärungs- und Bombenflugboot
Triebwerk:	zwei 14-Zylinder-Doppelsternmotoren Pratt & Whitney R-1830-82 Twin Wasp mit 1.200 PS (895 kW)
Leistung:	Höchstgeschwindigkeit 322 km/h; max. Steigleistung 302 m/min; Dienstgipfelhöhe 6.585 m; Reichweite 3.050 km
Gewicht:	Leermasse 7.893 kg; max. Startmasse 15.145 kg
Abmessungen:	Spannweite 31,7 m; Länge 19,45 m; Höhe 5,76 m
Bewaffnung:	zwei lenkbare, vorwärts gerichtete 7,6-mm-Maschinengewehre in der Bugkanzel, ein lenkbares, rückwärts gerichtetes 7,6-mm-Maschinengewehr im Bauchtunnel, ein lenkbares, seitlich ausgerichtetes 12,7-mm-Maschinengewehr an jedem der beiden Balken der Radarkuppel sowie eine externe Bombenlast von 2.041 kg

Consolidated PBY-5A und PBY-6A Catalina

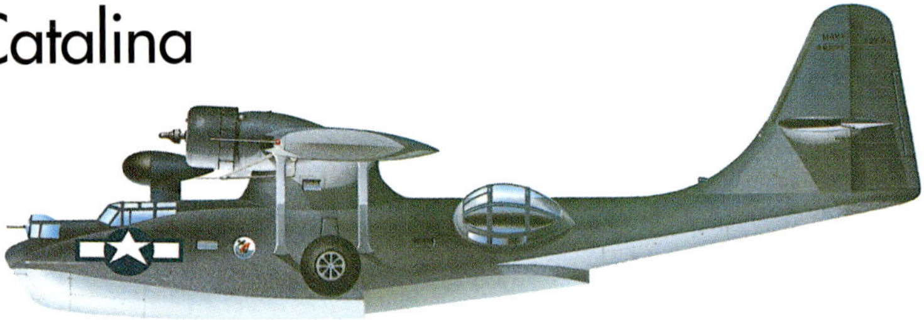

Ein Modell der XPBY-5A flog erstmals im November 1939 und war durch das einziehbare, dreirädrige Fahrwerk noch wendiger als die bisherige PBY-Serie. Von diesem neuen Flugboottyp wurden 794 Stück als PBY-5A an die US-Marine geliefert. Die britische Luftwaffe erhielt 225 im Wesentlichen ähnliche PBY-5B-Flugboote. Die Weiterentwicklung der Maschine führte zur PBY-6A (235 Stück) mit veränderter Bewaffnung und vergrößertem Heck, die Weiterentwicklung der PBN-1 Nomad (156 Stück) führte zur PBY-5A mit größerem Leitwerk, größerem Tank und veränderter Bewaffnung. Die PBY-5A wurde auch in Kanada als Canadian Vickers PVB-1A gebaut, und viele Flugzeuge flogen für die australische Luftwaffe als OA-10-Serie. Die Abbildung zeigt eine der letzten gebauten Catalinas, eine PBY-6A mit der US-Marinenummer 46648. Auffällig ist das Radar auf einem Träger und die Nasenkanzel mit zwei 12,7-mm-Maschinengewehren.

Herkunftsland:	USA
Typ:	(PBY-5A) neunsitziger Seeaufklärer und Bomberflugboot
Triebwerk:	zwei 14-Zylinder-Doppelsternmotoren Pratt & Whitney R-1830-92 Twin Wasp mit 1.200 PS (895 kW)
Leistung:	Höchstgeschwindigkeit 288 km/h; Steigleistung 3.050 m in 19 min, 18 sek; Dienstgipfelhöhe 4.480 m; Reichweite 5.713 km
Gewicht:	Leermasse 9.485 kg; max. Startmasse 16.067 kg
Abmessungen:	Spannweite 31,7 m; Länge 19,45 m; Höhe 5,76 m
Bewaffnung:	zwei lenkbare, vorwärts gerichtete 7,6-mm-Maschinengewehre in der Bugkanzel, ein lenkbares, rückwärts gerichtetes 7,6-mm-Maschinengewehr im Bauchtunnel, ein lenkbares, seitlich ausgerichtetes 12,7-mm-Maschinengewehr in jeder Radarkuppel sowie eine externe Bombenlast von 2.041 kg

Consolidated B-24D Liberator

Die Liberator, die in mehreren Varianten für Einsatz- und Übungsaufgaben produziert wurde, ist das meistgebaute US-Kampfflugzeug des 2. Weltkriegs. Das Modell XB-24 flog im Dezember 1939 zum ersten Mal. Ihm folgten sieben YB-24-Testflugzeuge und neun B-24A-Maschinen mit schwereren Verteidigungsgeschützen. Die XB-24 wurde dann zur XB-24B aufgerüstet, aus der neun B-24C-Bomber und dann die B-24D (2.738 Stück), die im Wesentlichen ähnliche B-24E (791 Stück) und die B-24G (430 Stück mit einer kraftbetriebenen Kanzel an der Rumpfnase) entstanden. Die B-24 kam im Juni 1942 bei ägyptischen Langstrecken-Luftangriffen auf deutsch besetzte, rumänische Ölfelder zum Einsatz. Das Bild zeigt die B-24D-85-CO Teggie Ann, das Führungsschiff des 47. Bomberflügels, in wüstengelber Tarnfarbe.

Herkunftsland:	USA
Typ:	(B-24D) zehnsitziger schwerer Langstreckenbomber
Triebwerk:	vier 14-Zylinder-Doppelsternmotoren Pratt & Whitney R-1830-43 oder -65 mit 1.200 PS (895 kW)
Leistung:	Höchstgeschwindigkeit 488 km/h; Steigleistung 6.095 m in 22 min; Dienstgipfelhöhe 9.755 m; Reichweite 4.586 km
Gewicht:	Leermasse 14.490 kg; max. Startmasse 27.216 kg
Abmessungen:	Spannweite 33,53 m; Länge 20,22 m; Höhe 4,46 m
Bewaffnung:	zwei lenkbare, vorwärts gerichtete 12,7-mm-Maschinengewehre in der Rumpfnase, zwei lenkbare 12,7-mm-Maschinengewehre in jeder der Rücken-, Bauch- und Heckkanzeln, ein lenkbares, seitlich ausgerichtetes 12,7-mm-Maschinengewehr in jeder der Mittelpositionen sowie eine interne Bombenlast von 3.992 kg

Consolidated Liberator B.Mk VI

Liberator-Flugzeuge aus den USA wurden im Rahmen des Lend-Lease-Abkommens hauptsächlich an die britische Luftwaffe und ihre Verbündeten aus dem Commomwealth geliefert. Die Varianten der Liberator waren 1.302 B-24J-, 437 B-24L- und 47 B-24M-Maschinen. Die B-24J diente als Liberator-B.Mk-VI-Bomber mit einer Kugelkanzel oder als Liberator-GR.Mk-VI-Langstrecken-Seeaufklärer mit Luft-Boden-Suchradar statt der Kugelkanzel, während die auf der B-24L und der B-24M basierenden Versionen die Liberator B.Mk VIII und die Liberator GR.Mk VIII waren. Die Liberator-Bomber dienten hauptsächlich in Südostasien, wo sie 14 Staffeln ausstatteten, während ihre Seeaufklärungs-Versionen hauptsächlich in Großbritannien und dem Commonwealth eingesetzt wurden und dort gute Dienste leisteten. Auf der Abbildung ist eine Liberator B.Mk VI (B-24H) der 356. Staffel, die zum 184. Salbani-Flügel in Indien gehörte, zu sehen.

Herkunftsland:	USA
Typ:	(Liberator B.Mk VI) achtsitziger schwerer Langstreckenbomber
Triebwerk:	vier 14-Zylinder-Doppelsternmotoren Pratt & Whitney R-1830-65 mit 1.200 PS (895 kW)
Leistung:	Höchstgeschwindigkeit 435 km/h; Steigleistung 6.095 m in 40 min; Dienstgipfelhöhe 9.755 m; Reichweite 1.593 km mit maximaler Bombenlast
Gewicht:	Leermasse 16.783 kg; max. Startmasse 28.123 kg
Abmessungen:	Spannweite 33,53 m; Länge 20,47 m; Höhe 5,49 m
Bewaffnung:	zwei lenkbare 12,7-mm-Maschinengewehre in jeder der Rücken-, Bauch- und Heckkanzeln, ein lenkbares, seitlich ausgerichtetes 12,7-mm-Maschinengewehr in jeder der Mittelpositionen sowie eine interne Bombenlast von 5.806 kg

Consolidated B-24J Liberator

Die mit einer Nasenkanzel versehene B-24G bahnte den Weg für die weitere Entwicklung der Liberator, darunter die B-24H (738 Stück von Consolidated mit einer Consolidated-Kanzel und 2.362 Stück von Douglas und Ford mit einer Emerson-Kanzel); die B-24J, eine verbesserte B-24H mit Autopilot und Verbesserungen wie einem genaueren Bombenzielgerät (6.678 Stück von Consolidated, Douglas, Ford und North American); die B-24L mit zwei handgesteuerten Heckgeschützen statt einer Kanzel (1.667 Stück von Consolidated und Ford) und die B-24M, eine verbesserte Version der B-24J (2.593 Stück von Consolidated und Ford). Wie bei den früheren Versionen gab es als Varianten auch LB-30-, C-87- und RY-Transporter, AT-22-Übungsflugzeuge, F-7-Langstrecken-Fotoaufklärer und PB4Y-1-Seeaufklärer. Auf dem Bild ist eine PB4Y-1 der U-Boot-Bekämpfungsstaffeln der US-Marine mit den Kennzeichen der VP-110, die vom Stützpunkt in Devon aus operierte, zu sehen.

Herkunftsland:	USA
Typ:	(B-24J) acht-/zwölfsitziger schwerer Langstreckenbomber
Triebwerk:	vier 14-Zylinder-Doppelsternmotoren Pratt & Whitney R-1830-65 mit 1.200 PS (895 kW)
Leistung:	Höchstgeschwindigkeit 483 km/h; Steigleistung 6.095 m in 25 min; Dienstgipfelhöhe 8.535 m; Reichweite 3.380 km
Gewicht:	Leermasse 16.556 kg; max. Startmasse 29.484 kg
Abmessungen:	Spannweite 33,53 m; Länge 20,47 m; Höhe 5,49 m
Bewaffnung:	zwei lenkbare 12,7-mm-Maschinengewehre in jeder der Rücken-, Bauch- und Heckkanzeln, ein lenkbares, seitlich ausgerichtetes 12,7-mm-Maschinengewehr in jeder der Mittelpositionen sowie eine interne Bombenlast von 3.992 kg

Consolidated Liberator Mk II

In der Form des unbewaffneten Transporters LB-30 verwendeten die Briten erstmals eine Liberator, doch folgten bald bewaffnete Modelle in Form von 20 Liberator-Mk-I-Maschinen, die der B-24A entsprachen (manche wurden als Seeaufklärer mit Radar und einer Geschützschale am Rumpfbauch benutzt) sowie 139 Liberator-Mk-II-Flugzeuge (darunter 79 von der USA wieder in Besitz genommene), die als Seeaufklärer dienten. Darüber hinaus wurden im Rahmen des Lend-Lease-Abkommens 260 Liberator-Mk-III-Maschinen als Seeaufklärer sowie 112 B-24G-Flugzeuge als Liberator B.Mk-V-Bomber und Liberator-GR.Mk-V-Seeaufklärer an Großbritannien geliefert. Es gab auch 24 Liberator-C.Mk-VII-Transporter, die auf dem C-87-Transporter basierten, der seinerseits aus der B-24D entstanden war. Die AL 504 Commando war das persönliche Flugzeug des Premierministers Winston Churchill; sie wurde Anfang 1941 umgestaltet und hieß später wieder RY-3.

Herkunftsland:	USA
Typ:	(Liberator Mk III) zehnsitziger schwerer Langstreckenbomber
Triebwerk:	vier 14-Zylinder-Doppelsternmotoren Pratt & Whitney R-1830-43 oder -65 mit 1.200 PS (895 kW)
Leistung:	Höchstgeschwindigkeit 488 km/h; Steigleistung 6.095 m in 22 min; Dienstgipfelhöhe 9.755 m; Reichweite 4.586 km
Gewicht:	Leermasse 14.490 kg; max. Startmasse 27.216 kg
Abmessungen:	Spannweite 33,53 m; Länge 20,22 m; Höhe 4,46 m
Bewaffnung:	zwei lenkbare, vorwärts gerichtete 12,7-mm-Maschinengewehre in der Rumpfnase, zwei lenkbare 12,7-mm-Maschinengewehre in jeder der Rücken-, Bauch- und Heckkanzeln, ein lenkbares, seitlich ausgerichtetes 12,7-cm- Maschinengewehr in jeder der Mittelpositionen sowie eine interne Bombenlast von 3.992 kg

Consolidated TBY Sea Wolf

Die drei besten von 13 Entwürfen für einen trägergestützten Torpedo- und Tiefangriffsbomber, die auf eine Ausschreibung von 1939 nach einem Nachfolger für die Douglas TBD Devastator bei der US-Marine eingingen, stammten von Brewster, Grumman und Vought. Die Brewster wurde bald verworfen, die Grumman reifte zur TBF Avenger, und die Vought wurde als XTBU-1-Modell in Auftrag gegeben, das im Dezember 1941 zum ersten Mal flog. Sie zeigte bessere Leistungen als die TBF, so dass man beschloss, sie zu bauen. Vought konnte der Stückzahl der Aufträge nicht nachkommen und gab den Auftrag an Consolidated weiter, so dass die Bezeichnung von da an TBY lautete. 1943 wurde ein Auftrag für 1.100 Flugzeuge erteilt, die den Namen „Sea Wolf" erhielten. Die ersten von ihnen flogen im August 1944, doch lief die Produktion langsam, und der Vertrag wurde nach der Lieferung von 180 Flugzeugen aufgelöst, die nur zu Übungszwecken benutzt wurden.

Herkunftsland:	USA
Typ:	(TBY-2) dreisitziger, trägergestützter Torpedobomber
Triebwerk:	ein 14-Zylinder-Doppelsternmotor Wright R-2600-22 Cyclone mit 2.100 PS (1.566 kW)
Leistung:	Höchstgeschwindigkeit 502 km/h; Anfangssteiggeschwindigkeit 539 m/min; Dienstgipfelhöhe 8.960 m; Reichweite 1.650 km
Gewicht:	Leermasse 5.142 kg; max. Startmasse 8.591 kg
Abmessungen:	Spannweite 17,35 m; Länge 11,94 m; Höhe 4,72 m
Bewaffnung:	drei vorwärts gerichtete 12,7-mm-Maschinengewehre in den Eintrittskanten der Flügel und im Vorderrumpf, ein lenkbares, rückwärts gerichtetes 12,7-mm-Maschinengewehr in der Rückenkanzel, ein lenkbares, rückwärts gerichtetes 7,6-mm-Maschinengewehr im Rumpfbauch sowie eine Torpedo- und Bombenlast von 726 kg

Curtiss Modell 77 (SBC Helldiver)

Als die US-Marine ein neues zweisitziges Jagdflugzeug brauchte, gab sie 1932 bei Curtiss ein Muster ihres Modell 73 in Auftrag, und zwar als zweisitziger Parasolflügel-Eindecker mit einziehbarem Fahrwerk. Später entschloss man sich, das Flugzeug als Aufklärer zu verwenden, dann als Aufklärungsbomber. Sturzbomber-Versuche ließen Konstruktionsmängel beim Flügel sichtbar werden. Deshalb wurde das Flugzeug umgestaltet zum XSBC-2 (Modell 77), einem Doppeldecker mit einem Wright-R-1510-12-Whirlwind-14-Motor mit 700 PS (522 kW). Dieser wurde 1936 gegen einen Pratt & Whitney R-1535-82 Twin Wasp Junior ausgetauscht, und das Flugzeug wurde zur XSBC-3. August 1936 erteilte die Marine den Auftrag zum Bau der SBC-3, und die ersten 83 Exemplare wurden am 17. Juli 1937 an die VS-5 geliefert. Ihnen folgten 174 verbesserte SBC-4-Maschinen mit einem leistungsstärkeren Wright-Motor, welche noch 1941 bei zwei Staffeln im Einsatz waren.

Herkunftsland:	USA
Typ:	zweisitziger, trägergestützter Sturzkampfbomber
Triebwerk:	(SBC-4) ein Sternmotor Wright R-1820-34 Cyclone 9 mit 900 PS (671 kW)
Leistung:	Höchstgeschwindigkeit 377 km/h bei 4.365 m; Dienstgipfelhöhe 7.315 m; Reichweite 652 km mit einer Bombenlast von 227 kg
Gewicht:	Leermasse 2.065 kg; max. Startmasse 3.211 kg
Abmessungen:	Spannweite 10,36 m; Länge 8,57 m; Höhe 3,17 m
	ein vorwärts gerichtetes 7,6-mm-Maschinengewehr, ein lenkbares 7,6-mm-Maschinengewehr im hinteren Cockpit sowie eine Bombenlast von 227 kg

Curtiss SB2C Helldiver

Im Dezember 1940 absolvierte die SB2C Helldiver, geplant als Nachfolger der SBD Dauntless, ihren Erstflug als Modell. Mangels einer besseren Alternative baute man 7.200 Stück, darunter die landgestützte Version A-25 für die US-Streitkräfte sowie die in Kanada von Canadian Fairchild und Canadian Car & Foundry gebauten SBF und SBW (300 bzw. 894 Stück). Der Typ hatte im November 1943 seinen ersten Einsatz. Die wichtigsten Varianten waren die Grundversion SB2C-1 (978 Stück in zwei Nebenvarianten), die SB2C-3 (1.112 Stück) mit dem 1.900 PS (1.417 kW) starken R-2600-20-Motor, die SB4C-4 (2.045 Stück in zwei Nebenvarianten) mit Einrichtungen für zusätzliche Lager unter den Flügeln und die SB2C-5 (970 Stück) mit vergrößertem Tank. Auf der Abbildung ist eine SB2C-1 zu sehen, die im November 1943 mit der Staffel VB-17 an Bord der USS Bunker Hill war. Die Einheit war an den Angriffen auf das japanische Bollwerk in Rabaul beteiligt.

Herkunftsland:	USA
Typ:	(SB2C-1C) zweisitziger träger- und landgestützter Sturzkampfbomber
Triebwerk:	ein 14-Zylinder-Doppelsternmotor Wright R-2600-8 Cyclone 14 mit 1.700 PS (1.268 kW)
Leistung:	Höchstgeschwindigkeit 452 km/h; Steigleistung 3.050 m in 7 min, 42 sek; Dienstgipfelhöhe 7.375 m; Reichweite 2.213 km
Gewicht:	Leermasse 4.588 kg; max. Startmasse 7.626 kg
Abmessungen:	Spannweite 15,15 m; Länge 11,18 m; Höhe 4 m
Bewaffnung:	zwei vorwärts gerichtete 20-mm-Kanonen in den Eintrittskanten der Flügel, zwei lenkbare, rückwärts gerichtete 7,6-mm-Maschinengewehre im hinteren Cockpit sowie eine interne und externe Torpedo-, Bomben- und Tiefangriffswaffenlast von 1.361 kg

Curtiss P-36 und Mohawk

Curtiss baute das Model 75 als modernes Eindecker-Jagdflugzeug zunächst auf eigenes Risiko, später interessierten sich die US-Streitkräfte dafür. Das Modell flog erstmals im Mai 1935 mit einem Wright-SGR-1670-G5-Sternmotor, der bald durch den stärkeren Wright-R-1820-F-Cyclone-Sternmotor ersetzt wurde. Anschließend gab die US-Armee den Auftrag für drei YP-36-Testflugzeuge, die dann den Bau von 178 P-36A-Jägern, die ab April 1938 im Einsatz waren, und 31 P-36C-Jägern mit zwei zusätzlichen 7,6-mm-Maschinengewehren im Flügel vorbereiteten. Der Typ wurde auch als Modell 75A in verschiedende Länder exportiert, darunter Großbritannien, wo man den Typ „Mohawk" nannte, und in der herunter gestuften Form des Modells 75 (oder Hawk 75) mit festem und verkleidetem Hauptfahrwerk. Das hier abgebildete Flugzeug trägt die Standardfarben der US-Luftwaffe und die nationalen Kennzeichen aus dem Jahr 1942.

Herkunftsland:	USA
Typ:	(P-36C) einsitziges Jagdflugzeug
Triebwerk:	ein 14-Zylinder-Doppelsternmotor Pratt & Whitney R-1830-17 mit 1.200 PS (895 kW)
Leistung:	Höchstgeschwindigkeit 500 km/h; Steigleistung 4.570 m in 4 min, 54 sek; Dienstgipfelhöhe 10.270 m; Reichweite 1.320 km
Gewicht:	Leermasse 2.096 kg; max. Startmasse 2.726 kg
Abmessungen:	Spannweite 11,37 m; Länge 8,79 m; Höhe 2,82 m
Bewaffnung:	ein vorwärts gerichtetes 12,7-mm-Maschinengewehr, ein vorwärts gerichtetes 7,6-mm-Maschinengewehr im oberen Teil des Vorderrumpfes und zwei vorwärts gerichtete 7,6-mm-Maschinengewehre an den Eintrittskanten der Flügel

Curtiss P-40 und Tomahawk

Gemessen am allgemeinen Standard der 30er Jahre war der R-1830-Motor zuverlässig und leistungsfähig. Als jedoch klar wurde, dass er nicht weiterentwickelt werden konnte, konstruierte man den Rahmen des Modell 75 für einen Allison-V-1710-V-Motor. Aus der Installation dieses Motors in eine umgewandelte P-36A entstand das Modell 81, das im Oktober 1938 als XP-40 das erste Mal flog. Das erste gebaute Modell war die P-40, von der 199 Stück mit einem 1.150 PS (976 kW) starken V-1710-33-Motor geliefert wurden; die Maschinen traten im Mai 1940 ihren Dienst an. Es folgten jeweils 131, 193, 22 und 2.320 Exemplare der P-40B, P-40C, P-40D und P-40E sowie 2.060 Tomahawk-Mk-I-Maschinen für Großbritannien. Die P-40 war ein durchaus geeigneter Jäger für den 2. Weltkrieg, tat sich jedoch besonders als Jagdbomber in der Bodenkampfunterstützung hervor. Das Bild zeigt das persönliche Flugzeug von Henry Geselbracht, einem der Piloten der 2. Staffel der American Volunteer Group.

Herkunftsland:	USA
Typ:	(P-40B) einsitziges Jagdflugzeug
Triebwerk:	ein 12-Zylinder-V-Motor Allison V-1710-33 (C15) mit 1.040 PS (775 kW)
Leistung:	Höchstgeschwindigkeit 567 km/h; Steigleistung 4.570 m in 5 min, 6 sek; Dienstgipfelhöhe 9.875 m; Reichweite 1.513 km
Gewicht:	Leermasse 2.536 kg; max. Startmasse 3.447 kg
Abmessungen:	Spannweite 11,37 m; Länge 9,66 m; Höhe 3,22 m
Bewaffnung:	zwei vorwärts gerichtete 12,7-mm-Maschinengewehre im oberen Teil des Vorderrumpfes und zwei vorwärts gerichtete 7,6-mm-Maschinengewehre an den Eintrittskanten der Flügel

Curtiss P-40 Warhawk und Kittyhawk

Die Weiterentwicklung des Modell 81 führte zum Modell 87, das den Packard-V-1650-(Rolls-Royce-Merlin-)-Motor und einen verlängerten Rumpf besaß. Das aus einem Standard-P-40D-Rahmen umgebaute Modell XP-40F und die drei YP-40F-Testflugzeuge bereiteten den Bau von 1.311 P-40F-Jagdbombern vor. Andere Varianten waren die P-40K-Version der P-40F mit dem V-1710-73-Motor (1.300 Flugzeuge mit verkürztem Rumpf), die P-40L, bei der zwei Flügelgeschütze entfernt waren (700 Stück), die P-40M mit dem V-1710-81-Motor (600 Stück), die P-40N (eine leichtere Version der P-40L/M; 5219 Stück) und schließlich die P-40R, 300 neu motorisierte P-40F/L-Maschinen. Die Briten kauften bzw. erhielten im Rahmen des Lend-Lease-Abkommens auch die Varianten Kittyhawk Mk II bis IV der P-40F, K, M und N. Etwa 2.097 der amerikanischen Flugzeuge wurden nach Russland exportiert. Auf dem Bild ist eine Kittyhawk Mk III der 250. Sudan-Staffel der britischen Luftwaffe, stationiert Ende 1943 in Italien, zu sehen.

Herkunftsland:	USA
Typ:	(P-40M) einsitziger Jäger und Jagdbomber
Triebwerk:	ein 12-Zylinder-V-Motor Allison V-1710-81 mit 1.200 PS (895 kW)
Leistung:	Höchstgeschwindigkeit 552 km/h; Steigleistung 6.095 m in 8 min, 48 sek; Dienstgipfelhöhe 9.450 m; Reichweite 1.207 km
Gewicht:	Leermasse 2.812 kg; max. Startmasse 5.171 kg
Abmessungen:	Spannweite 11,37 m; Länge 10,16 m; Höhe 3,23 m
Bewaffnung:	sechs vorwärts gerichtete 12,7-mm-Maschinengewehre in den Eintrittskanten der Flügel sowie eine externe Bombenlast von 680 kg

de Havilland Mosquito Mk IV

Die Mosquito wurde zunächst auf eigenes Risiko von de Havilland gebaut, um der britischen Luftwaffe einen leistungsstarken Bomber zu verschaffen. Das Modell der Mosquito Mk I wurde weitestgehend aus geschichtetem Sperr- bzw. Balsaholz gebaut, flog erstmals im November 1940 und bahnte den Weg für eine Reihe von Varianten: die Mk IV (273 Stück mit einer Bombenlast von 907 kg), die Mk VII (25 Stück, in Kanada gebaut), die Mk IX (54 Stück mit verstärktem Triebwerk und einer möglichen Bombenlast von 1.814 kg in einigen Maschinen), die Mk XVI (1.200 Stück, die mit einem druckfesten Cockpit auf Mk-IX-Standard gebracht waren), die Mk XX (145 Stück, in Kanada mit amerikanischer Ausrüstung gebaut) und die Mk 25 (400 Stück, in Kanada gebaut). Das Bild zeigt eine Mk IV der 139. Staffel der britischen Luftwaffe, die 1942–1943 im Einsatz war.

Herkunftsland:	Großbritannien
Typ:	(Mosquito B.Mk XVI) zweisitziger leichter Bomber
Triebwerk:	zwei 12-Zylinder-V-Motoren Rolls-Royce Merlin 72/73 oder 76/77 mit 1.680 PS (1.253 kW)
Leistung:	Höchstgeschwindigkeit 668 km/h; Steigleistung 4.570 m in 7 min, 3 sek; Dienstgipfelhöhe 11.280 m; Reichweite 2.888 km mit einer Bombenlast von 907 kg
Gewicht:	Leermasse 7.031 kg; max. Startmasse 11.766 kg
Abmessungen:	Spannweite 16,51 m; Länge 13,56 m; Höhe 4,65 m
Bewaffnung:	eine interne und externe Bombenlast von bis zu 1.814 kg

de Havilland Mosquito F.Mk II

Dank der Vielseitigkeit und der guten Leistung wurde der ursprüngliche Mosquito-Bomber weiterentwickelt. Der Nachtjäger, die erste Einsatzvariante nach der Mosquito NF.Mk II, wurde im Dezember 1941 mit vier 20 mm-Kanonen und vier 7,7-mm-Maschinengewehren sowie einem AI.Mk IV-Radar in Betrieb genommen und im Mai 1942 das erste Mal eingesetzt. Insgesamt wurden von der Mosquito NF.Mk II 467 Stück gebaut und mit Merlin 21-, 22- oder 23-Motoren in langen Gondeln und mit flacher Windschutzscheibe ausgestattet. Die Abbildung zeigt eine W4082, eine der ersten Mosquito-NF.MK-11-Maschinen, die in der ersten Woche des Jahres 1942 geliefert wurden. Trotz eines Ladegewichts, das dem Leergewicht der letzten NF-Versionen entsprach (ca. 8.165 kg), wurde die Mk II durch ihre matte, nicht reflektierende Farbe und das AI.IV-Radar verlangsamt. Die Markierungen entsprechen der 157. Staffel, die Mitte 1942 in Castle Camps, Essex, stationiert war.

Herkunftsland:	Großbritannien
Typ:	(Mosquito NF.Mk II) zweisitziger Langstrecken-Nachtjäger mit Intruderausstattung
Triebwerk:	zwei 12-Zylinder-V-Motoren Rolls-Royce Merlin 21, 22 oder 23 mit 1.480 PS (1.103,5 kW)
Leistung:	Höchstgeschwindigkeit 595 km/h; Steigleistung 4.570 m in 6 min, 45 sek; Dienstgipfelhöhe 10.515 m; Reichweite 2.744 km
Gewicht:	Leermasse 6.492 kg; max. Startmasse 9.072 kg
Abmessungen:	Spannweite 16,51 m; Länge 13,08 m; Höhe 5,31 m
Bewaffnung:	vier vorwärts gerichtete 20-mm-Kanonen und vier vorwärts gerichtete 7,7-mm-Maschinengewehre in der Rumpfnase

de Havilland Mosquito FB.Mk VI

Die wichtigste Variante der Mosquito war die FB.Mk VI, der Standardjäger der britischen Luftwaffe. Etwa 2.584 Stück wurden mit unterschiedlicher Bewaffnung gebaut, für gewöhnlich aber mit vier 7,7-mm-Maschinengewehren und vier 20-mm-Kanonen. Das erste Flugzeug flog im Juni 1942 mit einstufigen Motoren, den Geschützen der NF.Mk II und einem kurzem Bombenschacht für zwei 250-Pfund-Bomben und Aufhängungen an den Flügeln für zwei weitere 250-Pfund-Bomben. Bei der Serie VI wurde diese mögliche Bomben- bzw. Raketenlast auf 2.000 Pfund verdoppelt. So wurde die Mk-VI-Serie zu Tiefangriffsflugzeugen, und für den Rest des Krieges flog die vielseitige FB.Mk VI Tiefangriffe über Europa und bombardierte Ziele wie das Gestapo-Hauptquartier in den Haag und deutsche Produktionsstätten der V-Waffen. Unter dem Küstenkommando wurde sie erfolgreich gegen die Schiffe der Achsenmächte eingesetzt. Das Bild zeigt eine nach Österreich exportierte 38 FB.Mk VI.

Herkunftsland:	Großbritannien
Typ:	(Mosquito FB.Mk VI) zweisitziger Langstrecken-Jagdbomber
Triebwerk:	zwei 12-Zylinder-Motoren Rolls-Royce Merlin 21 oder 23 mit 1.480 PS (1.103,5 kW)
Leistung:	Höchstgeschwindigkeit 595 km/h; Steigleistung 4.570 m in 6 min, 45 sek; Dienstgipfelhöhe 10.515 m; Reichweite 2.744 km
Gewicht:	Leermasse 6.492 kg; max. Startmasse 9.072 kg
Abmessungen:	Spannweite 16,51 m; Länge 13,08 m; Höhe 5,31 m
Bewaffnung:	vier vorwärts gerichtete 20-mm-Kanonen, vier vorwärts gerichtete 7,7-mm-Maschinengewehre in der Rumpfnase sowie eine interne und externe Bomben-, Raketen- oder Abwurfbehälterlast von 907 kg

de Havilland Mosquito NF.Mk XIX

Im April 1944 absolvierte die Mosquito NF.Mk XIX ihren Erstflug. Sie war eine Weiterentwicklung der Mosquito NF.Mk XIII mit Merlin-25-Motoren und einem Universalradar, an das die Antennen des in Großbritannien entworfenen AI.Mk-VIII- oder des in Amerika entworfenen AI.Mk-X-Radars angeschlossen werden konnten. Die Gesamtproduktion belief sich auf 280 Stück. Es folgten die NF.Mk 30 (530 Stück mit für große Höhen optimierten 1.650 PS/1.230 kW starken Merlin 72-, 76- oder 113-Motoren), die NF.Mk 36 (163 Flugzeuge nach dem Krieg auf NF.Mk 30-Standard, verbessert durch AI.Mk-IX-Radar und Merlin 113/114- oder 113A/114A-Motoren), die NF.Mk 38 (101 Stück auf verbessertem NF.Mk-36-Standard mit AI.Mk-IX-Radar und Merlin-114A-Motoren). Etwa 60 bis 1950 gebaute NF.Mk 38-Maschinen wurden an das ehemalige Jugoslawien verkauft. Auf dem Bild ist eine der von Leavesden gebauten NF.Mk-XIX-Maschinen, die bei der 157. Staffel der britischen Luftwaffe im Einsatz war, zu sehen.

Herkunftsland:	Großbritannien
Typ:	(Mosquito NF.Mk XIX) zweisitziger Langstrecken-Nachtjäger mit Intruderausstattung
Triebwerk:	zwei 12-Zylinder-V-Motoren Rolls-Royce Merlin 25 mit 1.635 PS (1.219 kW)
Leistung:	Höchstgeschwindigkeit 608 km/h; Anfangssteiggeschwindigkeit 823 m/min; Dienstgipfelhöhe 8.535 m
Gewicht:	Leermasse 6.622 kg, max. Startmasse 10.260 kg
Abmessungen:	Spannweite 16,51 m; Länge 12,34 m; Höhe 5,31 m
Bewaffnung:	vier vorwärts gerichtete 20-mm-Kanonen im Bug

Dewoitine-D.500-Serie

Als das französische Luftfahrtministerium 1930 einen Nachfolger für die Nieuport Ni-D.62 suchte, beschloss Dewoitine, das bisherige Muster von Parasolflügel-Eindecker-Jägern zugunsten unverspreizter Tiefdecker-Jäger aus einer Ganzmetallkonstruktion aufzugeben. Das daraus entstandene Modell D.500.01 flog erstmals im Juni 1932 und wurde von den auch für den Export gedachten 101 D.500C.1-Maschinen mit dem 690 PS (515 kW) starken Hispano-Suiza-12Xbrs-Motor, 157 D.501C.1-Maschinen mit dem 12Xcrs-Motor und schließlich 120 D.510C.1-Maschinen mit einem verstärkten Motor in einer verlängerten Rumpfnase gefolgt. Zusammen mit älteren D.500- und D.501-Flugzeugen, die sekundäre Aufgaben übernahmen, waren 60 D.510-Jäger noch 1939 bei der französischen Luftwaffe im Einsatz, wurden aber bald zu Übungsflugzeugen oder nach Nordafrika entsandt. Das Bild zeigt eine D.510 der 1 Escadrille, Groupe de Chasse I/8, Armeé de l'Air.

Herkunftsland:	Frankreich
Typ:	(D.510C.1) einsitziges Jagdflugzeug
Triebwerk:	ein 12-Zylinder-V-Motor Hispano-Suiza 12Ycrs mit 860 PS (641 kW)
Leistung:	Höchstgeschwindigkeit 375 km/h; Steigleistung 5.000 m in 7 min, 30 sek; Dienstgipfelhöhe 10.200 m; Reichweite 840 km
Gewicht:	Leermasse 1.378 kg; max. Startmasse 1.823 kg
Abmessungen:	Spannweite 11,48 m; Länge 7,56 m; Höhe 2,7 m
Bewaffnung:	eine vorwärts gerichtete 20-mm-Kanone in der Rumpfnase und zwei vorwärts gerichtete 7,5-mm-Maschinengewehre in den Eintrittskanten der Flügel

Dewoitine D.520

In einer Ausschreibung von 1934 für einen einsitzigen Jäger suchte man einen Nachfolger für die Dewoitine D.510 und ähnlichen Typen, die durch die ersten modernen Jäger wie die Hawker Hurricane plötzlich veraltet waren. Die dadurch entstandene D.520 basierte auf der D.513, die ursprünglich für eine Ausschreibung von 1936 gedacht war, und beinhaltete Merkmale wie unverspreizte, niedrige, bewegliche Flügel, ein geschlossenes Cockpit, einziehbares Hauptfahrwerk und einen Motor mit etwa 1.000 PS (746 kW), der einen höhenverstellbaren Propeller antrieb. Das Modell D.520 flog das erste Mal im Oktober 1938, im Mai 1940 waren jedoch erst 36 D.520C.1-Jäger geliefert worden. Während der deutschen Offensive erfolgten weitere Lieferungen. Die Produktion erreichte schließlich 905 Stück, hauptsächlich für die Vichy-Luftwaffe; einige gingen auch an Deutschlands Verbündete.

Herkunftsland:	Frankreich
Typ:	(D.520C.1) einsitziges Jagdflugzeug
Triebwerk:	ein 12-Zylinder-V-Motor Hispano-Suiza 12Y-45 mit 930 PS (693 kW)
Leistung:	Höchstgeschwindigkeit 540 km/h; Steigleistung 4.000 m in 5 min, 49 sek; Dienstgipfelhöhe 11.000 m; Reichweite 1.540 km
Gewicht:	Leermasse 2.125 kg; max. Startmasse 2.790 kg
Abmessungen:	Spannweite 10,2 m; Länge 8,76 m; Höhe 2,57 m
Bewaffnung:	eine vorwärts gerichtete 20-mm-Kanone in der Rumpfnase und vier vorwärts gerichtete 7,5-mm-Maschinengewehre an den Eintrittskanten der Flügel

Dornier Do 17Z

Die Entwicklung der Do 17E/F führte zu den mittelschweren Do-17M/P-Bombern bzw. -Aufklärern mit Bramo-323-Sternmotoren. Diesen folgten die Do-17S/U-Aufklärer bzw. -Späher, bei denen man zu flüssigkeitsgekühlten Motoren zurückkehrte, die aber einen veränderten und vergrößerten Vorderrumpf des verglasten „Insekten"-Typs aufwiesen. Die 18 Do-17S/U-Modelle führten zu dem endgültigen Do 17Z-Modell mit Sternmotor, von dem 522 Stück gebaut wurden. Die drei neu gebauten Varianten waren die Do 17Z-1 mit einer Bombenlast von 500 kg, die Do 17Z-2 mit aufgestocktem Triebwerk und einer größeren Bombenlast, und der Aufklärungsbomber Do 17Z-3. Zu den umgebauten Versionen zählten das doppelgesteuerte Übungsflugzeug Do 17Z-4, der Seeaufklärer Do 17Z-5, der Langstrecken-Nachtjäger Do 17Z-6 mit der charakteristischen Rumpfnase der Junkers Ju 88C-2 sowie der Nachtjäger Do 17Z-10 mit veränderter Rumpfnase. Auf dem Bild ist eine Do-17Z-2 der III/KG2 zu sehen.

Herkunftsland:	Deutschland
Typ:	(Do 17Z-2) vier-/fünfsitziger mittelschwerer Bomber
Triebwerk:	zwei 9-Zylinder-Sternmotoren BMW Bramo 323P Fafnir mit 1.000 PS (746 kW)
Leistung:	Höchstgeschwindigkeit 410 km/h; Dienstgipfelhöhe 8.200 m; Reichweite 1.500 km
Gewicht:	Leermasse 5.200 kg; max. Startmasse 8.590 kg
Abmessungen:	Spannweite 18 m; Länge 15,8 m; Höhe 4,6 m
Bewaffnung:	ein oder zwei lenkbare 7,92-mm-Maschinengewehre, jeweils an der Windschutzscheibe und in Nasen-, Rücken- und Bauchposition sowie eine interne Bombenlast von 1.000 kg

Dornier Do 17E

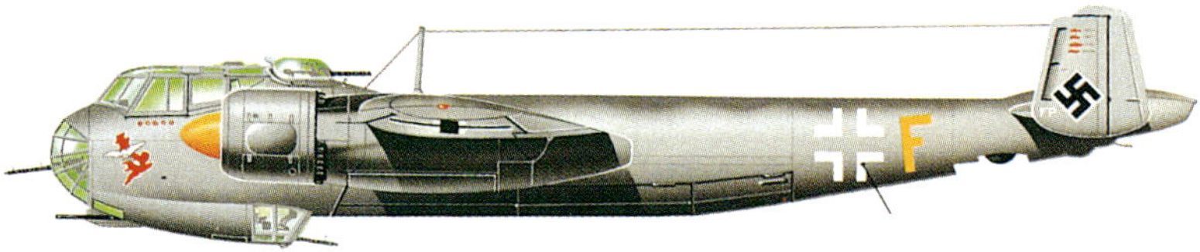

Nach ihrem Erstflug 1934 und der Lieferung von drei Flugzeugen mit einer einzelnen Flosse entwickelte sich die Do 17 von ihrer eigentlichen Funktion als schnelles Postflugzeug für die Deutsche Lufthansa mit über 12 Modellen zu einem Hochgeschwindigkeitsbomber mit doppelten vertikalen Schwanzflächen. Sie kam Anfang 1937 in Dienst und erhielt wegen ihres schmalen Rumpfes bald den Spitznamen „Fliegender Bleistift“. Die ersten beiden Militärvarianten waren die Do 17E-1 und die Do 17F-1, geplant als Hochgeschwindigkeitsbomber bzw. Langstrecken-Fotoaufklärer, letztere mit zusätzlichem Tankraum und internem, für zwei Kameras umgestaltetem Bombenschacht. Zwar boten beide für die Standards der Zeit gute Leistungen und vielseitige Fähigkeiten, wurden jedoch bald nicht mehr benötigt. Die Abbildung zeigt eine der Do-17E-Maschinen, die von März 1941 an bei der KG 40 unter dem Kommando des Fliegerführers Atlantik im Einsatz waren.

Herkunftsland:	Deutschland
Typ:	(Do 17E-1) drei-/viersitziger leichter Bomber
Triebwerk:	zwei 12-Zylinder-V-Motoren BMW VI 7,3 mit 750 PS (559 kW)
Leistung:	Höchstgeschwindigkeit 355 km/h; Dienstgipfelhöhe 5.100 m; Reichweite 500 km mit maximaler Bombenlast
Gewicht:	Leermasse 4.500 kg; max. Startmasse 7.040 kg
Abmessungen:	Spannweite 18 m; Länge 16,25 m; Höhe 4,32 m
Bewaffnung:	ein lenkbares, vorwärts gerichtetes 7,92-mm-Maschinengewehr an der Steuerbordseite des Cockpits, Einrichtungen für ein lenkbares, vorwärts gerichtetes 7,92-mm-Maschinengewehr im unteren Bugteil, ein lenkbares, rückwärts gerichtetes 7,92-mm-Maschinengewehr im hinteren Cockpit, ein rückwärts gerichtetes 7,92-mm-Maschinengewehr und eine interne Bombenlast von 750 kg

Dornier Do 217E-5

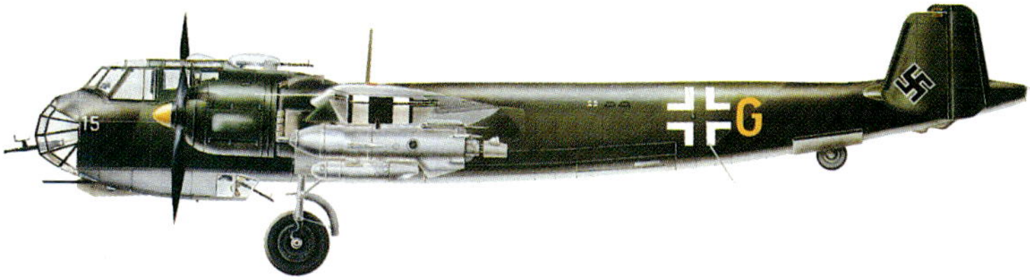

Eine der letzten Nebenvarianten der Do-217E-Serie war die E-5, die von Anfang an mit Flügelstützen für die funkgesteuerte Hs-293A-Luft-Boden-Schiffsbekämpfungs-Rakete ausgerüstet war, zusammen mit dem Kehl-Strassburg-Leitsystem. Dieses Modell kam bei der II/KG 100, eine der spezialisierten Schiffsbekämpfungseinheiten der Luftwaffe, im April 1943 in den Dienst. Bald versenkte das Flugzeug in der Gegend um den Golf von Biskaya und weiter im Nordatlantik einige Schiffe der Alliierten. Der erste Angriff erfolgte am 25. August 1943 gegen britische Zerstörer. Ungewöhnlich an der Do 217E-5, von der 6/KG 100 an, war die fest installierte MG-151-Kanone unter der Rumpfnase. Dazu wurde die manuell ausgerichtete 20-mm-MG-FF-Kanone aus dem verglasten Teil der Rumpfnase entfernt. Auffällig ist die Größe der Rakete in Proportion zum Flugzeug.

Herkunftsland:	Deutschland
Typ:	(Do 217E-5) viersitziges Schiffsbekämpfungsflugzeug
Triebwerk:	zwei 14-Zylinder-Sternmotor BMW 801ML mit 1.580 PS (1.178 kW)
Leistung:	Höchstgeschwindigkeit 515 km/h; Anfangssteiggeschwindigkeit 216 m/min; Dienstgipfelhöhe 9.000 m; Reichweite 2.800 km
Gewicht:	Leermasse 10.535 kg; max. Startmasse 16.465 kg
Abmessungen:	Spannweite 19 m; Länge 18,2 m; Höhe 5,03 m
Bewaffnung:	eine 20-mm-Kanone in der unteren Backbordseite der Rumpfnase, ein 13-mm-Maschinengewehr in der Nasenkanzel, ein 13-mm-Maschinengewehr in Bauchposition, ein vorwärts gerichtetes 7,92-mm-Maschinengewehr in der Rumpfnase, ein 7,92-mm-Maschinengewehr an jedem Seitenfenster des Cockpits sowie eine Bombenlast von 4.000 kg

Dornier Do 18

Die Do 18 wurde als Seeaufklärer mittlerer Reichweite als Ersatz für die Dornier Wal 33 (ab 1934 Do 15) und als Postflugboot für die Deutsche Lufthansa entworfen. Das erste von vier Modellen absolvierte seinen Jungfernflug im März 1935. Von den zivilen Flugbooten wurden nur sechs fertig gestellt, da die Mehrzahl der etwa 148 Maschinen von 1938 an beim Militär eingesetzt wurde. Die wichtigsten Varianten der Militärflugzeuge waren die Do 18D in drei Nebenvarianten, insgesamt ca. 75 Stück, mit 600 PS (447,5 kW) starken Junkers-Jumo-205D-Dieselmotoren, die Do 18G (eine verbesserte Do 18D mit veränderter Bewaffnung und Einrichtungen für RATO-Einheiten) und das sechssitzige Übungsflugzeug Do 18H. Von der Do 18G und der Do 18H wurden 71 Flugboote gebaut, und viele Do-18G-Maschinen wurden zu Luft-/Seenotrettungflugbooten Do 18N umgebaut. Das Bild zeigt eine Do 18D der im August 1939 auf Sylt stationierten 3. Küstenfliegergruppe 406.

Herkunftsland:	Deutschland
Typ:	(Do 18G-1) viersitziges Seeaufklärungsflugboot
Triebwerk:	zwei 6-Zylinder-Zweitakt-Diesel-Gegenkolben-Reihenmotoren Junkers Jumo 205D mit 880 PS (656 kW)
Leistung:	Höchstgeschwindigkeit 267 km/h; Steigleistung 2.000 m in 17 min, 30 sek; Dienstgipfelhöhe 4.200 m; Reichweite 3.500 km
Gewicht:	Leermasse 5.980 kg; normale Startmasse 10.000 kg; max. Startmasse 10.800 kg
Abmessungen:	Spannweite 23,7 m; Länge 19,37 m; Höhe 5,32 m
Bewaffnung:	eine lenkbare, rückwärts gerichtete 20-mm-Kanone in der Nasenkanzel, ein lenkbares, vorwärts gerichtetes 13-mm-Maschinengewehr im Bug sowie eine externe Bombenlast von 100 kg

Dornier Do 217

Nach einer Ausschreibung von 1937 für ein für schwere Tiefangriffs- und Sturzbomberaufgaben optimiertes Langstreckenflugzeug konstruierte Dornier die Do 217. Sie war im Wesentlichen eine aufgestockte Version der Do-215-Version der Do 17 und absolvierte 1938 ihren Erstflug. Das erste Einsatzmodell war die Do 217E, von der etwa 800 in den Varianten Do 217E-0 bis Do 217E-4 mit BMW-801-Sternmotoren gebaut wurden. Diesen folgten 950 Do 217K-Nachtbomber mit einer veränderten und nicht mehr abgestuften Rumpfnase und schließlich die Do 217M, eine Weiterentwicklung der Do 217K mit hängenden DB-603-V-Motoren. Modelle waren der Do-217C-Bomber, der Höhenaufklärer Do 217P und das Geschützflugzeug Do 217R. Es gab auch die Nebenvarianten Do 217E und Do 217K, bewaffnet mit Hs-293-Schiffsbekämpfungsraketen bzw. den lenkbaren Bomben des Typs Fritz-X. Do-217-Maschinen versenkten das italienische Schiff Roma nach der Kapitulation Italiens.

Herkunftsland:	Deutschland
Typ:	(Do 217E-2) viersitziger schwerer Bomber
Triebwerk:	zwei 14-Zylinder-Sternmotoren BMW 801ML mit 1.580 PS (1.178 kW)
Leistung:	Höchstgeschwindigkeit 515 km/h; Anfangssteiggeschwindigkeit 216 m/min; Dienstgipfelhöhe 9.000 m; Reichweite 2.800 km
Gewicht:	Leermasse 10.535 kg; max. Startmasse 16.465 kg
Abmessungen:	Spannweite 19 m; Länge 18,2 m; Höhe 5,03 m
Bewaffnung:	eine 15-mm-Kanone in der unteren Backbordseite der Rumpfnase, ein 13-mm-Maschinengewehr in der Nasenkanzel, ein 13-mm-Maschinengewehr in Bauchposition, ein vorwärts gerichtetes 7,92-mm-Maschinengewehr in der Rumpfnase, ein 7,92-mm-Maschinengewehr pro Seitenfenster des Cockpits; in der Do 217E-2/R19 noch ein ferngesteuertes, rückwärts gerichtetes 7,92-mm-Maschinengewehr im Heckkonus sowie eine Bombenlast von 4.000 kg

Dornier Do 215

Ein Auftrag aus den ehemaligen Jugoslawien für die aus der Do 17M – von der über 70 in Deutschland und Jugoslawien mit dem Gnome-Rhône-14N-Sternmotor gebaut wurden – entstandene Do 17K führte zur Entwicklung der Do 215 für den Export. Diese wurde von Schweden in Auftrag gegeben, ohne dass jedoch eine einzige vor Ausbruch des 2. Weltkrieges geliefert wurde. Die Produktion belief sich auf 112 Flugzeuge, von denen vier an Ungarn und zwei an Russland geliefert wurden, der Rest war in Deutschland im Dienst. Varianten waren die Do 215A-1 für Schweden mit DB-601A-Motoren, die Do 215B-3 für Russland und der Aufklärungsbomber Do 215B-4. Das einzige andere Modell von Bedeutung war der Nachtjäger bzw. Intruder Do 215 B-5, eine in geringer Stückzahl gebaute Umwandlung der Do 17Z-10 mit Infrarot-Sensor und zwei vorwärts gerichteten 20-mm-Kanonen und vier 7,92-mm-Maschinengewehren. Auf dem Bild ist eine Do-215B-5 Kauz III vom Stab II/NJG 2 (Leeuwarden 1942) zu sehen.

Herkunftsland:	Deutschland
Typ:	(Do 215B-4) viersitziger mittelschwerer Aufklärungsbomber
Triebwerk:	zwei 12-Zylinder-Motoren Daimler-Benz DB 601Aa mit 1.100 PS (820 kW)
Leistung:	Höchstgeschwindigkeit 470 km/h; Steigleistung 1.000 m in 2 min, 18 sek; Dienstgipfelhöhe 9.000 m; Reichweite 2.445 km
Gewicht:	Leermasse 5.775 kg; max. Startmasse 8.800 kg
Abmessungen:	Spannweite 18 m; Länge 15,8 m; Höhe 4,55 m
Bewaffnung:	zwei vorwärts gerichtete 7,92-mm-Maschinengewehre an der Frontscheibe, ein oder zwei lenkbare, vorwärts gerichtete 7,92-mm-Maschinengewehre an der Rumpfnase, zwei lenkbare, seitlich gerichtete 7,92-mm-Maschinengewehre an den Seitenfenstern, ein lenkbares 7,92-mm-Maschinengewehr am Rumpfrücken, ein 7,92-mm-Maschinengewehr am Rumpfbauch, eine interne Bombenlast von 1.000 kg

Douglas A-20

Als amerikanische Version des zuerst von Frankreich und England gekauften leichten Bombers DB-7/Boston wurde die A-20 im Juni 1939 in Auftrag gegeben. Die ersten amerikanischen Aufträge waren für die A-20 und die A-20A (63 bzw. 143 Stück) mit Saug-Kompressormotoren; die erste wurde zum Nachtjäger P-70 umgebaut, die zweite kam 1941 in Dienst. Es folgten 999 A-20B-Maschinen, die der DB-7A entsprachen, 948 A-20C-Maschinen mit britischer Ausrüstung, 17 von der A-20A umgewandelte A-20E-Maschinen mit dem Triebwerk der A-20B, 2.850 Tiefangriffsbomber A-20G mit einer massiven Rumpfnase und schwererer, vorwärts gerichteter Bewaffnung, 412 A-20H-Maschinen mit verstärktem Triebwerk und 450 bzw. 413 A-20J- bzw. A-20K-Maschinen, basierend auf der A-20G und A-20H mit rahmenloser, durchsichtiger Rumpfnase. Die F-3 war zum Fotoaufklärer umgebaut. Das Bild zeigt ein A-20B-Maschine aus der Schwarzmeer-Luftflotte von 1944.

Herkunftsland:	USA
Typ:	(A-20G) dreisitziger leichter Tiefangriffsbomber
Triebwerk:	zwei 14-Zylinder-Doppelsternmotoren Wright R-2600-23 mit 1.700 PS (1268 kW)
Leistung:	Höchstgeschwindigkeit 546 km/h; Steigleistung 3.050 m in 8 min, 48 sek; Dienstgipfelhöhe 7.225 m; Reichweite 3.380 km
Gewicht:	Leermasse 7.708 kg; normale Startmasse 10.964 kg; max. Startmasse 12.338 kg
Abmessungen:	Spannweite 18,69 m; Länge 14,63 m; Höhe 5,36 m
Bewaffnung:	sechs vorwärts gerichtete 12,7-mm-Maschinengewehre, zwei lenkbare 12,7-mm-Maschinengewehre in der Nasenkanzel, ein rückwärts gerichtetes 12,7-mm-Maschinengewehr am Rumpfbauch sowie eine Bombenlast von 1.814 kg

Douglas DB-7

Von Heinemann unter der Aufsicht von Northrop entworfen, war der leichte Tiefangriffsbomber Northrop N-7A nach der Übernahme von Northrop durch Douglas das Muster für das Model 7B, das erstmals im Oktober 1938 flog. Frankreich gab bald 270 Exemplare des veränderten Bombers DB-7 mit transparenter Rumpfnase und zwei 1.100 PS (820 kW) starken Pratt & Whitney-R-1830-SC3G-Twin-Wasp-Sternmotoren in Auftrag. Die 100 folgenden DB-7A-Bomber wechselten zu zwei Wright-R-2600-A5B-Sternmotoren mit 1.500 PS (1.118 kW), und die DB-7B unterschied sich hauptsächlich in der vergrößerten vertikalen Schwanzfläche. Die erste DB-7 flog im August 1939, doch waren nur relativ wenige vor Frankreichs Niederlage im Juni 1940 im Dienst, die anderen gingen nach Großbritannien oder zurück in die USA. Das Bild zeigt eine DB-7B-3, die 1940 bei der Groupe de Bombardement I/19, Armée de l'Air d'Armistice in Frankreich im Dienst war.

Herkunftsland:	USA
Typ:	(DB-7B) dreisitziger leichter Tiefangriffsbomber
Triebwerk:	zwei Sternmotoren Wright GR-2600-A5B Double Cyclone mit 1.600 PS (1.193 kW)
Leistung:	Höchstgeschwindigkeit 515 km/h; Anfangssteiggeschwindigkeit 609 m/min; Dienstgipfelhöhe 7.470 m; Reichweite 845 km
Gewicht:	Leermasse 5.534 kg; normale Startmasse 8.959 kg; max. Startmasse 9.789 kg
Abmessungen:	Spannweite 18,69 m; Länge 14,48 m; Höhe 5,36 m
Bewaffnung:	vier vorwärts gerichtete 7,7-mm-Maschinengewehre an den Seiten des Vorderrumpfes, zwei lenkbare 7,7-mm-Maschinengewehre am Rumpfrücken, ein lenkbares 7,7-mm-Maschinengewehr am Rumpfbauch sowie eine interne Bombenlast von 907 kg

Douglas C-47 Skytrain/Dakota

Die aus der DC-2 entstandene DC-3 hatte eine höhere Leistung und konnte 21 Passagiere befördern. Ihr erster Flug fand im Dezember 1935 statt. Etwa 445 Flugzeuge wurden für zivile Zwecke gebaut, aber die DC-3 ist in ihrer militärischen Variante bekannter – als C-47 Skytrain, R4D und Dakota für die US-Luftwaffe, die US-Marine und die britische Luftwaffe. Insgesamt wurden von dieser und anderen militärischen Varianten in den USA etwa 10.050 Maschinen gebaut, dazu kommt eine größere Produktion in Japan und Russland. Varianten dieser Flugzeuge wurden im Laufe des Krieges auch als Fallschirmjäger und Schleppflugzeug eingesetzt. Zu ihnen gehörten die C-48 bis C-52 und C-68 sowie die Transporter C-53 und C-117. Das Bild zeigt eine Douglas Dakota III der 24. Staffel der britischen Luftwaffe, einer Kommunikationseinheit.

Herkunftsland:	USA
Typ:	(C-47) zwei-/dreisitziges Transportflugzeug mit Unterbringungsmöglichkeiten für 28 Passagiere oder 14 Tragen mit drei Begleitpersonen bzw. 4.536 kg Fracht
Triebwerk:	zwei 14-Zylinder-Doppelsternmotoren Pratt & Whitney R-1830-92 mit 1.200 PS (895 kW)
Leistung:	Höchstgeschwindigkeit 370 km/h; Steigleistung 3.050 m in 9 min, 36 sek; Dienstgipfelhöhe 7.315 m; Reichweite 2.575 km
Gewicht:	Leermasse 8.103 kg; max. Startmasse 14.061 kg
Abmessungen:	Spannweite 28,9 m; Länge 19,63 m; Höhe 5,2 m
Bewaffnung:	keine

Douglas A-26 Invader

Obwohl vergleichsweise wenig Exemplare gebaut wurden, hat die A-26 den Ruf, in mehr Konflikte als alle anderen Flugzeuge verwickelt gewesen zu sein. Man gab die Modelle XA-26 (dreisitziger Tiefangriffsbomber mit einer potenziellen Bombenlast von 2.268kg), XA-26A (zweisitziger Nachtjäger und Intruder mit Radar und Kanone in einer massiven Rumpfnase) und XA-26B (dreisitziger, schwerer Tiefangriffsjäger mit einer 75-mm-Kanone in der massiven Rumpfnase) in Auftrag. Der Typ absolvierte im Juli 1942 seinen ersten Flug, und die A-26B (1.355 Stück) wurde in Europa im November 1944 in Dienst genommen; gleichzeitig war sie im Pazifik im Einsatz. Mit zwei 2.000 PS (1.491 kW) starken Pratt & Whitney-Sternmotoren, die eine Höchstgeschwindigkeit von 571km/h erreichten, war die A-26B der schnellste US-Bomber des Krieges. Auf der Abbildung ist eine A-26B-15-DT „Stinky" der 552. Bomberstaffel, 386. Bombergruppe, 9. Flotte der US-Luftwaffe, in Beaumont-sur-Oise/Frankreich, von April 1945 zu sehen.

Herkunftsland:	USA
Typ:	(A-26B) dreisitziger leichter Tiefangriffs- und Aufklärungsbomber
Triebwerke:	zwei 18-Zylinder-Doppelsternmotoren Pratt & Whitney R-2800-27 oder -71 mit 2.000 PS (1.491 kW)
Leistung:	Höchstgeschwindigkeit 571 km/h; Steigleistung 3.050 m in 7 min; Dienstgipfelhöhe 6.735 m; Reichweite 2.092 km mit einer Bombenlast von 1.361 kg
Gewicht:	Leermasse 10.147 kg; max. Startmasse 12.893 kg
Abmessungen:	Spannweite 21,34 m; Länge 15,42 m; Höhe 5,64 m
Bewaffnung:	sechs vorwärts gerichtete 12,7-mm-Maschinengewehre, zwei lenkbare 12,7-mm-Maschinengewehre im Rückenkasten, zwei lenkbare, rückwärts gerichtete in einem optionalen Rückenkasten, Einrichtungen für acht vorwärts gerichtete in vier Bündeln unter den Flügeln sowie eine Bombenlast von 2.722 kg

Douglas A-26C Invader

Das einzige andere Modell der A-26, das im 2. Weltkrieg eingesetzt wurde, war die A-26C, von der 1.091 Stück mit einer durchsichtigen Rumpfnase für den Bombenschützen, die nur noch mit zwei Geschützen bewaffnet war, geliefert wurden. Noch lange Zeit nach dem Krieg blieb der Typ im Dienst; der erste Umbau fand zum Zielschleppflugzeug 150 JD-1 für die US-Marine statt. Einige wurden später als Geschützabschuss- und Geschützkontrollflugzeuge, zum Testen und zur Fernsteuerung unter der Bezeichnung JD-1D umgebaut. 1948 erhielten die A-26B und A-26C der US-Luftwaffe die Bezeichnungen B-26B bzw. B-26C. Beide Versionen wurden im Koreakrieg eingesetzt, einige noch im Vietnamkrieg, und etwa 70 wurden zur B-26K zur Bekämpfung von Aufständen umgebaut. Die britische Luftwaffe übernahm 140 Invader Mk-1-Maschinen im Rahmen des Lend-Lease-Abkommens (A-26C). Viele andere Modelle wurden für diverse Zwecke gebaut, darunter gab es Fotoaufklärer und Kommandeurtransporter.

Herkunftsland:	USA
Typ:	(A-26B) dreisitziger leichter Tiefangriffs- und Aufklärungsbomber
Triebwerke:	zwei 18-Zylinder-Doppelsternmotoren Pratt & Whitney R-2800-27 oder -71 mit 2.000 PS (1.491 kW)
Leistung:	Höchstgeschwindigkeit 571 km/h; Steigleistung 3.050 m in 7 min; Dienstgipfelhöhe 6.735 m; Reichweite 2.092 km mit einer Bombenlast von 1.361 kg
Gewicht:	Leermasse 10.147 kg; max. Startmasse 12.893 kg
Abmessungen:	Spannweite 21,34 m Länge 15,42 m; Höhe 5,64
Bewaffnung:	zwei vorwärts gerichtete 12,7-mm-Maschinengewehre, zwei lenkbare in einem Rückenkasten und zwei lenkbare, rückwärts gerichtete in einem optionalen Bauchkasten, Einrichtungen für acht vorwärts gerichtete 12,7-mm-Maschinengewehre in vier Bündeln unter den Flügeln sowie eine Bombenlast von 2.722 kg

Douglas SBD Dauntless

Die Dauntless spielte eine entscheidende Rolle in der Schlacht von Midway, zeigte aber im Allgemeinen mittelmäßige Leistungen und schlechtes Manövrierverhalten. Aufgrund dieser Mängel wurde der Typ – obwohl erst seit 1940 im Dienst – noch vor Kriegsende von wichtigen Aufgaben entbunden. Der Erstflug des Modells XBT-2 (einer umgebauten Northrop BT-1) war im April 1938. Die wichtigsten Modelle waren die SBD-1 (57 Stück) mit dem 1.000 PS (746 kW) starken R-1820-32-Motor, die SBD-2 (87 Stück) mit schwererer Bewaffnung und mehr Kraftstoff; die SBD-3 (584 Stück) mit 12,7-mm- statt 7,6-mm-Maschinengewehren, selbst abdichtendem Tank und 24- statt 12-Volt-Elektrik; die SBD-4 (780 Stück) mit kleineren Verbesserungen, die SBD-5 (3.025 Stück) mit stärkerer Leistung und die SBD-6 (451 Stück) mit dem 1.350 PS (1.007 kW) starken R-1820-66-Motor. Auf dem Bild ist eine SBD-5 Dauntless der mexikanischen Luftwaffe von 1946 zu sehen.

Herkunftsland:	USA
Typ:	(SBD-5) zweisitziger, träger- und landgestützter Sturzkampfbomber
Triebwerke:	ein 9-Zylinder-Sternmotor Wright R-1820-60 Cyclone mit 1.200 PS (895 kW)
Leistung:	Höchstgeschwindigkeit 410 km/h; Steigleistung 3.050 m in 8 min; Dienstgipfelhöhe 7.780 m; Reichweite 2.519 km
Gewicht:	Leermasse 2.905 kg; max. Startmasse 4.853 kg
Abmessungen:	Spannweite 12,66 m; Länge 10,09 m; Höhe 4,14 m
Bewaffnung:	zwei vorwärts gerichtete 12,7-mm-Maschinengewehre im oberen Teil des Vorderrumpfes, zwei lenkbare, rückwärts gerichtete 7,6-mm-Maschinengewehre im hinteren Cockpit sowie eine externe Bombenlast von 1.021 kg

Douglas A-24

Als die Amerikaner von dem Erfolg des deutschen Sturzkampfbombers Junkers Ju 87 in den frühen europäischen Luftangriffen erfuhren, beschloss die US-Luftwaffe den Bau eines ähnlichen Flugzeuges. Nach der Auswertung ausgeliehener Modelle entschied man sich 1940 für die Douglas Dauntless, die schon bei der US-Marine als SBD im Einsatz war. Das erste in Auftrag gegebene Modell war die A-24 (178 Maschinen), die im Wesentlichen der SBD-3A ähnlich war; die ersten Flugzeuge wurden zwischen Juli und Oktober 1942 geliefert. Kampferfahrungen im Südwestpazifik legten jedoch einige grundlegende Mängel offen, und spätere Flugzeuge wurden nur zur Schulung benutzt. Diese späteren Modelle waren die A-24A und A-24B (170 bzw. 615 Stück), deren Standard dem der SBD-4A bzw. SBD-5 entprachen. Mehr als 40 A-24B-Maschinen wurden 1944 an Frankreich geliefert. Dieses Flugzeug trägt die Kennzeichen der Freien Französischen Luftwaffe.

Herkunftsland:	USA
Typ:	(A-24) zweisitziger Sturzbomber
Triebwerke:	ein 9-Zylinder-Sternmotor Wright R-1820-52 mit 1.000 PS (746 kW)
Leistung:	Höchstgeschwindigkeit 402 km/h; Steigleistung 3.050 m in 7 min; Dienstgipfelhöhe 7.925 m; Reichweite 2.092 km
Gewicht:	Leermasse 2.804 kg; max. Startmasse 4.627 kg
Abmessungen:	Spannweite 12,66 m; Länge 9,96 m; Höhe 4,14 m
Bewaffnung:	zwei vorwärts gerichtete 12,7-mm-Maschinengewehre im oberen Teil des Vorderrumpfes, zwei lenkbare, rückwärts gerichtete 7,6-mm-Maschinengewehre im hinteren Cockpitbereich sowie eine externe Bombenlast 544 kg

Douglas DB-7

Der leichte Tiefangriffsbomber Douglas DB-7 war ein Schulterflügel-Eindecker aus einer Quasi-Ganzmetall-Konstruktion mit einem Rumpf in Schalenbauweise, unverspreizten Flügeln und einziehbarem Dreibeinfahrwerk. Sie wurde zuerst von Frankreich gekauft. Nach dem Fall Belgiens und Frankreichs im Juni 1940 übernahm Großbritannien die noch ausstehenden Aufträge der Flugzeuge dieser Länder. Diese erhielten den Namen Boston Mk 1. Die ersten 20 Maschinen wurden von zwei Pratt & Whitney-R-1830-SC3G-Sternmotoren mit Turbogebläse angetrieben. Vier von ihnen waren in schlechtem Zustand. Die restlichen 16 Maschinen gehörten Belgien und wurden nach kleineren Umgestaltungen (bei denen auch der Gasmechanismus auf das britische System mit der Öffnung vorne umgebaut wurde), als Boston-Mk I-Übungsflugzeuge in Betrieb genommen. Auf dem Bild ist eine französische DB-7B von 1940 zu sehen.

Herkunftsland:	USA
Typ:	dreisitziger leichter Tiefangriffsbomber
Triebwerke:	zwei 14-Zylinder-Doppelsternmotoren Pratt & Whitney R-1830-SC3G Twin Wasp mit 1.100 PS (820 kW)
Leistung:	Höchstgeschwindigkeit 475 km/h; Steigleistung 3.660 m in 8 min; Dienstgipfelhöhe 7.835 m
Gewicht:	Leermasse 5.171 kg; max. Startmasse 8.636 kg
Abmessungen:	Spannweite 18,67 m; Länge 14,32 m; Höhe 4,83 m
Bewaffnung:	im Allgemeinen keine, obwohl Einrichtungen für vorwärts gerichtete 7,5-mm-Maschinengewehre an den Seiten des Vorderrumpfes, ein lenkbares 7,5-mm-Maschinengewehr am Rumpfrücken, ein lenkbares 7,5-mm-Maschinengewehr am Rumpfbauch sowie für eine interne Bombenlast von 800 kg bestanden.

Douglas Boston Mk III

Die von französischen Verträgen übernommenen DB-7-Bomber mit zwei R-1830-S3C4G-Sternmotoren mit zweistufigem Turbogebläse sollten eigentlich zu den leichten Bombern Boston Mk II umgebaut werden. Man verwendete sie jedoch als Nachtjäger Havoc Mk I. Im April 1941 kam der Typ bei der 85. Staffel in Dienst. Daher war der nächste leichte Bomber die Boston Mk III, eine Bezeichnung, die insgesamt 753 Flugzeugen gegeben wurde, darunter den von Frankreich übernommenen 452 DB-7B-Maschinen. Die Boston Mk III hatte verbesserte, selbst abdichtende Tanks, zusätzliche Panzerung, einige stabilisierende Einrichtungen aufgrund einer erhöhten Startmasse, einen etwas längeren Rumpf und einen größeren Tank. Im Sommer 1941 begann die Lieferung der Maschinen an Großbritannien, wo sie im Oktober desselben Jahres in Betrieb genommen wurden. Einige wurden als Boston Mk III (Intruder) mit vier 20-mm-Kanonen in einem Bündel am Rumpfbauch eingerichtet.

Herkunftsland:	USA
Typ:	viersitziger Tiefangriffsbomber
Triebwerke:	zwei Sternmotoren Wright GR-2600-A5B Double Cyclone mit 1.600 PS (1.193 kW)
Leistung:	Höchstgeschwindigkeit 515 km/h; Anfangssteiggeschwindigkeit 609 m/min; Dienstgipfelhöhe 7.470 m; Reichweite 1.996 km mit verringerter Bombenlast
Gewicht:	Leermasse 5.534 kg; normale Startmasse 8.959 kg; max. Startmasse 9.789 kg
Abmessungen:	Spannweite 18,69 m; Länge 14,48 m; Höhe 5,36 m
Bewaffnung:	vier vorwärts gerichtete 7,7-mm-Maschinengewehre an den Seiten des Vorderrumpfes, zwei lenkbare 7,7-mm-Maschinengewehre am Rumpfrücken, ein lenkbares 7,7-mm-Maschinengewehr am Rumpfbauch sowie eine interne Bombenlast von 907 kg

Douglas Boston Mk 111A

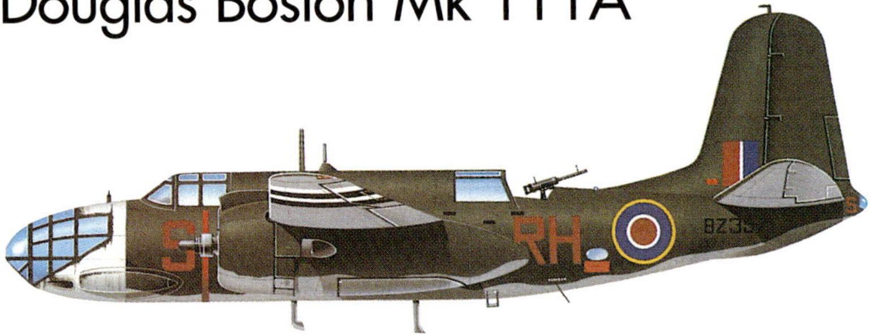

Die Boston diente an allen Kriegsschauplätzen und galt als ausdauernd und zuverlässig. Die Abbildung zeigt eine der Varianten, die Boston Mk IIIA, in den Farben der 88. (Hongkong-)Staffel der britischen Luftwaffe in Hartford Bridge, Hampshire, am Abend des D-Day im Juni 1944. Das Flugzeug trägt die olivbraunen Farben der US-Luftwaffe mit grauer Tarnung und löslicher weißer Farbe an der Rumpfnase. Die beiden Röhren unter dem Rumpf sollten eine Rauchspur hinterlassen, um die Bewegungen der Alliierten während der Landung in der Normandie zu verdecken. Mk IIIA war die britische Bezeichnung für die Douglas A-20C Havoc, von der 140 im Rahmen des Lend-Lease-Abkommens an die britische Luftwaffe geliefert wurde. Sie unterschied sich von der oben erwähnten DB-7B in Einzelheiten wie einzelner Auspuffrohre anstatt der Schleifringe. So konnte die Höchstgeschwindigkeit um 24 km/h verbessert werden. Die 958 A-20C-Maschinen wurden von Douglas und Boeing gebaut.

Herkunftsland:	USA
Typ:	viersitziger leichter Tiefangriffsbomber
Triebwerke:	zwei Sternmotoren Wright GR-2600-A5B Double Cyclone mit 1.600 PS (1.193 kW)
Leistung:	Höchstgeschwindigkeit 539 km/h; Anfangssteiggeschwindigkeit 609 m/min; Dienstgipfelhöhe 7.470 m; Reichweite 1.996 km mit verringerter Bombenlast
Gewicht:	Leermasse 5.534 kg; normale Startmasse 8.959 kg; max. Startmasse 9.789 kg
Abmessungen:	Spannweite 18,69 m; Länge 14,48 m; Höhe 5,36 m
Bewaffnung:	vier vorwärts gerichtete 7,7-mm-Maschinengewehre an den Seiten des Vorderrumpfes, zwei lenkbare 7,7-mm-Maschinengewehre am Rumpfrücken, ein lenkbares 7,7-mm-Maschinengewehr am Rumpfbauch sowie eine interne Bombenlast von 907 kg

Douglas DC-2

Mit der DC-1 wurde die Ära des modernen Tiefdeckers mit unverspreizten Flügeln, einer Ganzmetallkonstruktion, geschlossener Passagierkabine, einziehbarem Fahrwerk, verkleideten Motoren und anderen Merkmalen eingeläutet. Sie entstand aus einer Ausschreibung von Transcontinental and Western Air und absolvierte ihren Erstflug im Juli 1933, wurde aber dann zur leistungsfähigeren DC-2, die im Mai 1934 das erste Mal flog, weiterentwickelt. Die US-Streitkräfte hatten großes Interesse an dem Typ, konnten sich aber keine großen Käufe leisten, deshalb wurden von den 208 gebauten Flugzeugen nur 64 direkt von der Armee gekauft – als C-32, C-33, C-34, C-39, C-41, C-42 und C-43 sowie die R2D für die Marine. Die häufigsten Varianten waren die C-33 (18 Stück) und die C-39 (35 Stück). Etwa 24 zivile DC-2-Maschinen wurden auch als C-32A im Militär eingesetzt. Auf dem Bild ist eine KLM DC-2, die den größten Teil des 2. Weltkrieges in Whitchurch in England stationiert war, zu sehen.

Herkunftsland:	USA
Typ:	(R2D-1) zweisitziger Transporter mit Unterbringungsmöglichkeiten für 14 Passagiere
Triebwerke:	zwei 9-Zylinder-Sternmotoren Wright R-1820-12 Cyclone mit 710 PS (529,5 kW)
Leistung:	Höchstgeschwindigkeit 338 km/h; Anfangssteiggeschwindigkeit 305 m/min; Dienstgipfelhöhe 6.845 m; Reichweite 1.609 km
Gewicht:	max. Startmasse 8.256 kg
Abmessungen:	Spannweite 25,91 m; Länge 18,82 m; Höhe 4,97 m
Bewaffnung:	keine

Fairey Albacore

Die Albacore sollte als Torpedobomber der Marineluftwaffe die Fairey Swordfish eigentlich ablösen. In Wirklichkeit konnte die Albacore die Swordfish in dieser Rolle allenfalls ergänzen. Nach einer Ausschreibung von 1936 wurde die Albacore zu einer modernisierten und technisch verbesserten Version der Swordfish mit geschlossener Passagierkabine, verstärktem Motor, hydraulisch betriebenen Flügelklappen und weiteren, aerodynamischen Veränderungen. Das erste von zwei Albacore-Modellen absolvierte seinen Jungfernflug im Dezember 1938, und die erste von 798 gebauten Albacore-Mk I-Maschinen kam im März 1940 in Betrieb, anfänglich als landgestützter Typ und erst von 1941 an auf Flugzeugträgern. Die Albacore brachte keine verbesserten Modelle mehr hervor und wurde seit 1944 nicht mehr für wichtige Aufgaben benutzt. Das Bild zeigt eine Albacore TB.Mk 1 der 826. Staffel der Marineluftwaffe.

Herkunftsland:	Großbritannien
Typ:	(Albacore Mk I) dreisitziger träger- und landgestützter Torpedobomber und Aufklärungsflugzeug
Triebwerke:	zwei 14-Zylinder-Doppelsternmotoren Bristol Taurus XII mit 1.130 PS (843 kW)
Leistung:	Höchstgeschwindigkeit 257 km/h; Steigleistung 1.830 m in 8 min; Dienstgipfelhöhe 6.310 m; Reichweite 1.497 km
Gewicht:	Leermasse 3.269 kg; max. Startmasse 5.670 kg
Abmessungen:	Spannweite 15,23 m; Länge 12,18 m; Höhe 3,81 m
Bewaffnung:	ein vorwärts gerichtetes 7,7-mm-Maschinengewehr an der Eintrittskante des unteren Steuerbordflügels, ein oder zwei lenkbare, rückwärts gerichtete 7,7-mm-Maschinengewehre hinten im Cockpit sowie eine externe Torpedo- und Bombenlast von 907 kg

Fairey Battle

Die 1932 entworfene Battle war ein Fortschritt im Verhältnis zu den leichten Doppeldecker-Bombern Hawker, die sie bei der britischen Luftwaffe ersetzen sollte. Trotzdem war sie, als sie März 1937 in Dienst kam, aufgrund der schnellen Entwicklung im Flugzeugbau im Vorfeld des 2. Welkrieges technisch und taktisch veraltet. Die Produktion des leichten Bombers Battle belief sich auf 1.818 von britischen Herstellern für die britische Luftwaffe (später als Battle Mk I bis V, je nach Markierung auf dem Motor) und 18 in Belgien (für den Dienst in Belgien) gebaute Maschinen. Der Typ übernahm ab 1940 nur noch zweitrangige Aufgaben als Battle-(T)-Übungsflugzeug und Battle-(TT)-Zielschleppflugzeug, von denen 100 bzw. 266 Stück gebaut wurden. Auf der Abbildung ist eines der Battle-Übungsflugzeuge von September 1940 zu sehen.

Herkunftsland:	Großbritannien
Typ:	(Battle Mk II) zwei-/dreisitziger leichter Tagesbomber
Triebwerke:	ein 12-Zylinder V-Motor Rolls-Royce Merlin II mit 1.030 PS (768 kW)
Leistung:	Höchstgeschwindigkeit 406 km/h; Steigleistung 4.570 m in 16 min, 12 sek; Dienstgipfelhöhe 7.925 m; Reichweite 1.931 km mit einer Bombenlast von 644 kg
Gewicht:	Leermasse 3.361 kg; normale Startmasse 4.944 kg; max. Startmasse 5.307 kg
Abmessungen:	Spannweite 16,45 m; Länge 12,93 m; Höhe 4,57 m
Bewaffnung:	ein vorwärts gerichtetes 7,7-mm-Maschinengewehr in der Eintrittskante des Steuerbordflügels, ein lenkbares, rückwärts gerichtetes 7,7-mm-Maschinengewehr hinten im Cockpit sowie eine interne und externe Bombenlast von 680 kg

Fairey Fox

Fairey baute zwei Fox-Tagesbomber in den 20er Jahren: die zweisitzige Fox Mk I mit einem Curtiss-D-12-Motor und die dreisitzige Fox Mk II mit einem Rolls-Royce-Kestrel-Motor. Zweisitzige Weiterentwicklungen der Fox Mk II, die hauptsächlich von Faireys belgischer Tochtergesellschaft gebaut wurden, waren bei der belgischen Luftwaffe zu Beginn des 2. Weltkriegs im Einsatz. Hauptvarianten waren der Bomber Fox Mk II mit Kestrel-Motor, der Aufklärungsjäger Fox Mk III, die Fox Mk IIIC mit geschlossenem Cockpit und das doppelgesteuerte Übungsflugzeug Fox Mk IIIS. Diesen folgten der Aufklärungsjäger Fox Mk VI mit Hispano-Suiza-Motor, der einsitzige Jäger Fox Mk VII und die Fox Mk VIII, eine verbesserte Version der Mk VI. Der Typ kam 1932 in Betrieb, war jedoch zu Beginn des Krieges veraltet, und die restlichen 50 Flugzeuge erlitten schwere Verluste gegen die Deutschen. Die Fairey Seafox war eine seegestützte Aufklärungsversion mit ähnlichem Design.

Herkunftsland:	Belgien (nach britischer Konstruktion)
Typ:	(Fox Mk VIR) zweisitziger Aufklärungsjäger und leichter Bomber
Triebwerke:	ein 12-Zylinder-V-Motor Hispano-Suiza mit 860 PS (641 kW)
Leistung:	Höchstgeschwindigkeit 365 km/h; Steigleistung 5.000 m in 6 min, 30 sek; Dienstgipfelhöhe 10.000 m; Reichweite 600 km
Gewicht:	Leermasse 1.325 kg; normale Startmasse 2.245 kg; max. Startmasse 2.345 kg
Abmessungen:	Spannweite 11,58 m; Länge 9,17 m; Höhe 3,35 m
Bewaffnung:	zwei vorwärts gerichtete 7,62-mm-Maschinengewehre im oberen Teil des Vorderrumpfes, ein oder zwei lenkbare, rückwärts gerichtete 7,62-mm-Maschinengewehre im hinteren Teil des Cockpits sowie eine externe Bombenlast 100 kg

Fairey Swordfish Mk I

Die Swordfish galt als robust, zuverlässig und vielseitig in Bezug auf ihre Bewaffnung und Handhabung. Sie hatte einen Doppeldeckerrahmen und konnte bei fast jedem Wetter von Flugzeugträgern – sowohl von den größten Flottenträgern wie auch von den kleinsten Begleitträgern – starten. Der als „Drahtsack" bekannte Typ entstand aus einer Ausschreibung von 1930 für einen trägergestützten Aufklärer und Torpedobomber. Das erste von vier Modellen absolvierte im März 1933 seinen Jungfernflug. Erfolgreiche Tests führten zu Aufträgen für 989 Flugzeuge. Fairey baute 689 Stück; die übrigen wurden von Blackburn produziert. Lieferungen zum Einsatz begannen im Juli 1936 und zu Beginn des 2. Weltkrieges waren 13 Swordfish-Staffeln einsatzbereit.

Herkunftsland:	Großbritannien
Typ:	(Swordfish Mk I) dreisitziger, träger- und landgestützter Torpedo- und Tiefangriffsbomber sowie Aufklärungsflugzeug
Triebwerke:	ein 9-Zylinder-Sternmotor Bristol Pegasus IIIM3 mit 775 PS (578 kW)
Leistung:	Höchstgeschwindigkeit 224 km/h; Steigleistung 1.525 m in 10 min, 30 sek; Dienstgipfelhöhe 3.780 m; Reichweite 1.657 km
Gewicht:	Leermasse 2.359 kg; max. Startmasse 4.196 kg
Abmessungen:	Spannweite 13,87 m; Länge 11,07 m (bei angehobenem Heck); Höhe 4,11 m (bei angehobenem Heck)
Bewaffnung:	ein vorwärts gerichtetes 7,7-mm-Maschinengewehr in der Steuerbordseite des Vorderrumpfes, ein lenkbares, rückwärts gerichtetes 7,7-mm-Maschinengewehr hinten im Cockpit; eine Bombenlast an den Außenstationen von 726 kg

Fairey Swordfish Mk II

Die von Blackburn in einer Anzahl von 1.080 Stück gebaute Swordfish Mk II war eine Weiterentwicklung der Swordfish Mk I mit verstärkten, auf den Unterseiten statt mit Stoff – wie bei der Mk I – mit Metall beschichteten unteren Flügeln, damit acht 76-mm-Luft-Boden-Raketen dort untergebracht und abgefeuert werden konnten. Je nach Gefechtskopf konnten zwei Typen eingesetzt werden: Die hoch explosive 27,2-kg-Rakete war wirksam gegen Küstenschiffe, während die durch Panzerungen dringende 11,3-kg-Rakete hauptsächlich gegen U-Boote und Küstenbefestigungsanlagen eingesetzt wurde. Einige der Swordfish-Mk-II-Maschinen, die auf Schwimmern statt auf einem Fahrwerk eingesetzt werden konnten, wurden zur Swordfish Mk IV mit geschlossenem Passagierraum für den Gebrauch in kanadischen Gewässern. Die Swordfish versenkte das erste U-Boot im 2. Weltkrieg und nahm im November 1940 bei Taranto an einem Angriff auf die italienische Flotte teil.

Herkunftsland:	Großbritannien
Typ:	(Swordfish Mk II) dreisitziger, träger- und landgestützter Torpedo- und Tiefangriffsbomber sowie Aufklärungsflugzeug
Triebwerke:	ein 9-Zylinder-Sternmotor Bristol Pegasus IIIM3 mit 775 PS (578 kW) oder Pegasus XXX mit 750 PS (559 kW)
Leistung:	Höchstgeschwindigkeit 224 km/h; Steigleistung 1.525 m in 10 min, 30 sek; Dienstgipfelhöhe 3.780 m; Reichweite 1.657 km
Gewicht:	Leermasse 2.132 kg; max. Startmasse 4.196 kg
Abmessungen:	Spannweite 13,87 m; Länge 11,07 m (bei angehobenem Heck); Höhe 4,11 m (bei angehobenem Heck)
Bewaffnung:	ein vorwärts gerichtetes 7,7-mm-Maschinengewehr an der Steuerbordseite des Vorderrumpfes, ein lenkbares, rückwärts gerichtetes MG im hinteren Cockpit sowie eine externe Torpedo-, Bomben- und Raketenlast von 726 kg

Fairey Swordfish Mk III

Die Swordfish Mk III wurde von Blackburn in einer Anzahl von 320 Stück gebaut und war eine Weiterentwicklung der Swordfish Mk II mit verbesserter U-Boot-Bekämpfungsfähigkeit durch das ASV.Mk-X-Luft-Boden-Radar, dessen Antenne in einem großen Radom zwischen den Stützen des Hauptfahrwerks stecktc. Sonst war die Swordfish Mk III der Swordfish Mk I und Mk II ähnlich, mit Ausnahme des höheren Gesamtgewichts, und leistete wie die Mk II gute Dienste von kleinen Begleitträgern aus, welche Atlantik- und Arktis-Konvois vor deutschen U-Booten schützen sollten. Der letzte der großen Torpedoangriffe dieser Flugzeuge fand 1942 statt, als die deutschen Kampfschiffe Gneisenau und Prinz Eugen an der Überquerung des Ärmelkanals gehindert werden sollten. Die letzte Swordfish-Einheit der Flottenfliegerverbände war die 836. Staffel, die im Mai 1945, direkt nach der Kapitulation Deutschlands, aufgelöst wurde.

Herkunftsland:	Ggroßbritannien
Typ:	(Swordfish Mk III) dreisitziger, träger- und landgestützter Torpedo- und Tiefangriffsbomber sowie Aufklärungsflugzeug
Triebwerke:	ein 9-Zylinder-Sternmotor Bristol Pegasus IIIM3 mit 775 PS (578 kW) oder Pegasus XXX mit 750 PS (559 kW)
Leistung:	Höchstgeschwindigkeit 224 km/h; Steigleistung 1.525 m in 10 min, 30 sek; Dienstgipfelhöhe 3.780 m; Reichweite 1.657 km
Gewicht:	Leermasse 2.132 kg; max. Startmasse 4.196 kg
Abmessungen:	Spannweite 13,87 m; Länge 11,07 m (bei angehobenem Heck); Höhe 4,11 m (bei angehobenem Heck)
Bewaffnung:	ein vorwärts gerichtetes 7,7-mm-Maschinengewehr an der Steuerbordseite des Vorderrumpfes, ein lenkbares, rückwärts gerichtetes MG im hinteren Cockpit sowie eine externe Torpedo-, Bomben- und Raketenlast von 726 kg

Farman F.221 und F.222

Das Bombermodell F.220.01 absolvierte im Mai 1932 seinen Erstflug und wurde anschließend zum Langstrecken-Postflugzeug umgebaut. Diesem folgte das Modell F.221.01, das sich vor allem durch sein verändertes Seitenleitwerk, die voll umschlossene Rumpfnase und die Bauchstation für den Schützen sowie durch einen halb einziehbaren Korb statt der Lukenposition für den Schützen am Rumpfbauch und ein verstärktes Triebwerk unterschied. Dann kamen 10 F.221-BN.5-Bomber mit verbesserter Verteidigungsbewaffnung und die F.222BN.5, die in zwei Varianten gebaut wurde, als F.222.1BN.5 (11 Stück) mit einziehbarem Hauptfahrwerk und als F.222.2BN.5 (24 Stück) mit verlängerter Rumpfnase und V-förmigen Tragflächen. Etwa 29 Flugzeuge waren 1939 im Dienst und wurden vor dem Fall Frankreichs als Bomber eingesetzt, bevor man sie bis 1944 als Transporter nutzte. Das Bild zeigt eine F.222.1 der 2. Escadrille, GB I/15, im Mai 1940 in Reims-Courcy.

Herkunftsland:	Frankreich
Typ:	(F.222.2BN.5) fünfsitziger schwerer Nachtbomber
Triebwerke:	vier Sternmotoren Gnome-Rhône 14N-11/15 mit 970 PS (723 kW)
Leistung:	Höchstgeschwindigkeit 320 km/h; Steigleistung 4.000 m in 13 min, 30 sek; Dienstgipfelhöhe 8.000 m; Reichweite 2.000 km mit einer Bombenlast von 2.500 kg
Gewicht:	Leermasse 10.500 kg; normale Startmasse 15.200 kg; max. Startmasse 18.700 kg
Abmessungen:	Spannweite 36 m; Länge 21,45 m; Höhe 5,19 m
Bewaffnung:	ein lenkbares, vorwärts gerichtetes 7,5-mm-Maschinengewehr in in der Nasenkanzel, ein lenkbares 7,5-mm-Maschinengewehr in der Rückenkanzel, ein lenkbares, rückwärts gerichtetes 7,5-mm-Maschinengewehr in der Bauchposition sowie eine interne Bombenlast von 4.200 kg

Farman NC.223

Die NC.223 (ursprünglich F.223) war ein völlig neues Flugzeug, das im Konzept dem Vorgänger, der F.222, ähnelte und alles in allem eine Mischung aus Bewährtem und Modernem war. Zusätzlich zu der optischen Gestaltung, die von dem Bomber F.222 stammte, besaß die F.223 auch den rechteckigen Rumpf der F.222. Außerdem hatte sie ein verändertes Leitwerk mit zwei vertikalen Flächen und einen modernen Flügel aus belasteter Außenhaut mit verstrebten Enden, der den Luftwiderstand reduzierte. Der F.223.1.01, einem Postflugzeug-Modell, folgte im Januar 1938 das Bombermodell NC.223.01. Darauf folgten mindestens acht NC.223.3BN.5-Maschinen, die bei der Schlacht von Frankreich zum Einsatz kamen; anschließend wurden sie zu Transportern umgebaut. Auf dem Bild ist die Jules Verne, eine der NC.223.4-Maschinen, die von der französischen Luftwaffe als Langstreckenbomber eingesetzt wurden, zu sehen.

Herkunftsland:	Frankreich
Typ:	(NC.223.3BN.5) fünfsitziger schwerer Nachtbomber
Triebwerke:	vier 12-Zylinder-V-Motoren Hispano-Suiza 12Y-29 mit 920 PS (686 kW)
Leistung:	Höchstgeschwindigkeit 400 km/h; Steigleistung 4.000 m in 10 min; absolute Höhe 8.000 m; Reichweite 2.400 km
Gewicht:	Leermasse 10.550 kg; max. Startmasse 19.200 kg
Abmessungen:	Spannweite 33,58 m; Länge 22 m; Höhe 5,08 m
Bewaffnung:	eine lenkbare 20-mm-Kanone in der Rückenkanzel, eine lenkbare, rückwärts gerichtete 20-mm-Kanone in der Bauchkanzel, ein lenkbares, vorwärts gerichtetes 7,5-mm-Maschinengewehr am Bug sowie eine interne Bombenlast von 4.200 kg

Fiat BR.20 Cicogna

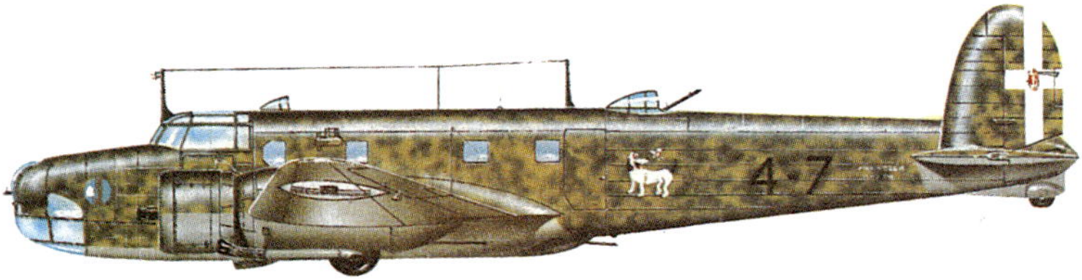

Die BR.20 Cicogna war der erste moderne, mittelschwere Bomber, der in Italien vor dem 2. Weltkrieg gebaut wurde. Den Erstflug absolvierte sie im Februar 1936 und wurde im Herbst desselben Jahres in Betrieb genommen. Der Lieferung von 320 Flugzeugen, darunter 85 an Japan und eines an Venezuela, folgten 264 verbesserte BR.20M-Bomber. Dieses Modell hatte einen besseren Umriss der Rumpfnase, eine andere Bewaffnung und eine verstärkte Panzerung. Die letzte Variante war die BR.20bis (15 Stück) mit zwei 1.250 PS (932 kW) starken Fiat-A.82-RC.42S-Sternmotoren, einer umgestalteten Rumpfnase, zwei 7,7-mm-Maschinengewehren in Mittelpositionen und einer kraftbetriebenen Rückenkanzel. Mehr als 160 Cicogna-Bomber standen bei Italiens Kriegseintritt zur Verfügung und alle außer einigen Exemplaren gingen bis zum Waffenstillstand mit den Alliierten im September 1943 beim Einsatz verloren. Das Bild zeigt eine BR.20M der 4. Squdriglia Ende 1940 in Belgien.

Herkunftsland:	Italien
Typ:	(BR.20M) fünfsitziger mittelschwerer Bomber
Triebwerke:	zwei 14-Zylinder-Doppelsternmotoren Fiat A.80 RC.41 mit 1.030 PS (768 kW)
Leistung:	Höchstgeschwindigkeit 430 km/h; Steigleistung 5.000 m in 17 min, 56 sek; Dienstgipfelhöhe 7.200 m; Reichweite 1.240 km mit einer Bombenlast von 1.000 kg
Gewicht:	Leermasse 6.740 kg; max. Startmasse 10.340 kg
Abmessungen:	Spannweite 21,56 m; Länge 16,17 m; Höhe 4,3 m
Bewaffnung:	ein lenkbares, vorwärts gerichtetes 7,7-mm-Maschinengewehr in der Nasenkanzel, zwei lenkbare, rückwärts gerichtete 7,7-mm- oder ein lenkbares, rückwärts gerichtetes 12,7-mm-Maschinengewehr in der Rückenkanzel, ein lenkbares 7,7-mm-Maschinengewehr in der Bauchluke sowie eine interne Bombenlast von 1.600 kg

Fieseler Fi 156 Storch

Eines der damals in Deutschland produzierten Flugzeuge war die Storch – ein anschauliches Beispiel von Gerhard Fieselers Interesse an STOL-Flugzeugen mit kräftigen Hebevorrichtungen. Einer Flugstatistik zufolge konnte die Storch konnte nach 65 m abheben, in 20 m landen und in einem 40-km/h-Wind ohnc Kontrolleinbuße gleiten. 1935 nach einer Ausschreibung als Kooperations-, Gefallenentransport- und Verbindungsflugzeug geplant, machte die Fi 156 im Frühling 1936 ihren Erstflug und kam 1937 in Betrieb. Die Produktion belief sich auf 2.900 Flugzeuge, und die Hauptvarianten waren das unbewaffnete Fi-156A-Modell, das bewaffnete Fi-156C-Modell in hauptsächlich vier Nebenvarianten und das Sanitätsflugzeugmodell Fi 156D in zwei Nebenvarianten. Auf der Abbildung ist eine Fi 156C Storch der Kurierstaffel Oberkommando der Luftwaffe, eingesetzt im August 1942 am Don an der Ostfront, zu sehen.

Herkunftsland:	Deutschland
Typ:	(Fi 156C-2) dreisitziges Kooperations- und Verbindungsflugzeug, Schlachtaufklärer und Gefallenentransporter
Triebwerke:	ein hängender 8-Zylinder-V-Motor Argus As 10C-3 mit 240 PS (179 kW)
Leistung:	Höchstgeschwindigkeit 175 km/h; Steigleistung 1.000 m in 3 min, 24 sek; Dienstgipfelhöhe 5.200 m; Reichweite 1.015 km
Gewicht:	Leermasse 940 kg; max. Startmasse 1.320 kg
Abmessungen:	Spannweite 14,25 m; Länge 9,9 m; Höhe 3,05 m
Bewaffnung:	ein lenkbares, rückwärts gerichtetes 7,92-mm-Maschinengewehr hinten im Cockpit

Fieseler Fi 167

Der Bau des ersten deutschen, 1936 von der Marine entworfenen Flugzeugträgers begann 1938; er wurde jedoch nie vollendet. Kurz nachdem der Kiel gerichtet wurde, schrieb das Luftfahrtministerium ein trägergestütztes Mehrzweckflugzeug mit guter STOL-Fähigkeit, einer zusammenklappbaren Doppeldecker-Flügelzelle und der Kraft für Sturzkampfbombenangriffe bei hoher Geschwindigkeit aus. Nur Arado und Fieseler reagierten darauf, und die beiden Fi-167-Modelle zeigten eine gute Landefähigkeit bei niedrigen Geschwindigkeiten, gute Leistung und hohe Nutzlast. Fieseler erhielt den Auftrag für 12-Fi-167A-0-Modelle mit abwerfbarem Hauptfahrwerk, doch machte der Abbruch des Trägerprogramms die Fi 167 überflüssig. Neun Flugzeuge wurden an Rumänien für Küsteneinsätze am Schwarzen Meer weiter gegeben. Auf dem Bild ist eine Fi 167A-0 der Erprobungstaffel 167, die 1940–1942 in den Niederlanden stationiert war, zu sehen.

Herkunftsland:	Deutschland
Typ:	(Fi 167A-0) zweisitziger Torpedobomber und Aufklärer
Triebwerke:	ein hängender 12-Zylinder V-Motor Daimler-Benz DB 601B mit 1.100 PS (820 kW)
Leistung:	Höchstgeschwindigkeit 325 km/h; Steigleistung 1.000 m in 2 min, 42 sek; Dienstgipfelhöhe 8.200 m; Reichweite 1.500 km
Gewicht:	Leermasse 2.800 kg; max. Startmasse 4.850 kg
Abmessungen:	Spannweite 13,5 m; Länge 11,4 m; Höhe 4,8 m
Bewaffnung:	ein vorwärts gerichtetes 7,92-mm-Maschinengewehr in der oberen Steuerbordseite des Vorderrumpfes, ein lenkbares, rückwärts gerichtete 7,92-mm-Maschinengewehr hinten im Cockpit sowie eine externe Torpedo- und Bombenlast von 1.000 kg

Focke-Wulf Fw 187 Falke

Anfang 1936 begann Kurt Tank mit der Arbeit am Entwurf eines doppelmotorigen, schweren Jagdflugzeugs, das – wie er meinte – mit zwei 960 PS (716 kW) starken Daimler-Benz-600-Motoren eine Höchstgeschwindigkeit von 560 km/h erreichen würde. Das erste von zwei Modellen absolvicrte seinen Jungfernflug im Sommer 1937 mit zwei 680 PS (507 kW) starken Junkers-Jumo-210Da-Motoren. Vier weitere Modelle folgten, mit einer Bewaffnung von zwei 7,92-mm-Maschinengewehren und zwei 20-mm-Kanonen, verlängerter Cockpithaube, veränderten Motorgondeln und – in der sechsten Maschine – zwei Daimler-Benz-600A-Motoren. Der letzte Auftrag war für drei FW-187A-0-Modelle mit schwererer Bewaffnung. Diese wurden, nach erfolglosen Tests mit der 13. (Zerstörer-)Staffel der JG 77 in Norwegen, von einer Einheit benutzt, die im Sommer 1940 die Focke-Wulf-Fabrik schützen sollte. Die Maschine auf dem Bild gehörte zu dieser Schutzeinheit.

Herkunftsland:	Deutschland
Typ:	(Fw 187A-0) zweisitziges schweres Jagdflugzeug
Triebwerke:	zwei hängende 12-Zylinder-V-Motoren Junkers Jumo 210Ga mit 700 PS (522 kW)
Leistung:	Höchstgeschwindigkeit 529 km/h; Steigleistung 6.000 m in 5 min, 48 sek; Dienstgipfelhöhe 10.000 m
Gewicht:	Leermasse 3.700 kg; max. Startmasse 5.000 kg
Abmessungen:	Spannweite 15,3 m; Länge 11,1 m; Höhe 3,85 m
Bewaffnung:	zwei vorwärts gerichtete 20-mm-Kanonen und vier 7,92-mm-Maschinengewehre im Bug

Focke-Wulf Fw 189 Eule

Die Luftwaffe war hauptsächlich zur taktischen Unterstützung der Armee gedacht. Es wurden jedoch im 2. Weltkrieg von deutscher Seite nur zwei Typen von Kurzstreckenaufklärern verwendet. Einer war die Focke-Wulf Fw 189 Eule, ein Eindecker mit Doppelausleger, bei dem die Besatzung in einer verglasten Mittelgondel saß. Sie absolvierte ihren ersten Flug im Juli 1938 und kam Ende 1940 in Dienst. Die Produktion belief sich auf 848 Stück, dazu kamen 16 Modelle. Das wichtigste Modell war die Fw 189A, auch in Nebenvarianten wie der Fw 189A-1, der Fw 189A-2 mit doppelten statt einfachen Maschinengewehren zur Verteidigung, dem doppelgesteuerten Übungsflugzeug Fw 189A-3 und dem taktischen Unterstützungsmodell Fw 189A-4 mit gepanzertem Rumpfbauch und einer 20-mm-Kanone in den Flügelansätzen. Auf der Abbildung ist eine Fw 189A-2 der 1. (H-)Staffel, Aufklärungsgruppe 32, die 1943 an der Ostfront stationiert war, zu sehen.

Herkunftsland:	Deutschland
Typ:	(Fw 189A-2) dreisitziges taktisches Aufklärungsflugzeug mit kurzer Reichweite und begrenzten Bodenkampfunterstützungs- und Nachtjägerfähigkeiten
Triebwerk:	zwei 12-Zylinder-Motoren Argus As 410A-1 mit 465 PS (347 kW)
Leistung:	Höchstgeschwindigkeit 350 km/h; Steigleistung 4.000 m in 18 min; Dienstgipfelhöhe 7.300 m; Reichweite 670 km
Gewicht:	Leermasse 3.245 kg; max. Startmasse 4.170 kg
Abmessungen:	Spannweite 18,4 m; Länge 12,03 m; Höhe 3,1 m
Bewaffnung:	zwei vorwärts gerichtete 7,92-mm-Maschinengewehre in den Flügelansätzen, ein 7,92-mm-Doppelrohr-Maschinengewehr am Rumpfrücken, ein 7,92-mm-Doppelrohr-Maschinengewehr in der Heckkonuskanzel sowie eine Bombenlast von 200 kg

Focke-Wulf Fw 189 Uhu

Trotz einer nicht allzu stabilen Konstruktion führte der Erfolg der Fw 189 Eule an der Ostfront dazu, dass sie verschiedende Funktionen übernahm. Außer zur Bodenkampfunterstützung nutzte man die Fw 189 auch als Nachtjäger. Mindestens 30 A-1-Maschinen wurden für diese Rolle umgebaut. Dazu wurden die Aukläreraussstattung und einige andere Einrichtungen entfernt, das FuG-212-Lichtenstein-C-1-Abfangradar eingebaut (mit der gewöhnlichen Viereranordnung der Dipol-Antennen vor der Rumpfnase) und in der Mitte bzw. oben sitzenden 81Z-Maschinengewehre durch eine schräg vorwärts/nach oben gerichtete 151/15-Kanone ersetzt (manchmal auch durch eine 15/20-Kanone). Diese Bewaffnung war als „schräge Musik" bekannt. Die Nachtjäger Fw 189 wurden bei der I/NJG 100 und der NJG 5 eingesetzt. Auf dem Bild ist eines der Flugzeuge des Stab-/Nachtjagdgeschwaders 100, das von Februar 1945 bis Kriegsende von Greifswald aus operierte, zu sehen.

Herkunftsland:	Deutschland
Typ:	(Fw 189A-1) dreisitziger Nachtjäger
Triebwerk:	zwei 12-Zylinder-Motoren Argus As 410A-1 mit 465 PS (347 kW)
Leistung:	Höchstgeschwindigkeit 350 km/h; Steigleistung 4.000 m in 8 min, 18 sek; Dienstgipfelhöhe 7.300 m; Reichweite 670 km
Gewicht:	Leermasse 3.245 kg; max. Startmasse 4.170 kg
Abmessungen:	Spannweite 18,4 m; Länge 12,03 m; Höhe 3,1 m
Bewaffnung:	zwei vorwärts gerichtete 7,92-mm-Maschinengewehre in den Flügelansätzen, ein schräg nach oben/vorne gerichtete 15-mm-Kanone, ein 7,92-mm-Doppelrohr-Maschinengewehr in der Heckkonuskanzel sowie eine Bombenlast von 200 kg

Focke-Wulf Fw 190A-1 bis A-4

Als einziges deutsches Jagdflugzeug wurde die Fw 190 während des Krieges in Betrieb genommen und in großem Maßstab gebaut. Obwohl sie für einen Sternmotor konstruiert war, bekam das Standardmodell Fw 190D schließlich einen V-Motor. Das erste Modell der Fw 190 absolvierte im Juni 1939 seinen Erstflug, und nach intensiver Entwicklung, die sich auf die alternativen BMW-139- oder BMW-801-Motoren und Flügel mit kürzerer oder längerer Spannweite konzentrierten, begann der Bau der Fw 190A mit dem BMW-801-Motor und größerem Flügel. Den 40 Fw-190A-0-Modellen folgten 100 Fw-190A-1-Jäger, die im Herbst 1941 in Betrieb kam. Es folgten 426 Fw-190A-2-Jäger mit größerer Spannweite und schwererer Bewaffnung, 509 Fw-190A-3-Jagdbomber mit veränderter Bewaffnung und 894 Fw-190A-4-Jagdbomber mit einem Methanol-Wasser-Antriebssystem. Auf dem Bild ist eine Fw 190A- 4/U3 vom Gefechtsverband Druschel (II/SchG-1) zur Zeit der Schlacht um Kursk im Juli 1943 zu sehen.

Herkunftsland:	Deutschland
Typ:	(Fw 190A-3) einsitziger Jagdbomber
Triebwerk:	ein 14-Zylinder-Doppelsternmotor BMW 801D-2 mit 1.700 PS (1.267,5 kW)
Leistung:	Höchstgeschwindigkeit 605 km/h; Anfangssteiggeschwindigkeit 863 m/min; Dienstgipfelhöhe 10.600 m; Reichweite 800 km
Gewicht:	Leermasse 2.900 kg; max. Startmasse 3.980 kg
Abmessungen:	Spannweite 10,5 m; Länge 8,8 m; Höhe 3,95 m
Bewaffnung:	vier vorwärts gerichtete 20-mm-Kanonen in den Eintrittskanten der Flügel und zwei vorwärts gerichtete 7,92-mm-Maschinengewehre im oberen Teil des Vorderrumpfes

Focke-Wulf Fw 190A-5/A-6

Die Anfang 1943 in Betrieb genommene Fw 190A-5 war eine Weiterentwicklung der Fw 190A-4 mit einem 15 cm weiter nach vorne versetzten Motor. Damit wurde der Schwerpunkt wieder dahin verlegt, wo er vor der Hinzufügung zusätzlicher Ausrüstung im Hinterrumpf war. Die 723 Flugzeuge wurden für verschiedene Aufgaben geliefert oder angepasst, darunter schwere Nachtjäger, Tiefangriffs- und Torpedobomber und Bomber-Zerstörer. Die Fw 190A-6, von der 569 Stück fertig gestellt wurden, war die Produktionsversion des Jagdflugzeugs Fw 190A-5/U10 mit einer leichteren Flügelstruktur, die dennoch eine Bewaffnung von vier 20-mm-Kanonen hatte. Es gab verschiedende Nebenvarianten der A-6, darunter ein Jagdbomber mit einer möglichen Bombenlast von 1.000 kg. Andere waren z. B. Bomber-Zerstörer mit 30-mm-Kanonen. Auf der Abbildung ist eine Fw 190A-6/R11 der 1./NJG 10 zu sehen, die von Oberstleutnant Hans Krause geflogen wurde und im August 1944 in Werneuchen stationiert war.

Herkunftsland:	Deutschland
Typ:	(Fw 190A-6) einsitziger Jagdbomber
Triebwerk:	ein 14-Zylinder-Doppelsternmotor BMW 801D-2 mit 1.700 PS (1.267,5 kW)
Leistung:	Höchstgeschwindigkeit 605 km/h; Anfangssteiggeschwindigkeit 863 m/min; Dienstgipfelhöhe 10.600 m; Reichweite 800 km
Gewicht:	normale Startmasse 3.900 kg; max. Startmasse 4.140 kg
Abmessungen:	Spannweite 10,5 m; Länge 8,8 m; Höhe 3,95 m
Bewaffnung:	vier vorwärts gerichtete 20-mm-Kanonen in den Eintrittskanten der Flügel und zwei vorwärts gerichtete 7,92-mm-Maschinengewehre im oberen Teil des Vorderrumpfes

Focke-Wulf Fw 190A-7/A-8

Die von Dezember 1943 an gebaute 190A-7 war aus der Fw 190A-5/U9 entstanden. Sie hatte eine maximale Startmasse von 4.000 kg und eine Bewaffnung von zwei 20-mm-Kanonen in den Flügelansätzen sowie zwei 13-mm-Maschinengewehren im Vorderrumpf. Nur 80 Flugzeuge wurden vor dem Bau der Fw 190A-8, der letzten neu gebauten Variante der Fw-190A-Serie, produziert. Von Dezember 1943 an wurden 1.334 Maschinen gebaut. Die Fw 190A-8 hatte ein Stickstoffoxydul-Antriebssystem und zusätzliche Kraftstoffreserven in einem kleinen Tank im Hinterrumpf. Eine kleine Zahl von Maschinen wurde zu doppelgesteuerten Fw-190S-8-Übungsflugzeugen in der Art des Fw-190S-5-Umbaus der Fw 190A-5 umgewandelt. Die weitere Entwicklung des Jagdflugzeugs Fw 190 konzentrierte sich auf die Fw 190D mit dem Junkers-Jumo-211 V-Motor. Das abgebildete Flugzeug trägt die schwarz-weißen Reichskreuze der Gruppe JG/4 I, die 1945 ihren Stützpunkt in Delmenhorst hatte.

Herkunftsland:	Deutschland
Typ:	(Fw 190A-8) einsitziges Jagdflugzeug
Triebwerk:	ein 14-Zylinder-Doppelsternmotor BMW 801D-2 mit 1.700 PS (1.267,5 kW)
Leistung:	Höchstgeschwindigkeit 656 km/h; Steigleistung 6.000 m in 9 min, 6 sek; Dienstgipfelhöhe 11.400 m; Reichweite 1.470 km
Gewicht:	Leermasse 3.470 kg; max. Startmasse 4.900 kg
Abmessungen:	Spannweite 10,51 m; Länge 8,95 m; Höhe 3,95 m
Bewaffnung:	zwei vorwärts gerichtete 20-mm-Kanonen in den Flügelansätzen, zwei vorwärts gerichtete 20-mm-Kanonen in den Eintrittskanten der Flügel und zwei vorwärts gerichtete 13-mm-Maschinengewehre im oberen Teil des Vorderrumpfes

Focke-Wulf Fw 190F

Obwohl sie als Jagdflugzeug angelegt wurde, war die Fw 190 so variabel, dass bald eine Fw-190F-Serie für Tiefangriffseinsätze entwickelt wurde. Ihr Vorläufer war das provisorische Langstreckenmodell Fw 190G. Die Fw 190F-1 (etwa 30 Stück) wurde Ende 1942 in Betrieb genommen und war die Bauversion des Jagdflugzeuges Fw 190A-5/U3, das aus der Fw 190A-4 entwickelt worden war und ein verstärktes Fahrwerk, bessere Panzerung und eine Kombination aus einer ETC-501-Bombenaufhängung unter dem Rumpf sowie vier ETC-50-Bombenaufhängungen unter den Flügeln besaß. Es folgten 271 Fw-190F-2-Maschinen mit verbesserter Haube, etwa 250 Fw-190F-3-Maschinen mit einer veränderten Flügelkonstruktion, 385 Fw-190F-7-Maschinen auf der Grundlage der Fw 190A-7 und eine unbekannte Zahl Fw-190F-9-Maschinen mit dem 2.270 PS (1.692,5 kW) starken BMW-801TS/TH-Motor mit Turbogebläse. Es gab auch zahlreiche Nebenvarianten. Das Bild zeigt die „Blaue Acht" der Fw 190 F-8 vom Schlachtgeschwader 4 während des „Unternehmens Bodenplatte" am 1. Januar 1945.

Herkunftsland:	Deutschland
Typ:	(Fw 190F-3) einsitziger Tiefangriffs- und Bodenkampfunterstützungsjäger
Triebwerk:	ein 14-Zylinder-Doppelsternmotor BMW 801D-2 mit 1.700 PS (1.267,5 kW)
Leistung:	Höchstgeschwindigkeit 635 km/h; Anfangssteiggeschwindigkeit 642 m/min; Dienstgipfelhöhe 10.600 m; Reichweite 750 km
Gewicht:	Leermasse 3.325 kg; max. Startmasse 4.925 kg
Abmessungen:	Spannweite 10,5 m; Länge 8,95 m; Höhe 3,95 m
Bewaffnung:	zwei vorwärts gerichtete 20-mm-Kanonen in den Flügelansätzen, zwei vorwärts gerichtete 13-mm-Maschinengewehre im oberen Teil des Vorderrumpfes sowie eine externe Bombenlast von 1.200 kg

Focke-Wulf Fw 200 Condor

Die Condor ist als Langstreckenaufklärer bekannt, der im 2. Weltkrieg im Nordatlantik nach Konvois der Alliierten suchte und sie dann entweder direkt mit Bomben oder Raketen oder durch herbeigerufene U-Boot-Gruppen angriff. Der Typ wurde jedoch eigentlich als transatlantisches Linienflugzeug entwickelt und absolvierte in dieser Form auch seinen Erstflug im Juli 1937. Das erste von 259 Fw-200C-Militärflugzeugen wurde im September 1939 in Betrieb genommen. Einige dieser Flugzeuge wurden als VIP-Transporter benutzt; die meisten Maschinen waren jedoch Langstreckenaufklärer in sieben Nebenvarianten, von denen einige wiederum eigene Varianten mit unterschiedlicher Bewaffnung, Radarausrüstung, Einrichtungen für Raketentransport und -steuerung sowie abgespeckte Versionen für spezielle Transportaufgaben hervorbrachten. Die Abbildung zeigt eine F8-BB, eine der ersten paar 200C-1-Condor-Maschinen mit einer Gondel am Rumpfbauch und voller Marine- und Bombenausrüstung. Sie wurde dem Stab I/KG 40 zugeteilt und nahm an dem Feldzug gegen Norwegen teil.

Herkunftsland:	Deutschland
Typ:	(Fw 200C-3/U4) sechssitziger Seeaufklärungsbomber
Triebwerk:	vier 9-Zylinder-Sternmotoren BMW-Bramo 323R-2 Fafnir mit 1.200 PS (895 kW)
Leistung:	Höchstgeschwindigkeit 360 km/h; Dienstgipfelhöhe 6.000 m; Reichweite 4.440 km
Gewicht:	Leermasse 12.950 kg; max. Startmasse 22.700 kg
Abmessungen:	Spannweite 32,84 m; Länge 23,46 m; Höhe 6,3 m
Bewaffnung:	eine lenkbare 20-mm-Kanone in der vorderen Bauchgondel, ein lenkbares 13-mm-Maschinengewehr am hinteren Rumpfrücken, ein lenkbares 13-mm-Maschinengewehr in jeder der beiden Balkenpositionen, ein 7,92-mm-Maschinengewehr am hinteren Rumpfbauch, ein 7,92-mm-Maschinengewehr in der vorderen Nasenkanzel sowie eine Bombenlast von 2.100 kg

Fokker C.V

Nach dem Erstflug des Modells des C.IV-Aufklärungs-Doppeldeckers 1923 ließ Fokker im Mai 1924 die C.V folgen, eine Weiterentwicklung mit einem schlankeren Rumpf. Die C.V war eines der erfolgreichsten Mehrzweckflugzeuge der 20er und 30er Jahre, und in der ersten Hälfte des 2. Weltkrieges waren einige immer noch bei kleineren Einheiten im Dienst. Insgesamt wurden über 750 Flugzeuge in den Niederlanden und in Lizenz mit einer Reihe von luft- und wassergekühlten Motortypen und Flügelzellen unterschiedlicher Spannweite gebaut. Die zwei bedeutendsten Modelle waren beide Anderthalbdecker mit zugespitzten statt gleichsehnigen Tragflächen. Zum einen war es die C.V-D, die in erster Linie als Eskort-Jagdflugzeug und Aufklärer benutzt wurde, zum andern die C.V-E mit vergrößerter Flügelzelle für verstärkte Hebekraft und daher hauptsächlich als Bomber eingesetzt. Auf der Abbildung ist eine Fokker C.V; sie gehörte Mitte der 30er Jahre zur 3. Eskadrille der dänischen Luftflotte.

Herkunftsland:	Niederlande
Typ:	(C.V-D) zweisitziges Aufklärungs- und Artillerieerkennungsflugzeug mit leichten Bomben- und Eskortiereinrichtungen
Triebwerk:	ein 12-Zylinder-V-Motor Hispano-Suiza 12 mit 450 PS (335,5 kW)
Leistung:	Höchstgeschwindigkeit 225 km/h; Anfangssteiggeschwindigkeit nicht bekannt; Dienstgipfelhöhe 5.500 m; Reichweite 770 km
Gewicht:	Leermasse 1.250 kg; normale Startmasse 1.850 kg; max. Startmasse 1.915 kg
Abmessungen:	Spannweite 12,5 m; Länge 9,5 m; Höhe 3,5 m
Bewaffnung:	ein oder zwei vorwärts gerichtete 7,92-mm-Maschinengewehre im Vorderrumpf, ein oder zwei lenkbare, rückwärts gerichtete 7,92-mm-Maschinengewehre hinten im Cockpit, Einrichtungen für ein rückwärts gerichtetes 7,92-mm-Maschinengewehr am Rumpfbauch und eine Bombenlast von 200 kg

Fokker C.X

Als Fokker sich 1933 für die Entwicklung eines Nachfolgers für das zweisitzige Kampfflugzeug C.V entschied, kam es zur C.X, die zum ersten Mal 1934 als Nachfolger der C.V-E flog. Sie war ein eleganter Doppeldecker mit festem Fahrwerk und der gemischten Metall-Holz-Konstruktion ihres Vorgängers. Die Produktion belief sich auf 71 Flugzeuge, von denen die späteren ein geschlossenes Cockpit hatten. Dazu kamen 32 Flugzeuge für die Niederlande und die holländischen Karibikinseln mit dem 650 PS (485 kW) starken Rolls-Royce-Kestrel-V-Motor sowie 39 Maschinen (einschließlich 35 in Lizenz gebauten) für Finnland mit einem Sternmotor. Etwa 10 Flugzeuge waren 1940 immer noch in holländischen Diensten. Während sie aber zerstört wurden, blieben die finnichen während der gesamten Beteiligung Finnlands am 2. Weltkrieg im Einsatz. Die letzte wurde 1958 endgültig ausgemustert. Auf der Abbildung ist eine Fokker C.X der im Winter 1939–1940 in Suur-Merijoki stationierten TLeLV 12 der finnischen Luftwaffe zu sehen.

Herkunftsland:	Niederlande
Typ:	(C.X) zweisitziges taktisches Aufklärungs- und Kooperationsflugzeug
Triebwerk:	ein von Tammerfors gebauter 9-Zylinder-Sternmotor Bristol Pegasus XII oder XXI mit 890 PS (663,5 kW)
Leistung:	Höchstgeschwindigkeit 335 km/h; Steigleistung 3.000 m 6 min; Dienstgipfelhöhe 8.100 m; Reichweite 900 km
Gewicht:	Leermasse 1.550 kg; max. Startmasse 2.900 kg
Abmessungen:	Spannweite 12 m; Länge 9,2 m; Höhe 3,3 m
Bewaffnung:	ein vorwärts gerichtetes 7,62-mm-Maschinengewehr im oberen Teil des Vorderrumpfes, ein lenkbares, rückwärts gerichtetes 7,62-mm-Maschinengewehr hinten im Cockpit sowie eine externe Bombenlast von 500 kg

Fokker D.XXI

Die auf eine Ausschreibung der niederländisch-ostindischen Luftstreitkräfte hin entworfene D.XXI war ein wenig fortgeschrittenes Jagdflugzeug in Fokkers traditioneller, gemischter Metall-Holz-Konstruktion mit festem Fahrwerk, aber moderneren Elementen wie unverspreizten, tief liegendem Flügel, einem geschlossenen Cockpit und hinteren Flügelklappen. Das Modell der D.XXI-1 absolvierte im März 1936 seinen Erstflug. Der Typ wurde letztendlich für die holländische und nicht – wie zunächst vorgesehen – für die holländisch-ostindische Luftwaffe in Auftrag gegeben (35 Flugzeuge); Dänemark nahm zwei, Finnland nahm sieben Flugzeuge ab. Erstere bauten dann noch 10 weitere und letztere 85 Maschinen (50 davon mit dem 825 PS/615 kW starken Pratt & Whitney-R-1535-SB4-Motor). Die meisten der holländischen Flieger wurden bei der deutschen Invasion im Mai 1940 zerstört, doch die finnischen hatten durchaus Erfolg und wurden endgültig erst 1948 ausgemustert. Das Bild zeigt eine Fokker D.XXI der TLeLV 12 der finnischen Luftwaffe im Juni 1941.

Herkunftsland:	Niederlande
Typ:	(D.XXI-2) einsitziges Jagdflugzeug
Triebwerk:	ein 9-Zylinder-Sternmotor Bristol Mercury VIII mit 830 PS (619 kW)
Leistung:	Höchstgeschwindigkeit 460 km/h; Steigleistung 6.000 m in 7 min, 30 sek; Dienstgipfelhöhe 11.000 m; Reichweite 930 km
Gewicht:	Leermasse 1.450 kg; max. Startmasse 2.050 kg
Abmessungen:	Spannweite 11 m; Länge 8,2 m; Höhe 2,95 m
Bewaffnung:	zwei vorwärts gerichtete 7,92-mm-Maschinengewehre im oberen Teil des Vorderrumpfes und zwei vorwärts gerichtete 7,92-mm-Maschinengewehre an den Eintrittskanten der Flügel

Fokker G.I

Mitte der 30er Jahre gab es reges Interesse an einem zweimotorigen schweren Jagdflugzeug, das – der Auffassung vieler Experten zufolge – im Vergleich mit einmotorigen Jägern eine höhere Geschwindigkeit und bessere Steigleistung sowie eine längere Reichweite, schwereres Geschützfeuer und höhere Zuverlässigkeit durch das zweimotorige Triebwerk ermöglichen sollte. Unter den Ländern, die versuchten, ein solches Flugzeug zu konstruieren, befanden sich auch die Niederlande mit der G.I, die als zweisitziges Modell im März 1937 ihren Erstflug absolvierte. Etwa 36 zwei- bzw. dreisitzige Exemplare der G.IA wurden zunächst gebaut, und sechs Länder erteilten Aufträge für das Exportmodell der G.IB. Drei von diesen wurden im Mai 1940 für holländische Einsätze benötigt, und etwa 20 weitere wurden später für den Einsatz bei den Deutschen zu Übungsflugzeugen umgebaut. Die Abbildung zeigt eine der G.IB-Maschinen, die im Mai 1940 von der holländischen Luftwaffe gegen die Deutschen eingesetzt wurde.

Herkunftsland:	Niederlande
Typ:	(G.IA) zwei-/dreisitziges schweres Jagd- und Bodenkampfunterstützungsflugzeug
Triebwerk:	zwei 9-Zylinder-Sternmotoren Bristol Mercury VIII mit 830 PS (619 kW)
Leistung:	Höchstgeschwindigkeit 475 km/h; Steigleistung 6.000 m in 8 min, 54 sek; Dienstgipfelhöhe 9.300 m; Reichweite 1.500 km
Gewicht:	Leermasse 3.330 kg; max. Startmasse 5.000 kg
Abmessungen:	Spannweite 17,16 m; Länge 10,87 m; Höhe 3,8 m
Bewaffnung:	acht vorwärts gerichtete 7,92-mm-Maschinengewehre an der Rumpfnase, ein rückwärts gerichtetes 7,92-mm-Maschinengewehr im Rumpfheckkonus sowie eine externe Bombenlast von 400 kg

Fokker T.VIII-W

Die niederländische Luftwaffe schrieb 1936 ein modernes Wasserflugzeug aus, um die völlig veralteten Fokker-T.IV-W-Wasserflugzeuge, die sie selbst und die Luftwaffe der niederländisch-ostindischen Marine verwendeten, als Torpedobomber und Aufklärer zu ersetzen. Fokker entwarf daraufhin die T.VIII-W. Die erste Lieferung erfolgte 1939, und zwar in drei Formen. Die erste war die T.VIII-W/G, von der 19 mit gemischter Metall-Holz-Konstruktion (der Hinterrumpf war aus Holz) geliefert wurden, die zweite war die T.VIII-W/M, von denen 12 eine gemischte Konstruktion aufwiesen (der Hinterrumpf war dabei aus einer leichten Legierung), und die dritte Form war die etwas vergrößerte T.VIII-W/C, von der fünf Stück nach Finnland geliefert wurden (eine besaß ein Dreibein-Fahrgestell). Das Triebwerk bestand aus zwei 890 PS (663,5 kW) starken Bristol-Mercury-XI-Sternmotoren. Auf der Abbildung ist eine Fokker T.VIII-W/G der Groep Vliegtuigen 4 der niederländischen Luftwaffe, die in Westeindermeer stationiert war, zu sehen.

Herkunftsland:	Niederlande
Typ:	(T.VIII-W/G) dreisitziges Seeaufklärungs- und Torpedobomber-Wasserflugzeug
Triebwerk:	zwei 9-Zylinder-Sternmotoren Wright R-975-E3 Whirlwind mit 450 PS (335,5 kW)
Leistung:	Höchstgeschwindigkeit 285 km/h; Steigleistung 3.000 m in 7 min, 48 sek; Dienstgipfelhöhe 6.800 m; Reichweite 2.750 km
Gewicht:	Leermasse 3.100 kg; max. Startmasse 5.000 kg
Abmessungen:	Spannweite 18 m; Länge 13 m; Höhe 5 m
Bewaffnung:	ein vorwärts gerichtetes 7,92-mm-Maschinengewehr an der Backbordseite des Vorderrumpfes, ein rückwärts gerichtetes 7,92-mm-Maschinengewehr im hinteren Cockpitbereich sowie Einrichtungen für eine interne Torpedo- und Bombenlast von 600 kg

Gloster Gladiator

Die Gladiator, das letzte britische Doppeldecker-Jagdflugzeug, war die Weiterentwicklung der Gauntlet, besaß aber einige Verbesserungen wie ein geschlossenes Cockpit, hintere Flügelklappen und ein unverspreiztes Hauptfahrwerk. Das Modell machte im September 1934 seinen Erstflug, und die ersten der 378 Gladiator Mk I-Jäger wurden 1937 in Betrieb genommen. Dabei blieb es unklar, ob noch modernere Eindecker-Jagdflugzeuge in großem Maßstab folgen würden. Die Gladiator Mk I wurde durch die Gladiator Mk II ergänzt, von denen 311 Exemplare mit dem Mercury-VIIIA- oder VIIIAS-Motor geliefert wurden. Etwa 38 Maschinen wurden zur Interim Sea Gladiator umgewandelt und bahnten den Weg für die trägergestützte Sea Gladiator, von der 60 fertig gestellt wurden. Die Gladiator wurde bis 1940 bzw. Mitte 1941 in Nordeuropa und am Mittelmeer eingesetzt, und einige Flugzeuge wurden auch exportiert. Das Bild zeigt eine Gladiator Mk II der portugiesischen Luftwaffe von 1940.

Herkunftsland:	Großbritannien
Typ:	(Gladiator Mk I) einsitziges Jagdflugzeug
Triebwerk:	ein 9-Zylinder-Sternmotor Bristol Mercury IX mit 830 PS (619 kW)
Leistung:	Höchstgeschwindigkeit 407 km/h; Steigleistung 4.570 m in 5 min, 40 sek; Dienstgipfelhöhe 9.995 m; Reichweite 689 km
Gewicht:	Leermasse 1.633 kg; max. Startmasse 2.083 kg
Abmessungen:	Spannweite 9,83 m; Länge 8,36 m; Höhe 3,22 m
Bewaffnung:	zwei vorwärts gerichtete 7,7-mm-Maschinengewehre an den Seiten des Vorderrumpfes und und zwei vorwärts gerichtete 7,7-mm-Maschinengewehre an den Eintrittskanten der Flügel

Gotha Go 244

Die Go 242 war der Standard-Lastensegler der deutschen Luftwaffe in der zweiten Hälfte des 2. Weltkrieges. Die Lieferungen betrugen 1.526 Go-242A- und Go-242B-Segler mit Gleitkufen bzw. Dreibein-Fahrgestell. Der Erfolg der letzteren bereitete die Entwicklung der Go 244 vor, die im Wesentlichen eine mit Triebwerken versehene Version des Seglers war und mit eher schwachen deutschen oder erbeuteten sowjetischen und französischen Motoren ausprobiert wurde. Man entschied sich für die französischen Motoren, und es wurden insgesamt 174 Flugzeuge geliefert, einschließlich 133 Go-242B-Umbauten. Diese wurden so gebaut, dass sie den fünf Versionen der Go 242B entsprachen: das Frachtflugzeug Go 244B-1 mit Drehstab-Stoßdämpfung, das Frachtflugzeug Go 244B-2 mit breiterem Fahrwerk und Öl-Stoßdämpfung, die Fallschirmjägertransporter Go 244B-3 und B-4 (umgewandelte Versionen der Go 244B-1 und B-2), und die Go 244B-5 mit Doppelsteuerung und ausbalancierter Seitensteuerung. Auf dem Bild ist eine Gotha Go 244B-1 einer Luftwaffen-Transporteinheit zu sehen.

Herkunftsland:	Deutschland
Typ:	(Go 244B-2) zweisitziger Transporter mit Unterbringungsmöglichkeiten für 23 Passagiere oder Fracht
Triebwerk:	zwei 14-Zylinder-Sternmotoren Gnome-Rhône 14M-4/5 mit 700 PS (522 kW)
Leistung:	Höchstgeschwindigkeit 290 km/h; Steigleistung 5.000 m in 18 min, 30 sek; Dienstgipfelhöhe 7.650 m; Reichweite 740 km
Gewicht:	Leermasse 5.225 kg; max. Startmasse 7.800 kg
Abmessungen:	Spannweite 24,5 m; Länge 15,8 m; Höhe 4,6 m
Bewaffnung:	ein 7,92-mm-Maschinengewehr am Cockpitdach, ein 7,92-mm-Maschinengewehr im hinteren Teil des Mittelrumpfes, ein 7,92-mm-Maschinengewehr an jeder Seite des Mittelrumpfes und Möglichkeiten zum Abfeuern von bis zu vier 7,92-mm-Maschinengewehren aus den Fenstern

Grumman TBF Avenger

Nach einem eher schlechten Einstand in der Schlacht von Midway im Juni 1942 reifte die TBF bald zum klassischen Torpedobomber des 2. Weltkriegs heran. Das erste von zwei XTBF-1-Modellen absolvierte seinen Jungfernflug im August 1941; anschließend baute Grumman nur das TBF-1-Modell. Unter den bis zum März 1945 produzierten 2.289 Flugzeugen waren Nebenvarianten wie die TBF-1, die als TBF-1J-Avenger winterfest gemacht wurde, der Fotoaufklärer TBF-1P, die TBF-1B (402 Stück), die an Großbritannien geliefert wurde, die TBF-1C (764 Stück) mit zwei 12,7-mm-Maschinengewehren in den Eintrittskanten der Flügel, der Fotoaufklärer TBF-1CP, die TBF-1D zur U-Boot-Bekämpfung mit Radar und Raketen unter den Flügeln, die TBF-1E mit Luft-Boden-Radar ohne Hülse und die TBF-1L mit ausfahrbarem Suchscheinwerfer zum Anstrahlen aufgetauchter U-Boote. Das von der britischen Marine hauptsächlich eingesetzte Avenger-Modell war die TBF-1Bs (404 Stück). In der Marineluftwaffe erhielt sie ab Januar 1944 die Bezeichnung Tarpon Mk I und dann Avenger Mk I.

Herkunftsland:	USA
Typ:	(TBF-1C) dreisitziger land- und trägergestützter Torpedobomber
Triebwerk:	ein 14-Zylinder-Doppelsternmotor Wright R-2600-8 Cyclone 14 mit 1.700 PS (1.268 kW)
Leistung:	Höchstgeschwindigkeit 414 km/h; Steigleistung 3.050 m in 13 min; Dienstgipfelhöhe 6.525 m; Reichweite 4.321 km
Gewicht:	Leermasse 4.788 kg; max. Startmasse 7.876 kg
Abmessungen:	Spannweite 16,51 m; Länge 12,42 m; Höhe 4,19 m
Bewaffnung:	zwei vorwärts gerichtete 12,7-mm-Maschinengewehre an den Eintrittskanten der Flügel, ein lenkbares, rückwärts gerichtetes 12,7-mm-Browning-Maschinengewehr in der Nasenkanzel, ein rückwärts gerichtetes 7,6-mm-Maschinengewehr in in Bauchposition sowie eine Torpedo-, Bomben- und Raketenlast von 1.134 kg

Grumman TBM Avenger

Da der Bedarf an Avenger-Flugzeugen die Produktionskapazitäten von Grumman weit überstieg, wurde der Hauptanteil der Produktion von der Eastern Aircraft Division der General Motors Corporation übernommen, die vom TBM-Modell bis zum September 1945 7.546 Exemplare herstellte. Dies waren 550 TBM-1- und 2.332 TBM-1C-Maschinen, die der TBF-1 und der TBF-1C entsprachen, und dann 4.657 Exemplare der TBM-3-Serie mit dem leistungsfähigeren R-2600-20-Motor. Die TBM-3 wurde in einer Reihe von Nebenvarianten produziert, die denen der TBM-1 ähnlich waren; die TBM-3D z. B. war jedoch mit U-Boot-Radar ausgestattet und die TBM-3E mit U-Boot-Radar ohne Hülse. Viele Flugzeuge wurden im Rahmen des Lend-Lease-Abkommens überführt, und zahlreiche andere Nebenvarianten erschienen nach dem Krieg für verschiedene Zwecke. Auf der Abbildung ist eine der von General Motors gebauten TBM-3-Maschinen zu sehen, die vom Stützpunkt auf der USS Randolph aus operierte; diese gehörte im Januar 1945 zur Task Force 58.

Herkunftsland:	USA
Typ:	(TBM-3E) dreisitziger träger- und landgestützter Torpedobomber
Triebwerk:	ein 14-Zylinder-Doppelsternmotor Wright R-2600-20 Cyclone 14 mit 1.900 PS (1.417 kW)
Leistung:	Höchstgeschwindigkeit 444 km/h; Anfangssteiggeschwindigkeit 628 m/min; Dienstgipfelhöhe 9.175 m; Reichweite 3.090 km
Gewicht:	Leermasse 4.783 kg; max. Startmasse 8.117 kg
Abmessungen:	Spannweite 16,51 m; Länge 12,48 m; Höhe 5 m
Bewaffnung:	zwei vorwärts gerichtete 12,7-mm-Maschinengewehre an den Eintrittskanten der Flügel, ein 12,7-mm-Browning-Maschinengewehr in der Nasenkanzel, Einrichtungen für ein 7,6-mm-Maschinengewehr am Rumpfbauch, eine Torpedo-, Bomben- und Raketenlast von 1.134 kg

Grumman F3F

Die G-11 wurde von Grumman als leicht vergrößerte Version des Jagdflugzeugs G-8 (F2F) entworfen, und sollte den Mangel des Vorgängermodells an Stabilität in der Steuerung und die Tendenz zum Trudeln beheben. Die US-Marine gab ein einziges XF3F-1-Modell in Auftrag, das im März 1935 mit dem Pratt & Whitney-R-1535-72-Twin-Wasp-Junior-Motor seinen Jungfernflug absolvierte. Zwei weitere Modelle folgten, bevor die US-Marine den Vertrag über die Lieferung von 54 Exemplaren der F3F-1 unterschrieb, die sich von der dritten XF3F-1 nur in dem leicht verlängerten Rumpf unterschied. Die Maschinen wurden zwischen Januar und September 1936 geliefert und anfangs von drei Staffeln geflogen, nämlich der VF-5B und VF-6B (später VF-4 und VF-3) auf den Flugzeugträgern USS Ranger und USS Saratoga und der VF-4M (später VMF-2) der US-Marine, das an der Küste von San Diego stationiert war. Diese Maschinen waren die Vorläufer der „Cat"-Serie von Flottenjägern, welche die Luftmacht der US-Marine im Pazifik bildeten.

Herkunftsland:	USA
Typ:	(F3F-1) einsitziger träger- und landgestützter Jäger und Jagdbomber
Triebwerk:	ein 14-Zylinder-Doppelsternmotor Pratt & Whitney R-1535-84 Twin Wasp Junior mit 700 PS (522 kW)
Leistung:	Höchstgeschwindigkeit 372 km/h; Anfangssteiggeschwindigkeit 579 m/min; Dienstgipfelhöhe 8.685 m; Reichweite 1.609 km
Gewicht:	Leermasse 1.339 kg; max. Startmasse 1.997 kg
Abmessungen:	Spannweite 9,75 m; Länge 7,09 m; Höhe 2,77 m
Bewaffnung:	ein vorwärts gerichtetes 12,7-mm-Maschinengewehr und ein vorwärts gerichtetes 7,6-mm-Maschinengewehr im oberen Teil des Vorderrumpfes sowie eine externe Bombenlast von 105 kg

Grumman F3F-2

Im Juni 1936 legte Grumman den Plan einer Weiterentwicklung der F3F-1 mit dem Wright-R-1820-22-Motor vor. Die US-Marine gab ein XF3F-2-Modell in Auftrag, das im Juli 1936 seinen Erstflug machte. Dieses Modell wies auch eine vergrößerte interne Kraftstoffkapazität auf, und dies wurde auch bei den 81 F3F-2-Maschinen beibehalten, die zwischen Juli 1937 und Mai 1938 geliefert und durch die stärkeren XF3F-2-Maschinen ergänzt wurden. Die zwischen Dezember 1938 und Mai 1939 gelieferten 27 F3F-3-Maschinen unterschieden sich lediglich in ihrer stromlinienförmige Motorhaube, veränderter Kabinenhaube und modifizierten Eintrittskanten an den Flügeln. Etwa 76 F3F-Flugzeuge waren bei Übungseinheiten im Dienst und weitere 101 wurden im Dezember 1941 an andere Einheiten überstellt; das letzte dieser Flugzeuge wurde im November 1943 aus dem Verkehr gezogen. Auf dem Bild ist eine F2F-1 der VF-2B zu sehen, deren Stützpunkt die USS Lexington war. Diese Einheit verwendete die F2F-1 von Februar 1935 bis September 1940.

Herkunftsland:	USA
Typ:	(F3F-2) einsitziger träger- und landgestützter Jäger und Jagdbomber
Triebwerk:	ein 9-Zylinder-Doppelsternmotor Wright R-1820-22 Cyclone mit 950 PS (708 kW)
Leistung:	Höchstgeschwindigkeit 418 km/h; Anfangssteiggeschwindigkeit 853 m/min; Dienstgipfelhöhe 9.845 m; Reichweite 1.819 km
Gewicht:	Leermasse 1.476 kg; max. Startmasse 2.155 kg
Abmessungen:	Spannweite 9,75 m; Länge 7,01 m; Höhe 2.84 m
Bewaffnung:	ein vorwärts gerichtetes 12,7-mm-Maschinengewehr und ein vorwärts gerichtetes 7,6-mm-Maschinengewehr im oberen Teil des Vorderrumpfes sowie eine externe Bombenlast von 105 kg

Grumman F6F-3 Hellcat

Die F6F war im Pazifikfeldzug als Jadgflugzeug erfolgreich. So schoss sie bei einem Verlust von nur 270 eigenen Flugzeugen 5.156 japanische Flugzeuge ab. Sie wurde vom Frühjahr 1941 an als Nachfolgemodell der F4F entworfen. Die F6F war letztlich eine vergrößerte und stromlinienförmigere F4F mit einem bedeutend stärkeren Motor. Das erste Modell, die XF6F-3, flog das erste Mal im Juni 1942. August 1943 wurde die erste Bauversion, die F6F-3 (4.402 Flugzeuge einschließlich 205 Nachtjägern F6F-3N und 18 mit Radar ausgestatteten Nacht-intrudern F6F-3E), im Kampf eingesetzt und zeichnete sich bals durch hohe Leistung, hartes Geschützfeuer, Motorstärke und Beweglichkeit aus. Etwa 252 Maschinen des Standardjägers wurden im Rahmen des Lend-Lease-Abkommens nach Großbritannien überführt, um bei der Marineluftwaffe mit der Bezeichnung Gannet Mk I (aus der bald die Hellcat Mk I wurde) eingesetzt zu werden. Die Abbildung zeigt eine der an die Luftwaffe Uruguays gelieferten F6F-5 Hellcats .

Herkunftsland:	USA
Typ:	(F6F-3) einsitziger trägergestützter Jäger und Jagdbomber
Triebwerk:	ein 18-Zylinder-Doppelsternmotor Pratt & Whitney R-2800-10 oder -10W Double Wasp mit 2.000 PS (1.491 kW)
Leistung:	Höchstgeschwindigkeit 603 km/h; Anfangssteiggeschwindigkeit 1.067 m/min; Dienstgipfelhöhe 11.705 m; Reichweite 2.559 km
Gewicht:	Leermasse 4.128 kg; max. Startmasse 7.025 kg
Abmessungen:	Spannweite 13,06 m; Länge 10,24 m; Höhe 3,99 m
Bewaffnung:	sechs vorwärts gerichtete 12,7-mm-Maschinengewehre an den Eintrittskanten der Flügel, eine externe Bombenlast von 454 kg

Grumman F6F-5 Hellcat

Die F6F-5 war eine nur leicht verbesserte F6F-3 mit einer veränderten und enger anliegenden Motorhaube, einem verstärkten Rahmen, flacher Windschutzscheibe, Querrudern mit federnder Klappe und verbesserter Jagdbomberfähigkeit mit zwei 454-kg-Bomben oder 298-mm-„Tiny Tim“-Raketen und sechs 127-mm-Raketen. Die erste F6F-5 absolvierte im April 1944 ihren Jungfernflug, und die Produktion belief sich auf 7.868 Flugzeuge, darunter 1.432 F6F-5N-Nachtjäger mit Radar und – in späteren Modellen – einer 20-mm-Kanone statt zwei Maschinengewehren. Die einzige andere Variante im 2. Weltkrieg war die unbewaffnete, zum Fotoaufklärer umgebaute F6F-5P. Im Rahmen des Lend-Lease-Abkommens erhielt Großbritannien 930 F6F-5- und F6F-5N-Jäger; diese wurden in Hellcat F.Mk II bzw. Hellcat NF.Mk II umbenannt. Auf dem Bild ist eine JZ999 zu sehen, ein Nachtjäger NF.Mk II der Marineluftwaffe, gebaut als F6F-5N mit 3-cm-Radar in dunkelblauer Farbe.

Herkunftsland:	USA
Typ:	(F6F-5N) einsitziger trägergestützter Nachtjäger
Triebwerk:	ein 18-Zylinder-Doppelsternmotor Pratt & Whitney R-2800-10W Double Wasp mit 2.000 PS (1.491 kW)
Leistung:	Höchstgeschwindigkeit 589 km/h; Anfangssteiggeschwindigkeit 866 m/min; Dienstgipfelhöhe 11.185 m; Reichweite 2.028 km
Gewicht:	Leermasse 4.273 kg; max. Startmasse 6.464 kg
Abmessungen:	Spannweite 13,06 m; Länge 10,24 m; Höhe 3,99 m
Bewaffnung:	sechs vorwärts gerichtete 12,7-mm-Maschinengewehre oder zwei vorwärts gerichtete 20-mm-Kanonen und vier vorwärts gerichtete 12,7-mm-Maschinengewehre an den Eintrittskanten der Flügel

Grumman F4F Wildcat

Die F4F war das wichtigste Jagdflugzeug der US-Marine beim Kriegseintritt der USA im Dezember 1941 nach dem japanischen Angriff auf Pearl Harbor, und sie wurde den ganzen 2. Weltkrieg über gebaut. Eigentlich war das Flugzeug als XF4F-1-Doppeldecker geplant, bevor es zum XF4F-2-Eindecker umgebaut wurde. Sie absolvierte ihren Erstflug im September 1937. Ihr folgte die XF4F-3, die den Weg für den Bau der 284 F4F-3-Maschinen mit dem R-1830-76-Motor bahnte. Spätere Varianten waren die F4F-3A mit dem R-1830-90-Motor (95 Flugzeuge), die F4F-4 mit manuell ausklappbaren Tragflächenenden (1.144 Flugzeuge) und der unbewaffnete Fotoaufklärer F4F-7 (21 Flugzeuge). General Motors baute auch 1.140 FM-1- (F4F-4-) und 4.467 FM-2-Maschinen mit dem R-1830-56-Motor und einer größeren Heckflosse. Die 1.082 F4F-Maschinen wurden an Großbritannien geliefert, wo der Typ zu Beginn als Martlet und später als Wildcat in Varianten bis zur Mk VI bekannt wurde.

Herkunftsland:	USA
Typ:	(F4F-4 und Wildcat Mk II) einsitziger, trägergestützter Jäger und Jagdbomber
Triebwerk:	ein 14-Zylinder-Doppelsternmotor Pratt & Whitney R-1830-86 Twin Wasp mit 1.200 PS (895 kW)
Leistung:	Höchstgeschwindigkeit 512 km/h; Anfangssteiggeschwindigkeit 594 m/min; Dienstgipfelhöhe 10.365 m; Reichweite 2.012 km
Gewicht:	Leermasse 2.612 kg; max. Startmasse 3.607 kg
Abmessungen:	Spannweite 11,58 m; Länge 8,76 m; Höhe 2,81 m
Bewaffnung:	sechs nach vorne gerichtete 12,7-mm-Maschinengewehre an den Eintrittskanten der Flügel sowie eine externe Bombenlast von 91 kg

Handley Page Hampden

Einer der wichtigsten mittelschweren Bomber der Briten im 2. Weltkrieg war die Hampden, ein in vieler Hinsicht gutes Kampfflugzeug. Der Rumpf war jedoch so schmal, dass die Besatzungsmitglieder nicht die Aufgabe des jeweils anderen übernehmen konnten, sollte einer verletzt worden sein. Das Modell der Hampden absolvierte im Juni 1937 seinen Erstflug, und die Lieferungen der Hampden Mk I begannen im September 1938. Insgesamt wurden von diesem Modell 1.430 Flugzeuge von zwei britischen und einem kanadischen Hersteller geliefert; letzterer baute 160 Maschinen. Außerdem hatte man jetzt Übungsmöglichkeiten für 100 Hereford-Flugzeuge, die sich nur in ihrem Triebwerk durch 1.000 PS (746 kW) starke Napier-Dagger-Motoren unterschieden. Neun Hereford- wurden zu Hampden-Maschinen umgebaut. Von 1942 an wurden 141 Hampden-Bomber zu Hampden-TB.Mk-I-Torpedobombern zur Schiffsbekämpfung umgebaut. Die Abbildung zeigt eine TB.Mk 1 einer Einsatz-Übungseinheit 1942 in Schottland.

Herkunftsland:	Großbritannien
Typ:	(Hampden Mk I) viersitziger mittelschwerer Bomber
Triebwerk:	zwei 9-Zylinder-Sternmotoren Bristol Pegasus XVIII mit 1.000 PS (746 kW)
Leistung:	Höchstgeschwindigkeit 426 km/h; Steigleistung 4.570 m in 18 min, 54 sek; Dienstgipfelhöhe 6.920 m; Reichweite 3.034 km mit einer Bombenlast von 907 kg
Gewicht:	Leermasse 5.343 kg; max. Startmasse 10.206 kg
Abmessungen:	Spannweite 21,08 m; Länge 16,33 m; Höhe 4,55 m
Bewaffnung:	ein vorwärts gerichtetes 7,7-mm-Maschinengewehr an der Backbordseite des Vorderrumpfes, ein vorwärts gerichtetes 7,7-mm-Maschinengewehr am Bug, zwei 7,7-mm-Maschinengewehre am Rumpfrücken, zwei 7,7-mm-Maschinengewehre am Rumpfbauch und eine Bombenlast von 1.814 kg

Handley Page Halifax

Die Halifax war neben der Lancaster in der zweiten Hälfte des 2. Weltkrieges der zweite schwere Bomber neben der Lancaster in der britischen Luftwaffe. Sie war ein vielseitiges Kampfflugzeug, unternahm Seeaufklärungs- und Transportfunktionen und wurde als Maschine für Luftlandetruppen eingesetzt. Den beiden Modellen, von denen das erste im Oktober 1939 zum ersten Mal flog, folgten die Halifax Mk I (84 Stück in drei Serien), die im November 1940 mit 1.280 PS (954 kW) starken Rolls-Royce-Merlin-X-V-Motoren in Betrieb genommen wurde, und die Halifax Mk II (1.977 Flugzeuge in drei Serien) mit 1.390 PS (1.036 kW) starken Merlin-XX- oder XXII-Motoren. Bei der Halifax Mk III wechselte man zu Bristol-Hercules-Sternmotoren; von fünf Herstellern wurden 2.091 Maschinen produziert. Die Halifax Mk V, von der 904 von zwei Herstellern in drei Serien gebaut wurden, war eine verbesserte Mk II und wurde sowohl als Bomber als auch als Seeaufklärer geliefert. Das abgebildete Flugzeug hat die Markierungen einer Aufklärereinheit.

Herkunftsland:	Großbritannien
Typ:	(Halifax Mk III) siebensitziger schwerer Bomber
Triebwerk:	vier 14-Zylinder-Doppelsternmotoren Bristol Hercules VI oder XVI mit 1.615 PS (1.204 kW)
Leistung:	Höchstgeschwindigkeit 454 km/h; Steigleistung 6.095m in 37 min, 30 sek; Dienstgipfelhöhe 7.315 m; Reichweite 3.194 km mit einer Bombenlast von 3.175 kg
Gewicht:	Leermasse 19.278 kg; max. Startmasse 29.484 kg
Abmessungen:	Spannweite 30,07 m oder bei späteren Flugzeugen 31,59 m; Länge 21,74 m; Höhe 6,12 m
Bewaffnung:	ein lenkbares, vorwärts gerichtetes 7,7-mm-Maschinengewehr an der Rumpfnase, vier lenkbare 7,7-mm-Maschinengewehre in der Rückenkanzel, vier lenkbare 7,7-mm-Maschinengewehre in der Heckkanzel sowie eine interne Bombenlast von 6.577 kg

Handley Page Halifax (Spezial)

Aufgrund der leichten Überlegenheit der Lancaster über die Halifax als Nachtjäger wurden einige frühe Halifax-Maschinen für andere Aufgaben umgestaltet. Halifax A.Mk III z. B. war die Bezeichnung für Mk-III-Bomber, während Halifax C.Mk III für Mk-III-Bomber stand, die zu Truppentransportern umgewandelt wurden, mit Unterbringungsmöglichkeiten im Rumpf von bis zu 24 Passagieren. Die Halifax Mk III wurde auch für Geheimeinsätze benutzt; zwei Spezialeinheiten (Nr. 138 und 161) setzten den Typ für die Überführung von Agenten und den Transport von Ausrüstung durch Fallschirmspringer über deutsch besetztem Gebiet ein. Das Bomberkommando Nr. 100 setzte umgebaute Halifax-Bomber für elektronische Gegenmaßnahmen ein, um die deutschen Radar- und Funksysteme zu stören und damit die konventionellen Einsätze zu unterstützen.

Herkunftsland:	Großbritannien
Typ:	siebensitziges Flugzeug für elektronische Gegenmaßnahmen
Triebwerk:	vier 14-Zylinder-Doppelsternmotoren Bristol Hercules VI oder XVI mit 1.615 PS (1.204 kW)
Leistung:	Höchstgeschwindigkeit 454 km/h; Steigleistung 6.095 m in 37 min, 30 sek; Dienstgipfelhöhe 7.315m; Reichweite 3.194 km
Gewicht:	Leermasse 19.278 kg; max. Startmasse 29.484 kg
Abmessungen:	Spannweite 31,59 m; Länge 21,74 m; Höhe 6,12 m
Bewaffnung:	ein lenkbares, vorwärts gerichtetes 7,7-mm-Maschinengewehr an der Rumpfnase, vier lenkbare 7,7-mm-Maschinengewehre in der Rückenkanzel und vier lenkbare 7,7-mm-Maschinengewehre in der Heckkanzel

Handley Page Halifax B Mk VI

Die Halifax B.Mk VI wurde zuerst im Oktober 1944 geflogen und in einer Anzahl von 467 Flugzeugen gebaut. Sie war eine verbesserte Halifax Mk III, gedacht für Einsätze in Südostasien und daher mit einem stärkeren Triebwerk und größerer Tankkapazität ausgestattet. Etliche Maschinen wurden später umgebaut zum Halifax-C.Mk-VI-Transporter für 24 Passagiere sowie zu den See- und meteorologischen Aufklärern Halifax GR.Mk VI und Met.Mk VI. Weitere 193 Flugzeuge wurden zu Hercules-B.Mk-VII-Maschinen mit 1.615 PS (1.204 kW) starken Hercules-XVI-Motoren umgebaut. Es entstand auch der Transporter Halifax C.Mk VII für 24 Passagiere. Die Halifax A.Mk VII (234 Flugzeuge) war ein Schleppflugzeug, und einige der Maschinen wurden später zu den Halifax-C.Mk-VII-Transportern für 24 Passagiere umgebaut, während die Halifax C.Mk VIII (96 Flugzeuge) 11 Passagiere umterbringen konnte. Nach dem Ende des 2. Weltkrieges wurden weitere Modelle eingeführt.

Herkunftsland:	Großbritannien
Typ:	(Halifax B.Mk VI) siebensitziger schwerer Bomber
Triebwerk:	vier 14-Zylinder-Doppelsternmotoren Bristol Hercules 100 mit 1.675 PS (1.249 kW)
Leistung:	Höchstgeschwindigkeit 502 km/h; Steigleistung 6.095 m in 50 min; Dienstgipfelhöhe 6.705 m; Reichweite 2.028 km mit maximaler Bombenlast
Gewicht:	Leermasse 17.690 kg; max. Startmasse 30.845 kg
Abmessungen:	Spannweite 31,75 m; Länge 21,82 m; Höhe 6,32 m
Bewaffnung:	ein lenkbares, vorwärts gerichtetes 7,7-mm-Maschinengewehr in der Rumpfnase, vier lenkbare 7,7-mm-Maschinengewehre in der Rückenkanzel, vier lenkbare 7,7-mm-Maschinengewehre in der Heckkanzel, eine interne und externe Bombenlast von 6.577 kg

Hawker Fury Mk I/II

Die Fury Mk I wurde 1931 als erstes britisches Jagdflugzeug, das schneller als 322 km/h war, in Betrieb genommen. Anschließend baute Hawker als Privatunternehmen die Intermediate Fury und die High-Speed Fury als Testflugzeuge für verbesserte Elemente. Diese beiden Flugzeuge bahnten den Weg für die Fury Mk II, eine Weiterentwicklung der Fury Mk I mit verkleideten Rädern und dem verstärkten Kestrel-VI-Motor, dessen um 20 % höhere Leistung die Geschwindigkeit um 8 % und die Steigleistung um 34 % erhöhte. Die Fury Mk II wurde als Provisorium akzeptiert, und von Anfang 1937 an wurden 98 Stück für den Einsatz bei fünf Staffeln der britischen Luftwaffe fertig gestellt. Nachdem sie 1939 aus dem Verkehr gezogen wurden, lagerte man die meisten Maschinen ein. Im vorhergehenden Jahr wurden 24 Stück nach Südafrika verschifft, wo sie drei Staffeln ausrüsteten, die 1940–1941 für mögliche Einsätze gegen die Italiener bereitstanden. Das Bild zeigt eine Fury Mk I der Staffel Nr. 1 (F), stationiert 1936–1937 in Tangmere .

Herkunftsland:	Großbritannien
Typ:	(Fury Mk II) einsitziges Jagdflugzeug
Triebwerk:	ein 12-Zylinder-V-Motor Rolls-Royce Kestrel VI mit 640 PS (477 kW)
Leistung:	Höchstgeschwindigkeit 359 km/h; Steigleistung 3.050 m in 3 min, 50 sek; Dienstgipfelhöhe 8.990 m; Reichweite 434,5 km
Gewicht:	Leermasse 1.240 kg; max. Startmasse 1.637 kg
Abmessungen:	Spannweite 9,14 m; Länge 8,15 m; Höhe 3,1 m
Bewaffnung:	zwei vorwärts gerichtete 7,7-mm-Maschinengewehre im oberen Teil des Vorderrumpfs

Hawker Hart

Auf eine Ausschreibung von 1926 für einen schnellen Tagbomber als Nachfolgemodell der Airco (de Havilland) D.H.9A und der Fairey Fawn hin wurde die Hart konstruiert, ein klassisches Kampfflugzeug, das in den späten 20er Jahren Bedeutung erlangte und höhere Stückzahlen des Grundmodells und der abgewandelten Modelle nach sich zog als alle anderen britischen Kampfflugzeuge in der Zeit zwischen den Kriegen. Der Entwurf basierte auf dem Konzept bestmöglicher Aerodynamik, und das Modell absolvierte im Juni 1928 seinen Jungfernflug. Es folgten 450 Hart-Bomber, neun Hart-Kommunikations- und 507 Hart-Übungsflugzeuge sowie einige Maschinen für den Export. Darunter waren auch zehn Übungsflugzeuge mit Doppelsteuerung, die für die österreichische Luftwaffe gebaut wurden, bei der sie die Bezeichnung Demon Mk II erhielten. Die Hart wurde in Großbritannien von den wichtigen Aufgaben 1938 abgezogen, wurde aber nach wie vor als Übungsflugzeug eingesetzt. Einige Flugzeuge waren bis 1943 im Mittleren Osten und Ostafrika im Einsatz.

Herkunftsland:	Großbritannien
Typ:	(Hart Bomber) zweisitziger leichter Tagbomber
Triebwerk:	ein 12-Zylinder-V-Motor Rolls-Royce Kestrel IB oder XDR mit 525 PS (391 kW)
Leistung:	Höchstgeschwindigkeit 296 km/h; Steigleistung 3.050 m in 8 min; Dienstgipfelhöhe 6.510 m; Reichweite 756 km
Gewicht:	Leermasse 1.148 kg; max. Startmasse 2.066 kg
Leistung:	Spannweite 11,35 m; Länge 8,94 m; Höhe 3,17 m
Bewaffnung:	ein vorwärts gerichtetes 7,7-mm-Maschinengewehr in der Backbordseite des Vorderrumpfs, ein lenkbares, rückwärts gerichtetes 7,7-mm-Maschinengewehr im hinteren Cockpit sowie eine externe Bombenlast von 263 kg

Hawker Hurricane Mk I

Obwohl die Spitfire als „das“ britische Jagdflugzeug gilt, war die robuste Hurricane in größeren Zahlen im Einsatz und schoss mehr gegnerische Flugzeuge ab als alle anderen Maschinen. Die Hurricane war der erste Eindecker, der in den 30er Jahren in Großbritannien in Betrieb genommen wurde. Der Entwurf von Sidney Camm war technisch nicht so fortgeschritten wie die Spitfire und hatte eine wenig belastbare Gewebe-Außenhaut. Das Modell machte im November 1935 seinen Erstflug, und die Hurricane Mk I wurde Ende 1937 mit einem zweiblättrigen, nicht höhenverstellbaren Propeller in Betrieb genommen, der später durch einen dreiblättrigen mit stabiler Geschwindigkeit ersetzt wurde. Der Typ rüstete beim Ausbruch des 2. Weltkrieges 19 Staffeln aus und flog im August 1940 bei 29 Staffeln. Es wurden rund 3.650 Flugzeuge produziert, darunter 40, 489 bzw. 150 Exemplare der in Kanada gebauten Mk I, X bzw. XI.

Herkunftsland:	Großbritannien
Typ:	(Hurricane Mk I) einsitziges Jagdflugzeug
Triebwerk:	ein 12-Zylinder-V-Motor Rolls-Royce Merlin III mit 1.030 PS (768 kW)
Leistung:	Höchstgeschwindigkeit 521 km/h; Steigleistung 5.670 m in 6 min, 18 sek; Dienstgipfelhöhe 10.120 m; Reichweite 716 km
Gewicht:	Leermasse 2.308 kg; max. Startmasse 3.024 kg
Abmessungen:	Spannweite 12,19 m; Länge 9,55 m; Höhe 4,07 m
Bewaffnung:	acht vorwärts gerichtete 7,7-mm-Maschinengewehre an den Eintrittskanten der Flügel

Hawker Hurricane Mk II

Hawker wandte sich 1939 der Konstruktion einer verbesserten Hurricane Mk II mit stärkerem Triebwerk, schwererer Bewaffnung und Verbesserungen wie mit Metall beschichteten Flügeln, dreiblättrigem Propeller und besserer Panzerung zu. Diese Elemente wurden auch für spätere Mk-I-Flugzeuge übernommen. Es wurden mehr als 7.500 Mk-II-Maschinen produziert, die von September 1940 an im Einsatz waren, und zwar in Varianten wie der Mk IIA mit acht 7,7-mm-Maschinengewehren, der Mk IIB mit 12 7,7-mm-Maschinengewehren, der Mk IIC mit vier 20-mm-Kanonen und 454 kg externer Bombenlast und der Mk IID zur Panzerbekämpfung, von der nur wenige gebaut wurden. So markierte die Mk II den Übergang der Hurricane zum Jagdbomber, und viele der Flugzeuge wurden für den Einsatz in Nordafrika und im Fernen Osten mit einem speziellen Vergaserfilter gegen Sand tropenfest gemacht. In Kanada wurden noch 248 Mk-XII- und 150 Mk-XIIA-Maschinen als Entsprechungen zur Mk IIB und Mk IIC gebaut.

Herkunftsland:	Großbritannien
Typ:	(Hurricane Mk IID) einsitziges Panzerbekämpfungsflugzeug
Triebwerk:	ein 12-Zylinder-V-Motor Rolls-Royce Merlin XX mit 1.460 PS (1.088,5 kW)
Leistung:	Höchstgeschwindigkeit 518 km/h; Steigleistung 6.095 m in 12 min, 24 sek; Dienstgipfelhöhe 9.785 m; Reichweite 1.448 km
Gewicht:	Leermasse 2.586 kg; normale Startmasse 3.493 kg; max. Startmasse 3.674 kg
Abmessungen:	Spannweite 12,19 m; Länge 9,81 m; Höhe 3,98 m
Bewaffnung:	zwei vorwärts gerichtete 40-mm-Kanonen unter den Tragflächen, zwei vorwärts gerichtete 7,7-mm-Maschinengewehre an den Eintrittskanten der Flügel

Hawker Hurricane Mk IV

Als letztes britisches Modell debutierte die Hurricane Mk IV 1943 mit der Bezeichnung Hurricane Mk IIE (die für die ersten 270 der 794 Flugzeuge gebraucht wurde). Sie entsprach im Wesentlichen der Hurricane Mk II mit dem Merlin-24- oder Merlin-27-Motor, 159 kg zusätzlicher Panzerung und einem Universalflügel, der das Flugzeug für Tiefangriffe optimieren konnte. Im Flügel saßen zwei 7,7-mm-Maschinengewehre; darüber hinaus war er mit Einrichtungen für entweder zwei 40-mm-Kanonen, zwei Bomben von bis zu 227 kg, zwei kleinen Bombenträgern, acht 76-mm-Luft-Boden-Raketen mit einem jeweils 27 kg schweren Gefechtskopf oder zwei raucherzeugenden Installationen versehen. Die Hurricane Mk IV war das letzte Modell in britischen Diensten; 1946 wurde das letzte Exemplar aus dem Verkehr gezogen. Das abgebildete Flugzeug ist eine Mk IV mit schweren Panzerbekämpfungsraketen unter den Flügeln, die das Flugzeug beim Abfeuern beträchtlich verlangsamten.

Herkunftsland:	Großbritannien
Typ:	(Hurricane Mk IV) einsitziger Tiefangriffsjäger
Triebwerk:	ein 12-Zylinder-V-Motor Rolls-Royce Merlin 24 oder 27 mit 1.620 PS (1.208 kW)
Leistung:	Höchstgeschwindigkeit 531 km/h; Steigleistung 6.095 m in 9 min, 18 sek; Dienstgipfelhöhe 9.935 m; Reichweite 1.464,5 km
Gewicht:	Leermasse 2.790 kg; max. Startmasse 3.833 kg
Abmessungen:	Spannweite 12,19 m; Länge 9,81 m; Höhe 3,98 m
Bewaffnung:	zwei vorwärts gerichtete 7,7-mm-Maschinengewehre an den Eintrittskanten der Flügel sowie eine externe Bomben- oder Raketenlast von 454 kg

Hawker Tempest Mk II

Als die Tempest Mk V in Produktion ging, drängte Hawker zur Entwicklung verbesserter Modelle, insbesondere der Tempest Mk II mit dem Centaurus-Sternmotor. Dieses erste Modell flog im Juni 1943 mit dem originalen Typhoon-Leitwerk, aber dem neuen Typ der einteiligen, gleitenden Kabinenhaube. Die Entwicklung des Triebwerks erwies sich als schwierig, und die erste von schließlich 472 Tempest-Mk-II-Maschinen wurde im Oktober 1944 fertig gestellt, nachdem man von einem Gloucester- zu einem Bristol-Motor gewechselt hatte. Die spätere Produktion wurde von Hawker übernommen. Das letzte der ungefähr 300 Flugzeuge wurde nach dem 2. Weltkrieg nicht mehr als Jagdflugzeug, sondern als Jagdbomber gebaut. Die Flugzeuge wurden kurz nach dem Ende des 2. Weltkrieges in Betrieb genommen. Das Flugzeug auf der Abbildung ist eine Tempest Mk II der 54. Staffel der britischen Luftwaffe, die 1946 ihren Stützpunkt in Chilbolton hatte. 1947–1948 nahmen Indien 89 und Pakistan 24 ähnliche Flugzeuge ab.

Herkunftsland:	Großbritannien
Typ:	(Tempest Mk II) einsitziger Jäger und Jagdbomber
Triebwerk:	ein 18-Zylinder-Doppelsternmotor Bristol Centaurus V mit 2.590 PS (1.931 kW)
Leistung:	Höchstgeschwindigkeit 708 km/h; Steigleistung 6.095 m in 6 min, 20 sek; Reichweite 2.736 km
Gewicht:	Leermasse 4.218 kg; normale Startmasse 5.352 kg; max. Startmasse 6.305 kg
Abmessungen:	Spannweite 12,49 m; Länge 10,49 m; Höhe 4,42 m
Bewaffnung:	vier vorwärts gerichtete 20-mm-Kanonen an den Eintrittskanten der Flügel sowie eine externe Bomben- und Raketenlast von 907 kg

Hawker Tempest Mk V

Die Tempest war das dritte Jagdflugzeug von Hawker, das im 2. Weltkrieg eingesetzt wurde. Sie war zwar nicht so bekannt wie ihre Vorgänger Hurricane und Typhoon, erwies sich jedoch in verschiedenen Produktionsvarianten mit luft- und flüssigkeitsgekühlten Motoren als sehr anpassungsfähig. Geplant war sie als Jagdflugzeug für die Rolle des Abfangjägers, an der die Typhoon gescheitert war. Die Tempest war ihr im Großen und Ganzen ähnlich, abgesehen von ihren bedeutend dünneren Flügeln und dem längeren Rumpf. Ihr Modell absolvierte im September 1942 mit dem Kühler der Typhooon seinen Erstflug. Als Tempest Mk V wurde der Typ im April 1944 in Betrieb genommen. Die Tempest-Mk-V-Serie 1 (100 Flugzeuge) hatte vorstehende Kanonenmündungen. Die Kanonenmündungen der Tempest-Mk-V-Serie 2 (700 Flugzeuge) waren jedoch auf gleicher Ebene mit den Eintrittskanten der Flügel. Nach dem Krieg wurden einige Maschinen zu Zielschleppern umgewandelt und erhielten die Bezeichnung Tempest TT.Mk 5.

Herkunftsland:	Großbritannien
Typ:	(Tempest Mk V) einsitziger Jäger und Jagdbomber
Triebwerk:	ein 24-Zylinder-H-Motor Napier Sabre IIA, IIB oder IIC mit 2.260 PS (1.685 kW)
Leistung:	Höchstgeschwindigkeit 700 km/h; Steigleistung 6.095 m in 6 min, 6 sek; Dienstgipfelhöhe 10.975 m; Reichweite 2.092 km
Gewicht:	Leermasse 4.854 kg; normale Startmasse 5.221 kg; max. Startmasse 6.187 kg
Abmessungen:	Spannweite 12,5 m; Länge 10,26 m; Höhe 4,9 m
Bewaffnung:	vier vorwärts gerichtete 20-mm-Kanonen in den Eintrittskanten der Flügel sowie eine externe Bomben- und Raketenlast von 907 kg

Hawker Typhoon Mk IA

Die Typhoon war als Bodenkampfunterstützung im 2. Weltkrieg erfolgreich. In anderer Hinsicht kann man sie jedoch auch als Fehlschlag bezeichnen – schließlich war sie als schwer bewaffneter Abfangjäger geplant worden, der die Hawker Hurricane und Supermarine Spitfire, die Eindecker-Jagdflugzeuge der britischen Luftwaffe aus der ersten Generation, ablösen sollte. Die Typhoon, ein frei tragender Tiefdecker mit einer Außenhaut, die fast ganz aus Metall war, und einziehbarem Heckfahrwerk, wurde schließlich in zwei Formen geplant: mit dem flüssigkeitsgekühlten Napier-Sabre-H-Motor und dem luftgekühlten Bristol-Centaurus-Sternmotor; aus der zweiten Version wurde dann die Tempest. Als Modell flog die Typhoon erstmalig bereits am 24 Februar 1940, in der Mk-IA-Form (105 Flugzeuge) jedoch nicht vor Mai 1941; in Betrieb genommen wurde sie im Juni desselben Jahres. Zunächst wies sie jedoch eine Konstruktionsschwäche im Heck und eine eher mittelmäßige Höhenleistung wegen der dicken Flügel auf.

Herkunftsland:	Großbritannien
Typ:	(Mk 1A) einsitziger Abfangjäger
Triebwerk:	ein 24-Zylinder-H-Motor Napier Sabre I mit 2.100 PS (1.566 kW)
Leistung:	Höchstgeschwindigkeit etwa 663 km/h; Steigleistung 4.570 m in 5 min, 50 sek; Dienstgipfelhöhe 10.730 m; Reichweite 821 km mit Normalbenzin
Gewicht:	Leermasse 4.445 kg; normale Startmasse 5.171 kg
Abmessungen:	Spannweite 12,67 m; Länge 9,73 m; Höhe 4,67 m
Bewaffnung:	zwölf vorwärts gerichtete 7,7-mm-Maschinengewehre mit 500 Durchläufen pro Gewehr im Flügel

Hawker Typhoon Mk IB

Die endgültige Version der Typhoon war die Typhoon Mk IB. Die vorwärts gerichtete Bewaffnung wurde verändert und bestand jetzt aus vier 20-mm-Kanonen mit 140 Durchläufen pro Geschütz im Flügel. Der ursprüngliche Typ der eingerahmten Kabinenhaube mit einer Seitentür wurde von 1943 an ersetzt durch einen durchsichtigen, stromlinienförmigen Baldachin mit einem hinteren Zugangsbereich, und der Sabre I-Motor wich dem stärkeren und etwas weniger störungsanfälligen Sabre II, der meist einen vier- statt dreiblättrigen Propeller antrieb. Während dieser Umbauten wurde klar, dass die Typhoon einen hervorragenden Tiefangriffsjäger abgeben würde, der die deutschen Jagdbomber besiegen könnte, und dass man die Typhoon Mk IB auch offensiv einsetzen könnte, wenn man sie mit Aufhängungen für Bomben oder Pylonen unter den Flügeln ausrüsten würde. Eine Nachtjägerversion der Typhoon, die Nf.Mk IB, wurde zusammen mit einigen FR.Mk-IB-Aufklärern gebaut.

Herkunftsland:	Großbritannien
Typ:	einsitziger Tiefangriffs- und Bodenkampfunterstützungs-Jagdbomber
Triebwerk:	ein 24-Zylinder-H-Motor Napier Sabre IIA mit 2.180 PS (1.625,5 kW) oder Sabre IIB mit 2.200 PS (1.640 kW) oder Sabre IIC mit 2.260 PS (1.685 kW)
Leistung:	Höchstgeschwindigkeit 663 km/h; Steigleistung 4.570 m in 5 min, 50 sek; Dienstgipfelhöhe 10.730 m; Reichweite 1.577 km mit Pylonen
Gewicht:	Leermasse 4.445 kg; normale Starmasse 5.171 kg; max. Startmasse 6.010 kg
Abmessungen:	Spannweite 12,67 m; Länge 9,73 m; Höhe 4,67 m
Bewaffnung:	vier vorwärts gerichtete 20-mm-Kanonen in den Eintrittskanten der Flügel sowie eine externe Bombenlast von 907 kg

Hawker Typhoon Mk IB

Erst mit der Einführung abnehmbarer Geschütze unter den Flügeln wurde der effektive Einsatz der Typhoon Mk IB als Bodenkampfunterstützung möglich. Hier waren es die beiden Aufhängungen für zunächst zwei 454- oder 227-kg-Bomben oder alternativ zwei Pylonen für zusätzliche Reichweite. 1943 waren diese Aufhängungen für Gestelle mit vier nicht lenkbaren 7,62-mm-Luft-Boden-Raketen mit einem 27 kg schweren Gefechtskopf tauglich. Diese Raketen wurden bei Eisenbahnstrecken, gegen bewaffnete Fahrzeuge und gegen leichte Schiffe eingesetzt. In den Kämpfen von 1944 wurde die Typhoon in einer Art „Taxi"-System eingesetzt, d. h. als bereitstehende Patrouillen. Die Produktion der Typhoon erreichte 3.315 Flugzeuge, die bei 32 Staffeln im Einsatz waren. Einige Maschinen wurden Einheiten der kanadischen und der neuseeländischen Luftwaffe zugeteilt, die in Europa im Einsatz waren.

Herkunftsland:	Großbritannien
Typ:	einsitziger Tiefangriffs- und Bodenkampfunterstützungs-Jagdbomber
Triebwerk:	ein 24-Zylinder-H-Motor Napier Sabre IIA mit 2.180 PS (1.625,5 kW) oder Sabre IIB mit 2.200 PS (1.640 kW) oder Sabre IIC mit 2.260 PS (1.685 kW)
Leistung:	Höchstgeschwindigkeit 663 km/h; Steigleistung 4.570 m in 5 min, 50 sek; Dienstgipfelhöhe 10.730 m; Reichweite 1.577 km mit Pylonen
Gewicht:	Leermasse 4.445 kg; normale Startmasse 5.171 kg; max. Startmasse 6.010 kg
Abmessungen:	Spannweite 12,67 m; Länge 9,73 m; Höhe 4,67 m
Bewaffnung:	vier vorwärts gerichtete 20-mm-Kanonen in den Eintrittskanten der Flügel, eine externe Bomben- oder Raketenlast von 907 kg

Heinkel He 59

Auf eine Ausschreibung für einen Torpedobomber und Aufklärer, der sich problemlos sowohl auf einem Fahrgestell mit Rädern als auch auf zwei Gleitkufen fortbewegen können sollte, wurde 1930 die He 59 entworfen. Obwohl das Landflugzeug He 59b bereits im September 1931 flugbereit war, bahnte erst das Wasserflugzeugmodell He 59a den Weg für die Neuentwicklung der He 59B, von der 142 Stück in drei Varianten geliefert wurden. Später wurden die He 59C-1, ein unbewaffnetes Übungsflugzeug, das Luft- bzw. Seenotrettungsflugzeug He 59C-2, die He 59D-1, ein kombiniertes Übungsflugzeug und ASR-Modell, das Torpedobomber-Übungsflugzeug He 59E-1, das Aufklärungs-Übungsflugzeug He 59E-2 und das Navigations-Übungsflugzeug He 59N als Abwandlungen der He 59D-1 gebaut. Die Übungsmodelle blieben etwas länger im Dienst als die Einsatzflugzeuge; 1944 jedoch war keines mehr in Betrieb. Einige Maschinen wurden 1936 von der Legion Condor in Spanien eingesetzt. Das Bild zeigt eine Heinkel He 59D-1 der deutschen Luftwaffe von 1940.

Herkunftsland:	Deutschland
Typ:	(He 59B-2) viersitziges Seeaufklärungs- und Torpedobomber-Wasserflugzeug mit Einrichtungen für Navigationsübungen und zur Luft- und Seenotrettung
Triebwerk:	zwei 12-Zylinder-V-Motoren BMW VI 6,0 ZU mit 660 PS (492 kW)
Leistung:	Höchstgeschwindigkeit 220 km/h; Steigleistung 2.000 m in 11 min, 12 sek; Dienstgipfelhöhe 3.500 m; Reichweite 1.530 km
Gewicht:	Leermasse 5.000 kg; max. Startmasse 9.100 kg
Abmessungen:	Spannweite 23,7 m; Länge 17,4 m; Höhe 7,1 m
Bewaffnung:	ein lenkbares, vorwärts gerichtetes 7,92-mm-Maschinengewehr in der Rumpfnase, ein lenkbares, rückwärts gerichtetes 7,92-mm-Maschinengewehr im Rumpfrücken, ein rückwärts gerichtetes 7,92-mm-Maschinengewehr im Rumpfbauch sowie eine Torpedo- und Bombenlast von 1.000 kg

Heinkel He 70 Blitz

Aus einer Ausschreibung der Deutschen Lufthansa von 1932 für ein Hochgeschwindigkeits-Passagier- und Postflugzeug entstand die He 70; ihr Modell absolvierte im Dezember 1932 den Erstflug. Dann wurde das Programm von der deutschen Luftwaffe übernommen, die in der He 70 einen Typ sah, der ideal für den Umbau zum provisorischen Kommunikationsflugzeug und Hochgeschwindigkeitsbomber geeignet war. Daraufhin wurden das vierte und fünfte Modell als Militärflugzeuge fertig gestellt. Das wiederum bereitete den Bau von 287 Flugzeugen vor. Das Flugzeug zur Nachrichtenübermittlung war das Modell He 70D, doch die Mehrzahl der Flugzeuge waren He 70E-Bomber und He 70F-Aufklärungsbomber. Die He 70 hatte ihr Einsatzdebüt als Bomber in Spanien im August 1936. Zu Beginn des 2. Weltkrieges dienten die übrig gebliebenen Flugzeuge jedoch nur noch als Kommunikations- und Übungsflugzeuge. Das Flugzeug auf der Abbildung trägt die Kennzeichen einer Kurierstaffel der Luftwaffe; es handelt sich um eine He 70F.

Herkunftsland:	Deutschland
Typ:	(He 70F-2) dreisitziger Aufklärungsbomber, im Allgemeinen zu Kommunikationszwecken genutzt
Triebwerk:	ein 12-Zylinder-V-Motor BMW VI 7,3 Z mit 750 PS (559 kW)
Leistung:	Höchstgeschwindigkeit 360 km/h; Steigleistung 1.000 m in 2 min, 30 sek; Dienstgipfelhöhe 5.485 m; Reichweite 1.250 km
Gewicht:	Leermasse 2.530 kg; max. Startmasse 3.640 kg
Abmessungen:	Spannweite 14,79 m; Länge 12 m; Höhe 3,1 m
Bewaffnung:	ein rückwärts gerichtetes 7,92-mm-Maschinengewehr im Rumpfrücken sowie eine interne Bombenlast von 300 kg

Heinkel He 100

Da es Heinkel mit der He 112 nicht gelungen war, den Auftrag für das erste Eindecker-Jagdflugzeug der Luftwaffe zu erhalten (das Reichsluftfahrtministerium hatte sich für das Konkurrenzprodukt Messerschmitt Bf 109 entschieden), begann man mit der Arbeit an einem fortgeschritteneren Jagdflugzeug. Das Ergebnis war die He 100, und das erste der 10 Modelle flog im Januar 1938. Es gab technische Probleme mit dem Verdunster-Kühlsystem, und erst im September 1939 absolvierte das erste von drei He-100D-0-Modellen und 12 He-100D-1-Maschinen mit größeren Seitenleitwerken seinen Erstflug. Es gab jedoch zu wenige DB-601-Motoren, welches zu mangelnder Nachfrage nach diesem Typ führte. Infolgedessen wurden die sechs bzw. drei Modelle an die ehemalige UdSSR und nach Japan verkauft, während die restlichen für die Abwehr der Heinkel-Fabrik verwendet wurden. Die He 100D-1, die auf der Abbildung zu sehen ist, trägt unechte Kennzeichen der Lufwaffe.

Herkunftsland:	Deutschland
Typ:	(He 100D-1) einsitziger Abfangjäger
Triebwerk:	ein hängender 12-Zylinder-V-Motor mit 1.175 PS (876 kW)
Leistung:	Höchstgeschwindigkeit 670 km/h; Steigleistung 6.000 m in 7 min, 48 sek; Dienstgipfelhöhe 11.000 m; Reichweite 1.010 km
Gewicht:	Leermasse 2.010 kg; max. Startmasse 2.500 kg
Abmessungen:	Spannweite 9,4 m; Länge 8,2 m; Höhe 3,6 m
Bewaffnung:	eine vorwärts gerichtete 20-mm-Kanone in einer Motorinstallation und entweder zwei vorwärts gerichtete 20-mm-Kanonen oder zwei vorwärts gerichtete 7,92-mm-Maschinengewehre in den Flügelansätzen

Heinkel He 111P

Die Heinkel He 111 war Deutschlands wichtigster mittelschwerer Bomber im 2. Weltkrieg. Obwohl sie deutlich sichtbar als Ziviltransporter entworfen wurde, war sie von 1936 an als He-111B-Bomber mit dem Daimler-Benz-601-Motor und einem konventionellen Vorderrumpf mit abgestuftem Cockpit bei den Luftstreitkräften im Dienst. Diesen 300 Flugzeugen folgten etwa 190-He-111E-Bomber mit Junkers-Jumo-211-Motoren und das nächste bedeutende Modell, das im Frühjahr 1939 in Betrieb genommen wurde, war die He 111P mit der asymmetrischen, voll verglasten Rumpfnase, die typisch für alle darauf folgenden He-111-Modelle war. Von der He 111P wurden etwa 400 Maschinen in Bomber- und Übungsflugzeug-Varianten von der He 111P-1 bis zur He 111P-6 gebaut. Sie war ein nützlicher Typ, dessen Produktion nur dadurch begrenzt wurde, dass der DB-601-Motor wieder für Jäger gebraucht wurde. Viele He-111P-6-Flugzeuge wurden später zu Schleppflugzeugen. In Spanien wurden während und nach dem Krieg 236 He-111H-Maschinen in Lizenz als CASA 2.111 gebaut.

Herkunftsland:	Deutschland
Typ:	(He 111P-2) viersitziger mittelschwerer Bomber
Triebwerk:	zwei 12-Zylinder-Motoren Daimler-Benz 601A-1 mit 1.100 PS (820 kW)
Leistung:	Höchstgeschwindigkeit 398 km/h; Steigleistung 4.500 m in 31 min, 18 sek; Dienstgipfelhöhe 8.000 m; Reichweite 2.400 km
Gewicht:	Leermasse 8.015 kg; max. Startmasse 13.500 kg
Abmessungen:	Spannweite 22,6 m; Länge 16,4 m; Höhe 3,4 m
Bewaffnung:	je ein 7,92-mm-Maschinengewehr in und auf der Rumpfnase, ein 7,92-mm-Maschinengewehr am Rumpfrücken, ein 7,92-mm-Maschinengewehr hinten an der Bauchgondel, zwei 7,92-mm-Maschinengewehre in den beiden Balkenpositionen, Einrichtungen für ein 7,92-mm-Maschinengewehr im Heckkonus, eine Bombenlast von 2.000 kg

Heinkel He 111H und He 111Z

Das endgültige Modell der He-111-Serie war die He 111H, die im Wesentlichen der He 111P mit einem veränderten Triebwerk von zwei Junkers-Jumo-11-Motoren entsprach. Die He 111H wurde 1939 in Betrieb genommen. Die Gesamtproduktion betrug etwa 6.150 Flugzeuge in Hauptvarianten zwischen der He 111H-1 und der He 111H-23. Für diese Flugzeuge waren ein immer leistungsfähigeres Triebwerk, höhere Kraftstoffkapazität, bessere Verteidigungs- und Angriffsfeuerkraft, zusätzliche Panzerung und Einrichtungen für alternative Funktionen wie Schiffsbekämpfung, Aufklärer, Raketentransport und -abschuss, Fallschirmspringer-Transporter und Schleppflugzeug charakteristisch. Durch den Schlepper Messerschmitt Me 321 Gigant wurde die Entwicklung der letzten Variante notwendig, der He 111Z (Zwilling), von der eine geringe Anzahl als zwei He-111H-6- oder He-111H-16-Flugzeugrahmen, die durch einen Mittelbereich mit einem fünften Motor verbunden waren, gebaut wurden.

Herkunftsland:	Deutschland
Typ:	(He 111H-16) fünfsitziger mittelschwerer Bomber
Triebwerk:	zwei 12-Zylinder-Motoren Junkers Jumo 211F-2 mit 1.350 PS (1.007 kW)
Leistung:	Höchstgeschwindigkeit 405 km/h; Steigleistung 4.000 m in 23 min, 30 sek; Dienstgipfelhöhe 8.500 m; Reichweite 1.930 km mit maximaler Bombenlast
Gewicht:	Leermasse 8.680 kg; max. Startmasse 14.000 kg
Abmessungen:	Spannweite 22,6 m; Länge 16,4 m; Höhe 3,4 m
Bewaffnung:	ein 7,92-mm-Maschinengewehr in und ein 7,92-mm-Maschinengewehr auf der Rumpfnase, ein 7,92-mm-Maschinengewehr am Rumpfrücken, ein 7,92-mm-Maschinengewehr hinten an der Bauchgondel, zwei 7,92-mm-Maschinengewehre in den beiden Balkenpositionen, ein 7,92-mm-Maschinengewehr im Heckkonus, eine Bombenlast von 2.500 kg

Heinkel He 112

Der größte Konkurrent für die Bf 109 bei dem Vertragsabschluss für den ersten Eindecker-Jäger der deutschen Luftwaffe war die He 112. Das erste von schließlich 12 Modellen machte im Sommer 1935 seinen Erstflug. Während des Programms wurden verschiedende Konstruktionen des Triebwerks, des Rumpfes, der Flügel und des Leitwerks untersucht. Die deutsche Luftwaffe entschied sich letztendlich für die Bf 109, aber das deutsche Luftfahrtministerium war so beeindruckt von dem Heinkel-Jäger, dass es 43 He-112B-0-Modelle in Auftrag gab, die bei einem Jagdflügel 1938 zum Einsatz kamen. Von den Flugzeugen wurden 17 für Einsatzauswertungen nach Spanien geschickt. Von den anderen verkaufte Deutschland jeweils 13 an Japan und Rumänien, welches auch 11 der 13 He-112B-1-Modelle erstand, die bis 1942 im Dienst waren. Auch Ungarn kaufte ein paar Exemplare. Auf dem Bild ist eine He-112B-0 von der III/JG 132 im August 1938.

Herkunftsland:	Deutschland
Typ:	(He 112B-1) einsitziger Jäger und Jagdbomber
Triebwerk:	ein hängender 12-Zylinder-V-Motor Junkers Jumo 210Ea mit 680 PS (507 kW)
Leistung:	Höchstgeschwindigkeit 510 km/h; Steigleistung 6.000 m in 9 min, 30 sek; Dienstgipfelhöhe 8.500 m; Reichweite 1.100 km
Gewicht:	Leermasse 1.620 kg; max. Startmasse 2.250 kg
Abmessungen:	Spannweite 9,1 m; Länge 9,3 m; Höhe 3,85 m
Bewaffnung:	zwei nach vorne gerichtete Kanonen in den Eintrittskanten der Flügel, zwei vorwärts gerichtete 7,92-mm-Maschinengewehre in den Seiten des Vorderrumpfs sowie eine externe Bombenlast von 60 kg

Heinkel He 115A/B

Nach einer Ausschreibung von 1935 für ein fortgeschrittenes Torpedobomber-Wasserflugzeug, das auch für eine Rcihe anderer Küstenrollen wie Minenleger und Aufklärer geeignet sein sollte, absolvierte die He 115 V1 (das erste von vier Modellen) ihren Jungfernflug im August 1937. Die He 115 wurde Anfang 1938 in Auftrag gegeben. Etwa 10 He-115A-0-Modelle wurden vom Sommer desselben Jahres an geliefert und bereiteten den Bau von 137 Flugzeugen vor. Das erste von ihnen war die He 115A (drei Nebenvarianten einschließlich einer für den Export); diesem folgte die He 115B mit verstärkter Konstruktion. Diese wiederum wurde hauptsächlich in zwei Versionen eingesetzt, die eine Reihe weniger bedeutender Nebenvarianten hervorbrachten, für Funktionen wie Torpedobomber, Minenleger oder Aufklärer. Viele dieser Flugzeuge wurden in Lizenz vom Weser Flugzeugbau produziert. Dieses Flugzeug war bei den Luftflotten Deutschlands, Großbritanniens und Schwedens im Dienst.

Herkunftsland:	Deutschland
Typ:	(He 115B-1) dreisitziges Allzweck-Küstenflugzeug und Torpedobomber-Wasserflugzeug
Triebwerk:	zwei 9-Zylinder-Sternmotoren BMW 132K mit 960 PS (716 kW)
Leistung:	Höchstgeschwindigkeit 295 km/h; Dienstgipfelhöhe 5.200 m; Reichweite 2.600 km
Gewicht:	Leermasse 6.715 kg; normale Startmasse 10.400 kg
Abmessungen:	Spannweite 22,28 m; Länge 17,3 m; Höhe 6,59 m
Bewaffnung:	ein lenkbares, vorwärts gerichtetes 7,92-mm-Maschinengewehr an der Rumpfnase, ein lenkbares, rückwärts gerichtetes 7,92-mm-Maschinengewehr am Rumpfrücken sowie eine externe und interne Torpedo-, Bomben- und Minenlast von 920 kg

Heinkel He 115C/D

Frühere Erfahrungen mit der He 115A/B legten den Schluss nahe, dass die Bewaffnung der jeweiligen Varianten zu leicht war, und Anfang 1940 wurde eines der Modelle mit einer 20-mm-Kanone statt des lenkbaren Maschinengewehrs in der Rumpfnase für verbesserte Angriffmöglichkeiten gegen leichte Schiffe nicht besonders erfolgreich getestet. Dies führte zur He-115C-1 mit einer vorwärts gerichteten 15-mm-Kanone als Ergänzung zu dem lenkbaren Maschinengewehr in der Rumpfnase, und ein einzelnes, rückwärts gerichtetes 7,92-mm-Maschinengewehr hinten in jeder Motorgondel, um Verfolgungsjäger abzuwehren. Daneben entstanden die He 115C-2 mit verstärkten Kufen, der Minenleger He 115C-3 und die He 115C-4 für den Einsatz in arktischen Gebieten. Viele der Maschinen wurden später zu Konvoi-Begleitern umgewandelt. He 115D war die Bezeichnung für eine Version mit zwei 1.600 PS (1.193 kW) starken BMW-801C-Motoren.

Herkunftsland:	Deutschland
Typ:	(He 115C-1) dreisitziges Küsten- und Torpedobomber-Wasserflugzeug
Triebwerk:	zwei 9-Zylinder-Sternmotoren BMW 132K mit 960 PS (716 kW)
Leistung:	Höchstgeschwindigkeit 300 km/h; Steigleistung 3.000 m in 22 min, 18 sek; Dienstgipfelhöhe 5.165 m; Reichweite 2.800 km
Gewicht:	Leermasse 6.870 kg; normale Startmasse 10.680 kg
Abmessungen:	Spannweite 22,28 m; Länge 17,3 m; Höhe 6,59 m
Bewaffnung:	eine vorwärts gerichtete 15-mm-Kanone an der unteren Backbordseite der Rumpfnase, ein rückwärts gerichtetes 7,92-mm-Maschinengewehr im hinteren Bereich der Motorgondeln, ein lenkbares, nach vorne gerichtetes 7,92-mm-Maschinengewehr an der Rumpfnase, ein rückwärts gerichtetes 7,92-mm-Maschinengewehr am Rumpfrücken sowie eine Torpedo-, Bomben- und Minenlast von 920 kg

Heinkel He 162 Salamander

Die He 162 war ein stimmiges Produkt. Nur 69 Tage lagen zwischen dem Beginn des Programms für die He 162 bis zum Jungfernflug des ersten von 30 Modellen im Dezember 1944. Sie war als Abfangjäger mit Turbostrahltriebwerk gedacht, der weitgehend aus vorhandenen Holzreserven gefertigt wurde, damit die Herstellung schneller und unkomplizierter vonstatten ging. Usprünglich plante man, pro Monat 4.000 Flugzeuge zu bauen. Bemerkenswert an der He 162 war die „Huckepack"-Installation ihres Motors. Mehr als 240 He-162A-Maschinen wurden fertig gestellt, doch die einzige Einheit, die sie auch einsetzte, wurde erst vier Tage vor Kriegsende gegründet. Auf dem Bild ist eine He 162A-2 der 3./JG 1 zu sehen, stationiert im Mai 1945 in Leck in Schleswig-Holstein.

Herkunftsland:	Deutschland
Typ:	(He 162A-2) einsitziger Abfangjäger
Triebwerk:	ein Turbostrahltriebwerk BMW 109-003E-1/2 Sturm mit 800 kp Schub
Leistung:	Höchstgeschwindigkeit 905 km/h; Anfangssteiggeschwindigkeit 594 m/min; Dienstgipfelhöhe 12.000 m; Reichweite 975 km
Gewicht:	Leermasse 1.663 kg; normale Startmasse 2.485 kg; max. Startmasse 2.605 kg
Abmessungen:	Spannweite 7,2 m; Länge 9,05 m; Höhe 2,6 m
Bewaffnung:	zwei vorwärts gerichtete 20-mm-Kanonen in den unteren Seiten des Vorderrumpfs

Heinkel He 177A-1/3 Greif

Zwar war die Greif ein potenziell leistungsstarkes Flugzeug, jedoch war die Produktion in Zeiten der Ressourcenknappheit in Deutschland schwierig. Der Typ war als Bomber gedacht, der eine große Bombenlast bei hoher Geschwindigkeit und in großer Höhe über eine lange Reichweite transportieren sollte. Um maximale Leistung aus einem viermotorigen Triebwerk durch die Reduktion von Luftwiderstand auf ein Minimum herauszuholen, beschloss man, die beiden Motoren an jedem Flügel an einen einzigen Propeller zu koppeln. Dieses gekoppelte Triebwerk litt an beträchtlichen technischen Problemen, die nie richtig behoben wurden, und hatte zahlreiche Motorenbrände während des Flugs zur Folge. Das erste von acht He-177-Modellen machte im Dezember 1939 seinen Erstflug und durch die langsame Entwicklung dauerte es bis zum Sommer 1942, bis 130 He-177A-1- und 170 He-177A-3-Maschinen in Betrieb genommen wurden.

Herkunftsland:	Deutschland
Typ:	(He 177A-1/R1 Greif) schwerer Bomber für fünf Passagiere
Triebwerk:	zwei 24-Zylinder-Motoren Daimler-Benz 606 (gekoppelt mit DB 601) mit 2.700 PS (2013 kW)
Leistung:	Höchstgeschwindigkeit 510 km/h; Dienstgipfelhöhe 7.000 m; Reichweite 1.200 km mit maximaler Bombenlast
Gewicht:	Leermasse 18.040 kg; max. Startmasse 30.000 kg
Abmessungen:	Spannweite 31,44 m; Länge 20,4 m; Höhe 6,39 m
Bewaffnung:	ein lenkbares, vorwärts gerichtetes 7,92-mm-Maschinengewehr an der Rumpfnase, eine lenkbare, vorwärts gerichtete 20-mm-Kanone in der Bauchgondel, zwei 7,92-mm-Maschinengewehre in der Bauchgondel, ein 13-mm-Maschinengewehr in einem ferngesteuerten Rückenkasten, ein 13-mm-Maschinengewehr am Heck sowie eine Bombenlast von 6.000 kg

Heinkel He 177A-5 Greif

Die He 177A-4 war ein nicht gebautes Höhenmodell, also die nächste Variante der Greif. Nach der He 177A-3 kam die He 177A-5. Darin wurde das verstärkte Triebwerk mit zwei gekoppelten DB-610-Motoren eingeführt. Das Flugzeug war für das Mitführen einer externen Bombenlast wie den LT-50-Torpedo, Hs-293-Luft-Boden-Raketen und die lenkbare FX-1400-Fritz X-Bombe optimiert und wies daher eine verstärkte Flügelkonstruktion und kürzere Beine am Fahrwerk auf. Darüber hinaus waren die Fowler-Klappen entlang der Innenbordbereiche der Flügel auf einer Ebene mit den Waffenaufhängungen. Insgesamt wurden 565 Flugzeuge in Nebenvarianten von der He 177A-5/R2 und R8 mit unterschiedlicher Bewaffnung hergestellt. Schließlich kamen noch sieben Umbauten der He 177A-5 als sechs He-177A-6-Maschinen für Langstrecken mit zusätzlicher Bewaffnung einschließlich eines Geschützturms und eine He-177A-7 mit DB 613-Motoren. Das abgebildete Flugzeug diente bei der KG 100, die über der Ostsee zur Schiffsbekämpfung eingesetzt wurde.

Herkunftsland:	Deutschland
Typ:	(He 177A-5/R2) sechssitziger schwerer Bomber und Schiffsbekämpfungsflugzeug
Triebwerk:	zwei 24-Zylinder-Motoren Daimler-Benz 610A/1/B-1 mit 3.100 PS (2.311 kW)
Leistung:	Höchstgeschwindigkeit 488 km/h; Steigleistung 6.095 m in 39 min; Dienstgipfelhöhe 8.000 m; Reichweite 5.500 km mit zwei Hs-293-Raketen
Gewicht:	Leermasse 16.800 kg; max. Startmasse 31.000 kg
Abmessungen:	Spannweite 31,44 m; Länge 22 m; Höhe 6,39 m
Bewaffnung:	ein lenkbares 7,92-mm-Maschinengewehr an der Rumpfnase, eine lenkbare 20-mm-Kanone, zwei lenkbare 7,92-mm-Maschinengewehre in der Bauchgondel, zwei 13-mm-MGs in ferngesteuerten Rückenkästen, eine 20-mm-Kanone im Heck, eine Bombenlast von 6.000 kg

Heinkel He 177A-5 Greif

Insgesamt lieferten Heinkel und Arado zusammen 565 He 177A-5-Maschinen, und deren Verdienste im Einsatz waren höher als die früherer Versionen. Die wichtigsten Luftwaffe-Einheiten, die von der He 177 Gebrauch gemacht haben, waren die KG 40 und die KG 100. Die A-6-Version, von der sechs Stück gebaut wurden, besaß eine unter Druck stehende Kabine. Trotzdem blieben die Probleme mit den Motoren ungelöst. Im Februar 1944 z. B. rollten 14 A-5-Maschinen zu einem Bombenangriff auf England aus. Als die Flugzeuge abhoben, zeigten sich bei einem schon mechanische Probleme, und acht weitere kehrten bald mit überhitzten oder brennenden Motoren zum Stützpunkt zurück. Nur vier von ihnen erreichten England, und von diesen wurden eins abgeschossen. Das Flugzeug auf der Abbildung ist eine A-5 von der II Gruppe, die mit einem Suchradar und Hs 293A-Raketen unter den Flügeln für Angriffe gegen Schiffe ausgerüstet ist.

Herkunftsland:	Deutschland
Typ:	(He 177A-5/R2) sechssitziger schwerer Bomber und Schiffsbekämpfungsflugzeug
Triebwerk:	zwei 24-Zylinder-Motoren Daimler-Benz 610A/1/B-1 mit 3.100 PS (2.311 kW)
Leistung:	Höchstgeschwindigkeit 488 km/h; Steigleistung 6.095 m in 39 min; Dienstgipfelhöhe 8.000 m; Reichweite 5.500 km mit zwei Hs-293-Raketen
Gewicht:	Leermasse 16.800 kg; max. Startmasse 31.000 kg
Abmessungen:	Spannweite 31,44 m; Länge 22 m; Höhe 6,39 m
Bewaffnung:	ein lenkbares 7,92-mm-Maschinengewehr an der Rumpfnase, eine lenkbare 20-mm-Kanone, zwei lenkbare 7,92-mm-Maschinengewehre in der Bauchgondel, zwei 13-mm-MGs in ferngesteuerten Rückenkästen, eine 20-mm-Kanone im Heck, eine Bombenlast von 6000 kg

Heinkel He 219 Uhu

Die Uhu galt als beste deutsche Nachtjäger im 2. Weltkrieg, dennoch wurden nur wenige gebaut. Das hatte seinen Grund in der Politik: Heinkel hatte den Typ auf eigenes Risiko weiterentwickelt und gebaut, obwohl er Anweisungen hatte, dies nicht zu tun. Der Entwurf der He 219 begann 1940 als Mehrzweck-Kampfflugzeug, und erst Ende 1941 wurde der Typ zu einem echten Nachtjäger. Das erste von 10 Modellen macht im November 1942 seinen Erstflug, und zu dem Zeitpunkt waren bereits Aufträge für 300 He 219A-Maschinen eingegangen, darunter zunächst 130 He-219A-0-Maschinen. Das erste Modell war die He 219A-2 und mehr als 150 He-219A-Maschinen wurden in Varianten bis zur He 219A-7 für beschränkten Gebrauch von Mitte 1943 an mit diversen Motoren und Bewaffnungen gebaut. Am 11. Juni 1943 schoss Major Werner Streib fünf Avro Lancasters in einem einzigen Einsatz ab, und in den ersten sechs Einsätzen seiner Einheit wurden 20 gegnerische Flugzeuge abgeschossen.

Herkunftsland:	Deutschland
Typ:	(He 219A-7/R1) zweisitziger Nachtjäger
Triebwerk:	zwei hängende 12-Zylinder V-Motoren Daimler-Benz DB 603G mit 1900 PS (1417 kW)
Leistung:	Höchstgeschwindigkeit 670 km/h; Anfangssteiggeschwindigkeit 552 m/min; Dienstgipfelhöhe 12.700 m; Reichweite 2.000 km
Gewicht:	Leermasse 11.200 kg; max. Startmasse 15.300 kg
Abmessungen:	Spannweite 18,5 m; Länge 15,54 m; Höhe 4,1 m
Bewaffnung:	zwei vorwärts gerichtete 30-mm-Kanonen in den Flügelansätzen, zwei vorwärts gerichtete 30-mm- und zwei 20-mm-Kanonen auf einer Schale im Rumpfbauch und zwei schräg nach oben/vorne gerichtete 30-mm-Kanonen im oberen Teil des Hinterrumpfes

Henschel Hs 129

Die Hs 129 wurde von Henschel für eine Ausschreibung vom Frühling 1937 entworfen, bei der ein Schlachtflugzeug gesucht wurde, das zwar klein, aber schwer gepanzert sein musste, da es zur Bodenkampfunterstützung der deutschen Truppen eingesetzt werden sollte. Heraus kam ein frei tragender Tiefdecker aus einer Ganzmetallkonstruktion, der im Frühling 1939 mit zwei 465 PS (347 kW) starken, hängenden Argus-As-410-V-Motoren seinen Erstflug machte. Aufgrund der mäßigen Leistung und Handhabung des Flugzeugs, ging die Entwicklung nur langsam voran, und erst im April 1942 wurde der Typ in der Hs-129B-1-Form mit verstärktem Triebwerk aus erbeuteten französischen Sternmotoren in Betrieb genommen. Das Flugzeug war immer noch zu schwach angetrieben, und die Motoren waren recht unzuverlässig sowie anfällig für Schäden in der Schlacht, aber der Bedarf an der Ostfront führte zu der Lieferung von 843 Hs-129B-Maschinen.

Herkunftsland:	Deutschland
Typ:	(Hs 129B-2) einsitziges Erdkampfunterstützungs- und Schiffsbekämpfungsflugzeug
Triebwerk:	zwei 14-Zylinder-Doppelsternmotoren Gnome-Rhône 14M-4/5 mit 700 PS (522 kW)
Leistung:	Höchstgeschwindigkeit 407 km/h; Anfangssteiggeschwindigkeit 486 m/min; Dienstgipfelhöhe 9.000 m; Reichweite 560 km mit einem Bündel unter dem Rumpf mit einer 30-mm-Kanone
Gewicht:	Leermasse 4.020 kg; max. Startmasse 5.250 kg
Abmessungen:	Spannweite 14,2 m; Länge 9,75 m; Höhe 3,25 m
Bewaffnung:	zwei vorwärts gerichtete 20-mm-Kanonen und zwei 13-mm-MGs in den oberen und unteren Rumpfseiten, Einrichtungen unter dem Rumpf für eine vorwärts gerichtete Kanone oder vier vorwärts gerichtete 7,92-mm-MGs sowie eine Bombenlast von 450 kg

Henschel Hs 129

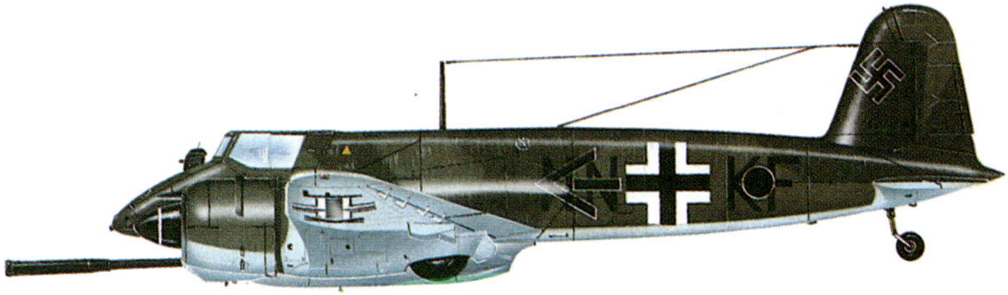

Die Hs 129B-2 erschien 1943 und war eine Weiterentwicklung der Hs 129B-1. Sie besaß als Standard alle die Verbesserungen, die im Lauf der Produktion der Hs 129B-1 erreicht worden waren. Bald nach Erscheinen des Flugzeugs wurden die Einrichtungen für zusätzliche Geschütze durch unter dem Rumpf angebrachte Anlagen für Panzerbekämpfungsgeschütze ersetzt. Daraus entstand die Nebenvariante Hs 129B-2/Wa, die zunächst mit einer 30-mm-MK 103-Kanone mit einem höheren Mündungsdruck als die MK 101 und dann mit der 37mm-BK-3,7-Kanone ausgestattet war. Deren Installation hatte die Entfernung der Maschinengewehre zur Folge, damit genügend Platz für die Munition der Kanone zur Verfügung stand. Anfang 1944 waren die 30-mm- und die 37-mm-Kanone nicht mehr wirksam gegen sowjetische Panzer. Die Bezeichnung Hs 129B-3/Wa wurde auf etwa 25 Hs-129B-2-Kampfflugzeuge übertragen, mit denen die Produktion forgeführt wurde; sie hatten eine 75-mm-BK-7,5-Panzerabwehrkanone (umgebaut von PaK 40L) in einem Bündel unter dem Rumpf.

Herkunftsland:	Deutschland
Typ:	(Hs 129B-3) einsitziges Bodenkampfunterstützungs- und Schiffsbekämpfungsflugzeug
Triebwerk:	zwei 14-Zylinder-Doppelsternmotoren Gnome-Rhône 14M-4/5 mit 700 PS (522 kW)
Leistung:	Höchstgeschwindigkeit 407 km/h; Anfangssteiggeschwindigkeit 486 m/min; Dienstgipfelhöhe 9.000 m; Reichweite 690 km ohne Außenstationen
Gewicht:	Leermasse 4.020 kg
Abmessungen:	Spannweite 14,2 m; Länge 9,75 m; Höhe 3,25 m
Bewaffnung:	zwei vorwärts gerichtete 20-mm-Kanonen in den oberen Rumpfseiten und Einrichtungen unter dem Rumpf für ein Bündel mit einer vorwärts gerichteten 75-mm-Kanone

Henschel Hs 123

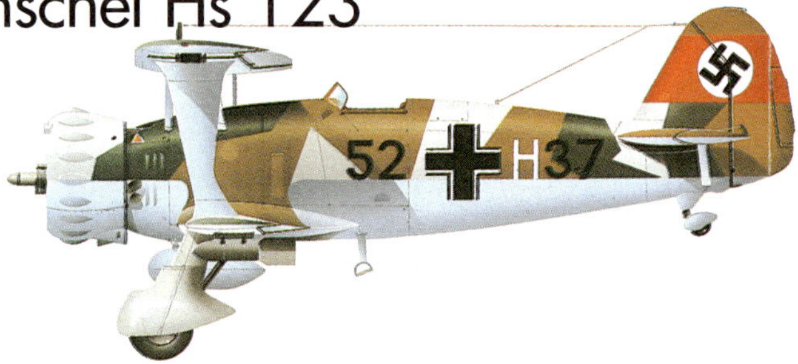

Die Hs 123 wurde 1934 entworfen und flog erstmals 1935. Seit 1936 in Betrieb, flog sie schließlich Einsätze im Spanischen Bürgerkrieg. Im Jahr 1939, zu Beginn des 2. Weltkrieges, war die Hs 123 technisch veraltet. Und doch spielte sie bei Deutschlands frühen Erfolgen eine Rolle und war noch 1945 eine wichtige Waffe gegen Partisanen. Die Hs 123 war ein Doppeldecker mit einem einzigen Schacht aus einer Gewebe überzogenen Metallkonstruktion, mit festem Fahrwerk und einem offenen Cockpit. Obwohl sie als Sturzbomber gedacht war, wurde sie im Allgemeinen zur Erdkampfunterstützung eingesetzt. Dort wogen ihre große Kraft, Wendigkeit und Stabilität als Geschützträger ihre bescheidene Leistung und vergleichsweise leichte Bewaffnung auf. Die Produktion von 604 Hs-123A-1-Maschinen wurde 1938 beendet, doch war der Typ so nützlich, dass während des 2. Weltkrieges der Ruf nach einer neuen Produktion des Modells wieder laut wurde. Abgebildet ist eine Hs 123A-1 vom 7. Stukageschwader 165 „Immelmann“, das Oktober 1937 in Fürstenfeldbruck stationiert war.

Herkunftsland:	Deutschland
Typ:	einsitziger Sturzbomber und Erdkampfunterstützungsflugzeug
Triebwerk:	ein 9-Zylinder-Sternmotor BMW 132A-3 mit 730 PS (544 kW)
Leistung:	Höchstgeschwindigkeit 290 km/h; Steigleistung 2.000 m in 4 min, 24 sek; Dienstgipfelhöhe 4.100 m; Reichweite 480 km mit einer Bombenlast von 200 kg
Gewicht:	Leermasse 1.420 kg; max. Startmasse 2.350 kg
Abmessungen:	Spannweite 10,5 m; Länge 8,66 m; Höhe 3,76 m
Bewaffnung:	zwei vorwärts gerichtete 7,92-mm-Maschinengewehre im oberen Teil des Vorderrumpfs sowie eine Bombenlast an den Außenstationen von 450 kg

Henschel Hs 126

Der ältere der beiden deutschen Aufklärer im 2. Weltkrieg war die Hs 126, ein Parasolflügel-Flugzeug, das Anfang 1935 seinen Erstflug machte. Drei Modelle und 10 provisorische Hs-126A-0-Maschinen bahnten den Weg für den Bau von etwa 800 Exemplaren der beiden Produktionsvarianten. Sie kamen 1938 bei den deutschen Streitkräften zum Einsatz, die 1938 an der Seite der Faschisten im Spanischen Bürgerkrieg kämpften. Diese Modelle waren die Hs 126A-1 mit dem 880 PS (656 kW) starken BMW-132Dc-Sternmotor und die Hs 126B-1. Die Hs 126 war bis 1942 an der Front im Einsatz und wurde anschließend als Schleppflugzeug und Nachtstörflugzeug verwendet, letzteres mit leichten Bomben in Gebieten wie dem Baltikum und dem Balkan. Die Abbildung zeigt eine der Hs-126B-1-Maschinen, die zur 2. (H)/Aufklärungsgruppe 31 gehörten; sie war 1941 bzw. 1942 an der Ostfront im Einsatz.

Herkunftsland:	Deutschland
Typ:	(Hs 126B-1) zweisitziges taktisches Aufklärungs- und Kooperationsflugzeug
Triebwerk:	ein 9-Zylinder-Sternmotor BMW-Bramo 323A-1 oder Q-1 Fafnir mit 850 PS (634 kW)
Leistung:	Höchstgeschwindigkeit 355 km/h; Steigleistung 4.000 m in 7 min, 12 sek; Dienstgipfelhöhe 8.230 m; Reichweite 720 km
Gewicht:	Leermasse 2.032 kg; max. Startmasse 3.270 kg
Abmessungen:	Spannweite 14,5 m; Länge 10,85 m; Höhe 3,75 m
Bewaffnung:	ein vorwärts gerichtetes 7,92-mm-Maschinengewehr im oberen Steuerbordbereich des Vorderrumpfs, ein rückwärts gerichtetes 7,92-mm-Maschinengewehr im hinteren Cockpit, eine externe Bombenlast von 150 kg

Ilyushin Il-4

Als DB-3f entworfen, absolvierte die Il-4 im Januar 1940 ihren Erstflug und wurde 1941 in Betrieb genommen. Sie war eine modernisierte Weiterentwicklung der DB-3M, optimiert für problemlose Produktion und Wartung am Einsatzort. Die Produktion der Il-4 lief bis 1944. Sie war mit einer Gesamtzahl von 5.256 Flugzeugen einer der wichtigsten mittelschweren Bomber der Sowjetunion im 2. Weltkrieg. Die ersten Flugzeuge waren von zwei 1.000 PS (746 kW) starken Tumanskii-M-88-Sternmotoren angetrieben, die jedoch bald von stärkeren Versionen ersetzt wurden. Andere Veränderungen während der Produktion waren etwa eine Vierer- statt Dreier-Besatzung, selbst abdichtende Tanks und Abwehrwaffen mit größerem Kaliber: Die 7,62-mm-Waffe im Geschützturm wurde durch ein 12,7-mm-Maschinengewehr und dann durch eine 20-mm-Kanone ersetzt, das Maschinengewehr in der Rumpfnase durch eine 20-mm-Kanone. Das Bild zeigt eine Illyushin Il-4 (DB-3F) eines Bomberregiments der Luftwaffe der Roten Armee von 1944.

Herkunftsland:	Russland
Typ:	viersitziger mittelschwerer Langstreckenbomber
Triebwerk:	zwei 14-Zylinder-Doppelsternmotoren Tumanskii M-88B mit 1.100 PS (820 kW)
Leistung:	Höchstgeschwindigkeit 420 km/h; Steigleistung 5.000 m in 12 min; Dienstgipfelhöhe 9.400 m; Reichweite 2.600 km mit einer Bombenlast von 1.000 kg
Gewicht:	Leermasse 5.800 kg; max. Startmasse 10.300 kg
Abmessungen:	Spannweite 21,44 m; Länge 14,8 m; Höhe 4,1 m
Bewaffnung:	ein lenkbares, vorwärts gerichtetes 7,62-mm-Maschinengewehr an der Rumpfnase, ein lenkbares 7,62-mm-Maschinengewehr in der Rückenkanzel, ein lenkbares, rückwärts gerichtetes 7,62-mm-Ma schinengewehr in der Bauchluke sowie eine interne Bombenlast von 2.700 kg

Ilyushin Il-2

Die Ilyushin Il-2 wurde in einer sehr großen Anzahl (36.150 Flugzeuge) und ebenfalls sehr schnell gebaut. Sie trug zum Sieg der Russen über die Deutschen 1945 bei. Der Typ wurde als einsitzige Il-2 drei Monate vor dem deutschen Angriff auf Russland im Juni 1941 in Betrieb genommen und war anfangs ein mittelmäßiges Kampfflugzeug mit einem 1.660 PS (1.238 kW) starken AM-38-Motor und einer Bewaffnung von zwei 20-mm-Kanonen und zwei 7,62-mm-Maschinengewehren sowie Bomben und 82-mm-Raketen. Die Maschine reifte zu einem gefährlichen Tiefangriffsbomber und wurde von den deutschen Bodentruppen gefürchtet. Der Il-2 folgten die Il-2M mit dem AM-38F-Motor und 23-mm-Kanonen, die Il-2M Tip 3, eine dreisitzige Version der Il-2M, um Einrichtungen für rückwärts gerichtete Verteidigung zu ermöglichen, und die Il-2M Tip 3M mit 37-mm- statt 23-mm-Kanonen für bessere Panzerangriffe. Auf dem Bild ist eine Il-2M Tip3 von Februar 1943 zu sehen, die eilig noch für die Stalingrad-Offensive eine Wintertarnung bekommen hatte.

Herkunftsland:	Russland
Typ:	(Il-2M Tip 3) zweisitziges Bodenkampfunterstützungs- und Schiffsbekämpfungsflugzeug
Triebwerk:	ein 12-Zylinder-V-Motor Mikulin AM-38F mit 1.770 PS (1.320 kW)
Leistung:	Höchstgeschwindigkeit 415 km/h; Steigleistung 5.000 m in 15 min; Dienstgipfelhöhe 6.000 m; Reichweite 800 km
Gewicht:	Leermasse 4.525 kg; max. Startmasse 6.360 kg
Abmessungen:	Spannweite 14,6 m; Länge 12 m; Höhe 3,4 m
Bewaffnung:	zwei vorwärts gerichtete 23-mm-Kanonen und zwei vorwärts gerichtete 7,62-mm-Maschinengewehre in den Eintrittskanten der Flügel, ein lenkbares, rückwärts gerichtetes 12,7-mm-Maschinengewehr im hinteren Cockpit sowie eine interne und externe Bomben- und Raketenlast von 1.000 kg

Ilyushin Il-10

Obwohl die Il-2 ein recht erfolgreiches Kampfflugzeug war, hielten ihre schon unter Beweis gestellten Fähigkeiten die Sowjets nicht davon ab, 1942 auf die Entwicklung eines verbesserten Tiefangriffs- und Panzerbekämpfungsflugzeugs zu drängen. Verschiedene Ilyushin-Modelle wurden ausgewertet, bevor man eine Entscheidung zugunsten der Il-10 traf. Dieses Flugzeug war sicherlich aus der Il-2 entstanden, besaß jedoch einen verbesserten Panzerschutz, einen leistungsfähigeren Motor, etwas kleinere Gesamtausmaße, bedeutend bessere Manövrierfähigkeit und eine höhere Leistung. Im August 1944 wurde die Produktion der Il-10 in Auftrag gegeben. Im November 1944 hatte sie die Il-2 vollständig in der Produktion abgelöst, und im Februar 1945 wurde sie in Betrieb genommen. Am Ende des 2. Weltkrieges waren etwa 3.500 Il-10-Maschinen fertig gestellt, und der Typ blieb noch lange in Produktion und in Betrieb. Das abgebildete Flugzeug trägt die Kennzeichen eines polnischen Luftangriffsregiments von 1951.

Herkunftsland:	Russland
Typ:	zweisitziges Erdkampfunterstützungs- und Schiffsbekämpfungsflugzeug
Triebwerk:	ein 12-Zylinder-V-Motor Mikulin AM-42 mit 2.000 PS (1.491 kW)
Leistung:	Höchstgeschwindigkeit 551 km/h; Steigleistung 5.000 m in 9 min, 42 sek; Dienstgipfelhöhe 7.250 m; Reichweite 800 km
Gewicht:	Leermasse 4.680 kg; max. Startmasse 6.535 kg
Abmessungen:	Spannweite 13,4 m; Länge 11,1 m; Höhe 3,5 m
Bewaffnung:	zwei vorwärts gerichtete 37-mm-Kanonen und zwei vorwärts gerichtete 7,62-mm-Maschinengewehre oder vier vorwärts gerichtete 23-mm-Kanonen in den Eintrittskanten der Flügel, eine lenkbare, rückwärts gerichtete 20-mm-Kanone in der Rücken kanzel sowie eine interne und externe Bomben- und Raketenlast von 1000 kg

Junkers Ju 52/3m

Als Nachfolgemodell der Transporter W 33 und W 34 gedacht, war die Ju 52 von den späten 20er Jahren an als vergrößerte Version dieses Grundkonzeptes geplant worden und absolvierte im Oktober 1930 ihren Erstflug mit einem 725 PS (541 kW) starken BMW-VII-V-Motor. Die ersten gebauten Ju-52a- bis Ju-52d-Maschinen für den Zivilmarkt unterschieden sich nur im Motorentyp, doch mit der Ju 52/3m erschien ein dreimotoriges Triebwerk für größere Nutzlast und höhere Leistungen. Die Serie wurde in einer Zahl von etwa 4.850 Stück gebaut; die große Mehrheit dieser Flugzeuge waren für Militäraufträge bestimmt, in den Varianten Ju 52/3m ge und Ju 52/3m g14e. Die Ju 52/3m wurde anfangs als Bomber und Transporter gleichzeitig benutzt, im 2. Weltkrieg jedoch wurde sie zu einem Frachttransporter und einem Flugzeug für Luftlandetruppen, das an allen deutschen Schauplätzen bis Mai 1945 eingesetzt wurde. Das Flugzeug auf der Abbildung ist eine Ju 52/3m g6e, ausgerüstet mit einer großen Magnetschleife zum Minenräumen.

Herkunftsland:	Deutschland
Typ:	(Ju 52/3m g7e) dreisitziger Transporter mit Unterbringungsmöglichkeiten für 18 Passagiere oder Fracht
Triebwerk:	drei 9-Zylinder-Sternmotoren BMW 132T-2 mit 730 PS (544 kW)
Leistung:	Höchstgeschwindigkeit 286 km/h; Steigleistung 3.000 m in 17 min, 30 sek; Dienstgipfelhöhe 5.900 m; Reichweite 1.305 km
Gewicht:	Leermasse 6.500 kg; max. Startmasse 11.030 kg
Abmessungen:	Spannweite 29,2 m; Länge 18,9 m; Höhe 4,52 m
Bewaffnung:	ein lenkbares, rückwärts gerichtetes 13-mm- oder 7,92-mm-Maschinengewehr am hinteren Rumpfrücken, Einrichtungen für ein lenkbares 7,92-mm-Maschinengewehr am vorderen Rumpfrücken und ein lenkbares, seitlich ausgerichtetes 7,92-mm-Maschinengewehr in jeder der beiden Balkenpositionen

Junkers Ju 52

Die hier abgebildete 18-sitzige Ju 52/3mg7e war die Hauptvariante der Produktion und hatte einen Autopiloten und breite Kabinentüren, um das Laden zu beschleunigen und damit Fallschirmspringer leichter abspringen konnten. Bei späteren Versionen waren die Radverkleidungen entfernt, da sie leicht durch Dreck verstopften. „Tante Ju", wie die deutschen Soldaten die Ju 52 nannten, bildete das Rückgrat der Transportflotte der Luftwaffe im ganzen 2. Weltkrieg und wurde an allen deutschen Kriegsschauplätzen eingesetzt. Auf dem Bild ist eine Ju 52/3m g7e der 2. Staffel, KGrzbV 1, die im Mai 1941, vor der Invasion Kretas, in Milos in Griechenland stationiert war. Bei der Operation „Quecksilber" wurde eine große Truppe von 493 Fallschirmjägern aus Ju-52-Maschinen abgeworfen, doch der Einsatz scheiterte daran, dass man sich über die Abwurfzone nicht im Klaren war und die Unterstützung für den ersten Angriff verzögert wurde. Ein Viertel der Fallschirmspringer wurde getötet, und über 170 Ju 52/3m-Maschinen waren verloren.

Herkunftsland:	Deutschland
Typ:	(Ju 52/3m g7e) dreisitziger Transporter mit Unterbringungsmöglichkeiten für 18 Passagiere oder Fracht
Triebwerk:	drei 9-Zylinder-Sternmotoren BMW 132T-2 mit 730 PS (544 kW)
Leistung:	Höchstgeschwindigkeit 286 km/h; Steigleistung 3.000 m in 17 min, 30 sek; Dienstgipfelhöhe 5.900 m; Reichweite 1.305 km
Gewicht:	Leermasse 6.500 kg; max. Startmasse 11.030 kg
Abmessungen:	Spannweite 29,2 m; Länge 18,9 m; Höhe 4,52 m
Bewaffnung:	ein lenkbares, rückwärts gerichtetes 13-mm- oder 7,92-mm-Maschinengewehr am hinteren Rumpfrücken, Einrichtungen für ein lenkbares 7,92-mm-Maschinengewehr am vorderen Rumpfrücken und ein lenkbares, seitlich ausgerichtetes 7,92-mm-Maschinengewehr in jeder der beiden Balkenpositionen

Junkers Ju 86

Die Junkers Ju 86 war als mittelschwerer Bomber geplant. Die ersten beiden Produktionsvarianten waren die Ju 86D und die Ju 86E, die im Frühjahr 1936 in Betrieb genommen wurden und sich in ihren Triebwerken unterschieden. Letztere hatte 810 PS (655 kW) starke BMW-132-Sternmotoren. Bei Einsätzen zeigte sich, dass die Leistung bescheiden war, also wurde der Typ zu den Ziviltransportern Ju 86B, Ju 86F und Ju 86Z sowie zu dem Übungs-Bomber Ju 86G und dem Ju-86K-Bomber für den Export weiterentwickelt. Die letzten Versionen waren die Ju 86P und die Ju 86R für große Höhen mit einer Druckkabine: Der Bomber Ju 86P hatte Jumo-207A-1-Motoren mit 950 PS (708 kW) und eine Spannweite von 25,6 m, während der Aufklärer Ju 86R Jumo-207B-3-Motoren mit 1.000 PS (746 kW) und eine Spannweite von 32 m für eine Flughöhe von 14.400 m hatte. Die Produktion belief sich auf 470 Flugzeuge. Auf dem Bild ist der mittelschwere Bomber Ju-86D-1 des 5. Kampfgeschwaders 254 zu sehen, das im September 1939 seinen Stützpunkt in Eschwege hatte.

Herkunftsland:	Deutschland
Typ:	(Ju 86D-1) viersitziger mittelschwerer Bomber
Triebwerk:	zwei Gegenkolben-Dieselmotoren Junkers Jumo 205C-4 mit 600 PS (447 kW)
Leistung:	Höchstgeschwindigkeit 325 km/h; Dienstgipfelhöhe 5.900 m; Reichweite 1.140 km mit maximaler Bombenlast
Gewicht:	Leermasse 5.800 kg; max. Startmasse 8.200 kg
Abmessungen:	Spannweite 22,5 m; Länge 17,57 m; Höhe 5,06 m
Bewaffnung:	ein lenkbares, vorwärts gerichtetes 7,92-mm-Maschinengewehr an der Rumpfnase, ein lenkbares, rückwärts gerichtetes 7,92-mm-Maschinengewehr am Rumpfrücken, ein lenkbares, rückwärts gerichtetes 7,92-mm-Maschinengewehr im einziehbaren Bauchkasten sowie eine interne Bombenlast von 1.000 kg

Junkers Ju 87B-1

Mit den umgekehrten Möwenflügeln, dem massiven Fahrwerk und den heulenden Sirenen ist die Ju 87 ein Synonym für die deutsche Luftwaffe zu Beginn des 2. Weltkriegs. Die Ju 87 war als „Stuka“ (kurz für „Sturzkampflugzeug“) geplant, aber der Name stand bald für den ganzen Typ. Die Stukas sollten eine „fliegende Artillerie“ darstellen und die bewaffneten Streitkräfte unterstützen. Die Ju 87 absolvierte 1935 mit einem doppelten Seitenleitwerk und einem britischen Motor ihren Erstflug. Später wurde sie jedoch zur Ju 87A (200 Flugzeuge) umgebaut und hatte ein einfaches Seitenleitwerk und den hängenden Junkers-Jumo-210-V-Motor mit 680 PS (507 kW). Die Ju 87A wurde im Frühjahr 1937 in Betrieb genommen. Sie wurde jedoch bald von der Ju 87B-1 verdrängt, dem ersten bedeutenden Modell mit einem beträchtlich verstärkten Motor, durch den die Leistung erhöht und die Bombenlast verdoppelt werden konnte.

Herkunftsland:	Deutschland
Typ:	zweisitziger Sturzbomber und Erdkampfunterstützungsflugzeug
Triebwerk:	ein hängender 12-Zylinder-V-Motor Junkers Jumo 211Da mit 1.200 PS (895 kW)
Leistung:	Höchstgeschwindigkeit 383 km/h; Steigleistung 2.000 m in 4 min, 18 sek; Dienstgipfelhöhe 8.000 m; Reichweite 790 km
Gewicht:	Leermasse 2.710 kg; max. Startmasse 4.340 kg
Abmessungen:	Spannweite 13,8 m; Länge 11,1 m; Höhe 4,01 m
Bewaffnung:	zwei vorwärts gerichtete 7,92-mm-Maschinengewehre in den Eintrittskanten der Flügel, ein lenkbares, rückwärts gerichtetes 7,92-mm-Maschinengewehr im hinteren Cockpit sowie eine Bombenlast an den Außenstationen von 500 kg

Junkers Ju 87B-2

Ende des Jahres 1939 war die Ju 87B-1 in der Produktion durch die Ju 87B-2 ersetzt worden, welche einzelne Auspufffedern mit Saugstrahlpumpe besaß, um den Schub zu vergrößern, hydraulisch statt manuell bediente Kühlergrills, einen verbesserten Propeller mit mit breitsehnigeren Blättern und eine Bombenlast von 1.000 kg, wenn man sie als Einsitzer flog. Unter den Nebenvarianten, bei denen Umbauelemente der Fabrik verwendet wurden, waren die Ju 87B-2/U2 mit verbessertem Funk, die Ju 87B-2/U3 mit zusätzlichem Panzerschutz und die Ju 87B-2/U4 mit Ski-Gleitkufen. Es gab auch eine Ju-87B-2/Trop-Version für den Einsatz in Nordafrika mit Sandfiltern und mit Ausrüstung zum Überleben in der Wüste. Sowohl dieses Modell als auch die Ju 87B-2 wurden an Italien geliefert (wo sie den Namen Picchiatello bekamen), während die Ju 87B-2 an Bulgarien, Ungarn und Rumänien geliefert wurde. Zu Beginn des 2. Weltkrieges hatte Deutschland 336 Ju-87B-Maschinen zur Verfügung.

Herkunftsland:	Deutschland
Typ:	zweisitziger Sturzbomber und Bodenkampfunterstützungsflugzeug
Triebwerk:	ein hängender 12-Zylinder-V-Motor Junkers Jumo 211Da mit 1.200 PS (895 kW)
Leistung:	Höchstgeschwindigkeit 383 km/h; Steigleistung 2.000 m in 4 min, 18 sek; Dienstgipfelhöhe 8.000 m; Reichweite 790 km
Gewicht:	Leermasse 2.710 kg; max. Startmasse 4.340 kg
Abmessungen:	Spannweite 13,8 m; Länge 11,1 m; Höhe 4,01 m
Bewaffnung:	zwei vorwärts gerichtete 7,92-mm-Maschinengewehre in den Eintrittskanten der Flügel, ein lenkbares, rückwärts gerichtetes 7,92-mm-Maschinengewehr im hinteren Cockpit sowie eine Bombenlast an den Außenstationen von 1.000 kg

Junkers Ju 87D

Im Frühjahr 1940 war der neue hängende Jumo-211J-1-V-Kolbenmotor einsatzbereit, und das Team von Junkers machte sich daran, eine Weiterentwicklung der Ju 87B mit diesem Motor zu entwerfen. Weitere Veränderungen in dieser neuen Variante waren eine vollständige Neugestaltung des Cockpits, um den Luftwiderstand zu verringern, geringere Gesamtmaße und verbesserte Hauptfahrwerk-Verkleidungen, eine erhöhte interne Tankkapazität, die Verbesserung des Schutzes für die Besatzungsmitglieder durch stärkere Panzerung, eine Verdoppelung der Abwehrfeuerkraft sowie die Verstärkung des unteren Rumpfes und der Rumpfgabel für den Transport einer 1.800 kg schweren Bombe. Es gab sieben Nebenvarianten der Ju 87D von der Ju 87D-1 bis zur Ju 87D-8 für verschiedene Funktionen vom Segelschlepper Ju 87D-2 bis zum Nacht-Tiefangriffsflugzeug Ju 87D-7.

Herkunftsland:	Deutschland
Typ:	(Ju 87D-1) zweisitziger Sturzbomber und Bodenkampfunterstützungflugzeug
Triebwerk:	ein hängender 12-Zylinder-Motor Junkers Jumo 211J-1 mit 1.400 PS (1.044 kW)
Leistung:	Höchstgeschwindigkeit 410 km/h; Steigleistung 5.000 m in 19 min, 48 sek; Dienstgipfelhöhe 7.300 m; Reichweite 1.535 km
Gewicht:	Leermasse 3.900 kg; max. Startmasse 6.600 kg
Abmessungen:	Spannweite 13,8 m; Länge 11,5 m; Höhe 3,88 m
Bewaffnung:	zwei nach vorne gerichtete 7,92-mm-Maschinengewehre in in den Eintrittskanten der Flügel, ein lenkbares 7,92-mm-Doppelrohr-Maschinengewehr im hinteren Cockpit sowie eine externe Bombenlast von 1.800 kg

Junkers Ju 87G

Als der deutschen Luftwaffe 1942 bewußt wurde, daß Standardbomben gegen die immer stärker bewaffneten Panzer des Gegners zunehmend wirkungslos wurden, stellte man Überlegungen an, wie man die Ju 87, der Hauptwaffe gegen Panzer, mit leistungsfähigeren Panzergeschützen ausrüsten könnte. Die Lösung war eine Hochgeschwindigkeitskanone, die ein relativ kleines Projektil abfeuerte. Die leichte 37-mm-Flak-18-Flugzeugabwehrwaffe wurde dazu ausgewählt und wurde nach der Umwandlung zur BK 3,7, die – mit ihrem Magazin und einer langen Auswurfrutsche für die leeren Hülsen – in einem Behälter unter dem Flügel der Ju 87 angebracht war. Dieser befand sich vor dem Hauptfahrwerk an Aufhängungen, die eigentlich für Bomben gedacht waren. An einem Umbau der Ju 87D-3 wurde das Konzept bestätigt, und die neue Bewaffnung erschien an der Ju 87G-1, die im Herbst 1942 in Betrieb genommen wurde. Sie war die letzte Einsatzversion der Stuka; die Gesamtproduktion aller Versionen zusammen betrug 5.700.

Herkunftsland:	Deutschland
Typ:	zweisitziges Panzerbekämpfungs- und Bodenkampfunterstützungsflugzeug
Triebwerk:	ein hängender 12-Zylinder-V-Motor Junkers Jumo 211J-1 mit 1.400 PS (1.044 kW)
Leistung:	Höchstgeschwindigkeit 410 km/h; Steigleistung 5.000 m in 19 min, 48 sek; Dienstgipfelhöhe 7.300 m; Reichweite 1.535 km
Gewicht:	Leermasse 3.900 kg
Abmessungen:	Spannweite 13,8 m; Länge 11,5 m; Höhe 3,88 m
Bewaffnung:	zwei vorwärts gerichtete 7,92-mm-Maschinengewehre in in den Eintrittskanten der Flügel, eine lenkbares 7,92-mm-Doppelrohr-Maschinengewehr im hinteren Cockpit, zwei 37-mm-Kanonen unter den Tragflächen sowie Einrichtungen für eine externe Bombenlast als Alternative zu den Kanonen

Junkers Ju 87R

Die Ju 87R wurde parallel zur Ju 87B produziert und war eine Langstreckenversion der Ju 87B für Schiffsbekämpfungs- und andere Einsätze von langer Dauer. Die wichtigsten Veränderungen in der Ju 87R waren eine neue Konstruktion der äußeren Tragflächen für zwei 150-l-Tanks, die das standardmäßige Paar von 240-l-Tanks in den Innenbord-Tragflächen ersetzten, und senkrechte Aufhängungen unter dem äußeren Flügel für zwei 300-l-Abwurfbehälter statt des Quartetts von 50-kg-Bomben, so dass die Bombenlast lediglich aus einem 250-kg-Geschütz bestand. Die Ju 87R wurde im Frühjahr 1940 eingeschränkt in Betrieb genommen und wurde in vier Nebenvarianten von der Ju 87R-1 bis zur Ju 87R-4 produziert – diese entsprachen der Reihe von der Ju 87B-1 bis zur Ju 87B-4. Während der Schlacht von England und in späteren Phasen des Krieges an der Ostfront zeigte sich, dass die Stuka verwundbar war, besonders wenn sie keinen Begleitschutz durch Jagdflugzeuge hatte.

Herkunftsland:	Deutschland
Typ:	zweisitziger Sturzbomber
Triebwerk:	ein hängender 12-Zylinder-V-Motor Junkers Jumo 211Da mit 1.200 PS (895 kW)
Leistung:	Höchstgeschwindigkeit 383 km/h; Steigleistung 2.000 m in 4 min, 18 sek; Dienstgipfelhöhe 8.000 m
Gewicht:	Leermasse 3.187 kg
Abmessungen:	Spannweite 13,8 m; Länge 11,1 m; Höhe 4,01 m
Bewaffnung:	zwei vorwärts gerichtete 7,92-mm-Maschinengewehre in den Eintrittskanten der Flügel, ein lenkbares, rückwärts gerichtetes 7,92-mm-Maschinengewehr im hinteren Cockpit sowie eine externe Bombenlast von 500 kg

Junkers Ju 88A, D, H, S und T

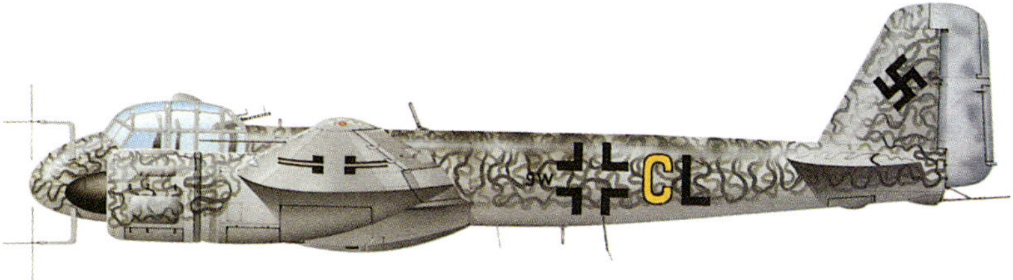

Die Ju 88 rivalisierte mit der Mosquito als das vielseitigste Flugzeug des 2. Weltkriegs. Geplant war sie als Hochgeschwindigkeits-Tiefangriffs- und Sturzbomber und absolvierte ihren Erstflug im Dezember 1936. Im Laufe des Jahres 1939 wurde sie in Betrieb genommen. Das wichtigste Modell war die Ju 88A, von der über 7000 in Varianten bis zur Ju 88A-17 mit stetig stärkeren Motoren, vegrößertem Abwehrfeuer und verbesserter Angriffsfähigkeit geliefert wurden. Die Ju 88D war ein Langstrecken-Aufklärer; ihre Lieferungen erreichten etwa 1.450 Stück. Die Ju 88H war ein weiteres Aufklärungsmodell, von dem eine kleinere Anzahl mit 1.700 PS (1.267,5 kW) starken BMW-801-Sternmotoren fertig gestellt wurden. Die Ju 88S diente als Hochgeschwindigkeitsbomber, der in geringer Stückzahl mit Stern- oder V-Motoren gebaut wurde. Die Ju 88T hatte die Funktion eines Aufklärers, der aus der Ju 88S entstanden war. Die Gesamtzahl von 15.000 Ju-88-Maschinen spiegelt die Bedeutung dieses Typs wider.

Herkunftsland:	Deutschland
Typ:	(Ju 88A-4) viersitziger Hochgeschwindigkeits-Sturzbomber
Triebwerk:	zwei 12-Zylinder-Motoren Junkers Jumo 211J-1/2 mit 1.340 PS (999 kW)
Leistung:	Höchstgeschwindigkeit 470 km/h; Steigleistung 5.400 m in 23 min; Dienstgipfelhöhe 8.200 m; Reichweite 2.730 km
Gewicht:	Leermasse 9.860 kg; max. Startmasse 14.000 kg
Abmessungen:	Spannweite 20 m; Länge 14,4 m; Höhe 4,85 m
Bewaffnung:	ein lenkbares, vorwärts gerichtetes 7,92-mm-Maschinengewehr in der Windschutzscheibe, ein 13-mm- oder zwei vorwärts gerichtete 7,92-mm-MGs an der Rumpfnase, zwei 7,92-mm-MGs im hinteren Cockpitbereich, eine 13-mm- oder zwei lenkbare, rückwärts gerichtete 7,92-mm-MGs hinten in der Gondel unter der Rumpfnase sowie eine Bombenlast von 2.500 kg

Junkers Ju 88G

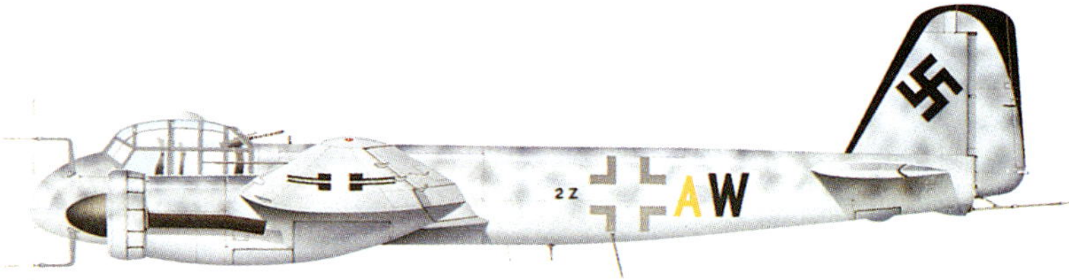

Nach ihrem Erscheinen im Jahr 1942 erwies sich die Ju 88C-6 als wirksam als erster Nachtjäger im Rahmen des Entwicklungsprogramms für schwere Ju-88C-Jagdflugzeuge. Trotzdem erkannte man schon früh, dass die zusätzliche Ausstattung unvermeidlich sowohl das Gewicht als auch den Luftwiderstand erhöhen und außerdem die Leistung beeinträchtigen würde. Aus dieser Situation heraus kam es zur Entwicklung und im Frühjahr 1943 zum Erscheinen des Ju 88-V58- bzw. Ju-88G-V1-Modells eines bedeutend verbesserten Nachtjägers. Dieses Modell entsprach einer umgebauten Ju 88R mit dem eckigeren Leitwerk der Ju 188. Darauf folgten über 2.800 Flugzeuge in den Varianten Ju 88G-1, G-4, G-6 und G-7; von den letzten beiden gab es drei Nebenvarianten mit unterschiedlichem Radar und Bewaffnung. Eingesetzt wurden sie von Sommer 1944 an. Auf der Abbildung ist eine Ju-88G-7a der IV/NJG 6 im Winter 1944/1945 zu sehen; das Heck ist zur Täuschung wie das einer Ju 88C bemalt.

Herkunftsland:	Deutschland
Typ:	(Ju 88G-7b) vierssitziger Nachtjäger
Triebwerk:	zwei hängende 12-Zylinder-V-Motoren Junkers Jumo 213E mit 1.725 PS (1.286 kW)
Leistung:	Höchstgeschwindigkeit 626 km/h; Steigleistung 9.200 m in 26 min, 24 sek; Dienstgipfelhöhe 10.000 m; Reichweite 2.250 km
Gewicht:	normale Startmasse 13.110 kg; max. Startmasse 13.825 kg oder 14.765 kg mit Überlast
Abmessungen:	Spannweite 20,08 m; Länge 15,55 m oder mit Heckwarnungsradar, 16,36 m; Höhe 4,85 m
Bewaffnung:	vier vorwärts gerichtete 20-mm-Kanonen auf einer Schale am Rumpfbauch, zwei schräg nach oben/vorne gerichtete 20-mm-Kanonen im Hinterrumpf und ein 13-mm-Maschinengewehr im hinteren Cockpitbereich

Junkers Ju 188

Bei Kriegsausbruch war der Entwurf der Ju 288 als Nachfolgemodell der Ju 88 schon weit fortgeschritten, doch 1941 wurde aufgrund der Verzögerungen des Ju-288-Programms ein provisorischer Nachfolger benötigt. Man entschied sich für die Ju 188, die aus dem Modell der Ju 88B entstanden war und 1940 ihren Erstflug absolviert hatte. Die Ju 188 wurde 1942 in Betrieb genommen, und bei der Produktion von etwa 1.100 Flugzeugen wurden u. a. der Bomber Ju 188A mit zwei 1.776 PS (1.324 kW) starken Junkers-Jumo-213A-Motoren, die Ju 188D – eine Aufklärer-Version der Ju 188A, der Bomber Ju 188E mit Stern- statt V-Motoren, die Ju 188F – eine Aufklärer-Version der Ju 188E, der Höhen-Intruder Ju 188S und der Höhenaufklärer Ju 188T gebaut. Viele andere Varianten wurden getestet oder für verschiedene Funktionen wie als Nachtjäger oder Schlechtwetter-Abfangjäger geplant. Die Abbildung zeigt eine der Ju-188D-2-Maschinen, die zur 1.(F)/124 gehörten; sie war 1944 in Kirkenes im nördlichen Finnland stationiert.

Herkunftsland:	Deutschland
Typ:	(Ju 188E-1) viersitziger mittelschwerer Bomber
Triebwerk:	zwei 14-Zylinder-Doppelsternmotoren BMW 801D-2 mit 1.677 PS (1.250 kW)
Leistung:	Höchstgeschwindigkeit 544 km/h; Steigleistung 6.000 m in 17 min, 24 sek; Dienstgipfelhöhe 10.100 m; Reichweite 2.480 km mit einer Bombenlast von 1.500 kg
Gewicht:	Leermasse 9.410 kg; max. Startmasse 14.570 kg
Abmessungen:	Spannweite 22 m; Länge 15,06 m; Höhe 4,46 m
Bewaffnung:	eine lenkbare, vorwärts gerichtete 20-mm-Kanone an der Rumpfnase, ein 13-mm-Maschinengewehr in der Rückenkanzel, ein nach hinten gerichtetes 13-mm-Maschinengewehr im hinteren Cockpitbereich, ein 7,92-mm-Doppelrohr-Maschinengewehr in einer Gondel unter der Rumpfnase sowie eine Bombenlast von 3.000 kg

Kawanishi N1K-J Shiden „George"

Die Shiden entstand, als das Kawanishi-Team im Dezember 1941 zu der Überzeugung kam, dass das Jagd-Wasserflugzeug N1K1 Kyofu, das seinen Erstflug noch vor sich hatte, genügend Potenzial für eine Landflugzeug-Variante besaß. Es folgten neun Modelle, deren erstes im Dezember 1942 zu Beginn eines sich lange hinziehenden Testprogramms seinen Erstflug absolvierte. Schließlich wurden 1.098 N1K1-J-Maschinen in drei Nebenvarianten gebaut, die sich in der Bewaffnung unterschieden. Diese wurden 1944 in Betrieb genommen und später durch 415 Exemplare der zwei Nebenvarianten der N1K2-J ergänzt, deren Rumpf und Leitwerk verändert war; zudem war der Flügel von mittlerer auf eine niedrigere Position gestellt, um ein kürzeres Hauptfahrwerk einsetzen zu können. Die N1K erwies sich als effektives Jagdflugzeug, obwohl der unzuverlässige Motor Probleme verursachte. Die Abbildung zeigt eine N1K2-J KAI aus später Produktion; sie gehörte 1945 dem 343. Kokutai der japanischen Marineluftwaffe an.

Herkunftsland:	Japan
Typ:	(N1K1-J) einsitziger Jäger und Jagdbomber
Triebwerk:	ein 18-Zylinder-Doppelsternmotor Nakajima NK9H Homare 21 mit 1.990 PS (1.557 kW)
Leistung:	Höchstgeschwindigkeit 581 km/h; Steigleistung 6.000 m in 7 min, 50 sek; Dienstgipfelhöhe 12.500 m; Reichweite 2.544 km
Gewicht:	Leermasse 2.897 kg; max. Startmasse 4.321 kg
Abmessungen:	Spannweite 12 m; Länge 8,88 m; Höhe 4,06 m
Bewaffnung:	zwei vorwärts gerichtete 20-mm-Kanonen in den Eintrittskanten der Flügel, zwei vorwärts gerichtete 20-mm-Kanonen in Gondeln unter den Tragflächen, zwei vorwärts gerichtete 7,7-mm-Maschinengewehre im Vorderrumpf sowie eine externe Bombenlast von 120 kg

Kawanishi H6K „Mavis“

Das Flugboot H6K entstand auf eine Ausschreibung von 1933 und war eines der besten Flugzeuge der japanischen Marine zu Beginn des Pazifikfeldzuges im 2. Weltkrieg. Der nützliche Typ blieb den ganzen Krieg hindurch im Einsatz. Er wurde durch die Kawanishi H8K „Emily“ zwar ergänzt, jedoch nie ganz abgelöst. Das erste von vier Modellen machte im Juli 1936 seinen Erstflug, und erfolgreiche Tests führten zum Bau der H6K2, von der 10 fertig gestellt und von Januar 1938 an mit vier 1.000 PS (746 kW) starken Mitsubishi-Kinsei-43-Sternmotoren in Betrieb waren. Die weitere Produktion umfasste 127 Exemplare der H6K4 mit veränderter Bewaffnung und – in einigen Flugzeugen – einem stärkeren Motor, sowie 36 Maschinen der H6K5 mit höherer Leistung. Niedrigere Varianten waren der Transporter H6K2-L (16 Stück), der VIP-Transporter H6K3 (zwei Stück) und der Transporter H6K4-L (20 Stück), von denen viele bis zum Ende des Kriegs im Dienst blieben. Auf dem Bild ist eine H6K5 der japanischen Marineluftwaffe zu sehen.

Herkunftsland:	Japan
Typ:	(H6K5) neunsitziges Seeaufklärungs-Wasserflugzeug
Triebwerk:	vier 14-Zylinder-Doppelsternmotoren Mitsubishi Kinsei 51/53 mit 1.300 PS (969 kW)
Leistung:	Höchstgeschwindigkeit 385 km/h; Steigleistung 5.000 m in 13 min, 23 sek; Dienstgipfelhöhe 9.560 m; Reichweite 6.772 km
Gewicht:	Leermasse 12.380 kg; max. Startmasse 23.000 kg
Abmessungen:	Spannweite 40 m; Länge 25,63 m; Höhe 6,27 m
Bewaffnung:	eine lenkbare, rückwärts gerichtete 20-mm-Kanone in der Heckkanzel, ein 7,7-mm-Maschinengewehr in der Bugkanzel, ein nach hinten gerichtetes 7,7-mm-Maschinengewehr am Rumpfrücken, zwei lenkbare, seitlich ausgerichtete 7,7-mm-Maschinengewehre an den Radarkuppeln sowie eine Torpedo- und Bombenlast von 1.600 kg

Kawasaki Ki-61 Hien „Tony"

Die Hien unterschied sich von anderen japanischen Flugzeugen des 2. Weltkrieges, da sie von einem hängenden V-Kolbenmotor angetrieben wurde. Dabei handelte es sich um ein Kawasaki-Ha-40-Element, eine in Lizenz gebaute Version des deutschen Daimler-Benz-601A-Motors. Das erste von 12 Modellen machte im Dezember 1941 seinen Erstflug und zeigte dabei ausgezeichnete Leistungen und gute Handhabung. Die Ki-61-I wurde im Februar 1943 in Betrieb genommen. Die Lieferung betrug 1.380 Flugzeuge in zwei Nebenvarianten, die sich in der Bewaffnung unterschieden, bevor die 1.274 Ki-61-Kai-Jagdflugzeuge mit längerem Rumpf und anderer Bewaffnung erschienen. Die weitere Entwicklung führte zu der Ki-61-II-Kai, die mit dem Kawasaki-Ha-140-Motor für Einsätze in großer Höhe optimiert war. Von dieser wurden 374 Maschinen in zwei Nebenvarianten geliefert, die sich wiederum in der Bewaffnung unterschieden.

Herkunftsland:	Japan
Typ:	(Ki-61-Ib) einsitziges Jagdflugzeug
Triebwerk:	ein hängender 12-Zylinder-V-Motor Kawasaki Ha-40 (Typ 2) mit 1.175 PS (876 kW)
Leistung:	Höchstgeschwindigkeit 592 km/h; Steigleistung 5.000 m in 5 min, 31 sek; Dienstgipfelhöhe 11.600 m; Reichweite 1.100 km
Gewicht:	Leermasse 2.210 kg; normale Startmasse 2.950 kg; max. Startmasse 3.250 kg
Abmessungen:	Spannweite 12 m; Länge 8,75 m; Höhe 3,7 m
Bewaffnung:	zwei vorwärts gerichtete 12,7-mm-Maschinengewehre im oberen Teil des Vorderrumpfs und zwei vorwärts gerichtete 12,7-mm-Maschinengewehre in den Eintrittskanten der Flügel

Kawasaki Ki-45 Toryu „Nick"

Die Ki-45 Toryu wurde auf eine Ausschreibung von 1937 entworfen und war ein doppelmotoriges Kampfflugzeug, das eines der wichtigsten Flugzeuge der japanischen Luftwaffe werden sollte. Das erste von sechs Modellen und 12 provisorischen Maschinen flog im Januar 1939, doch brauchte es noch einige Entwicklung, bis der Typ im Herbst 1942 mit 1.050 PS (783 kW) starken Nakajima-Ha-25-Sternmotoren als Ki-45-Kai-a-Jagdflugzeug und Ki-45-Kai-b-Tiefangriffs-/Schiffsbekämpfungsflugzeug in Dienst genommen werden konnte. Die Ki-45 Kai-c war eine Nachtjägerentwicklung und besaß Mitsubishi-Motoren, während die Ki-45 Kai-d ein Tiefangriffs-/Schiffsbekämpfungsflugzeug mit veränderter Bewaffnung war; sie hatte Einrichtungen für eine Bombenlast von 500 kg. Die Produktion der Ki-45 Kai-c erreichte 477 Maschinen, die der drei Varianten zusammen 1.198 Maschinen. Die Abbildung zeigt eine Ki-45 KAI-c des 53. Sentai der japanischen Luftwaffe, stationiert Anfang 1945 in Matsudo in Chiba zur Verteidigung des Festlandes.

Herkunftsland:	Japan
Typ:	(Ki-45 Kai-c) zweisitziger Nachtjäger
Triebwerk:	zwei Zylinder-Doppelsternmotoren 1080 Mitsubishi Ha-102 (Typ 1) mit 1.080 PS (805 kW)
Leistung:	Höchstgeschwindigkeit 540 km/h; Steigleistung 5.000 m in 7 min; Dienstgipfelhöhe 10.000 m; Reichweite 2.000 km
Gewicht:	Leermasse 4.000 kg; max. Startmasse 5.500 kg
Abmessungen:	Spannweite 15,02 m; Länge 11 m; Höhe 3,7 m
Bewaffnung:	eine vorwärts gerichtete 37-mm-Kanone an der Unterseite des Vorderrumpfes, zwei schräg nach oben/hinten gerichtete 20-mm-Kanonen im Mittelrumpf, ein lenkbares, rückwärts gerichtetes 7,92-mm-Maschinengewehr im hinteren Cockpit sowie eine Bombenlast von 500 kg

Kawasaki Ki-100

Die Ki-61-II Kai war eigentlich ein gutes Jagdflugzeug für extreme Höhen, litt jedoch an der Unzuverlässigkeit des Kawasaki-Ha-140 V-Motors und an einer niedrigen Produktionsrate. Im Herbst 1944 musste Kawasaki deshalb eine Anzahl von Flugzeugrahmen aus Mangel an entsprechenden Motoren einlagern. Durch eine gelungene Improvisation wurde der Ki-61-II-Kai-Rahmen mit dem Mitsubishi-Ha-112-II-Sternmotor kombiniert. Er war zwar breiter als der Ha-140, doch man konnte den Sternmotor in den schmalen Rumpf einpassen. Das erste von drei Modell-Umwandlungen absolvierte im Februar 1945 seinen Jungfernflug. Darauf folgten 272 bzw. 118 neu gebaute Flugzeuge, die in zwei Nebenvarianten vom März 1945 an in Betrieb genommen wurden, darunter war die Ki-100-Ib mit einer Kabinenhaube mit Rundumsicht.

Herkunftsland:	Japan
Typ:	(Ki-100-Ia) einsitziger Jäger und Jagdbomber
Triebwerk:	ein 14-Zylinder-Doppelsternmotor Mitsubishi Ha-112-II (Typ 4) mit 1.500 PS (1.118 kW)
Leistung:	Höchstgeschwindigkeit 580 km/h; Steigleistung 5.000 m in 6 min; Dienstgipfelhöhe 11.000 m; Reichweite 2.000 km
Gewicht:	Leermasse 2.525 kg; max. Startmasse 3.495 kg
Abmessungen:	Spannweite 12 m; Länge 8,82 m; Höhe 3,75 m
Bewaffnung:	zwei vorwärts gerichtete 20-mm-Kanonen im oberen Teil des Vorderrumpfs, zwei vorwärts gerichtete 12,7-mm-Maschinengewehre in den Eintrittskanten der Flügel sowie eine externe Bombenlast von 500 kg

Latécoére Laté 298

Das Modell Laté 298.01 wurde auf eine Ausschreibung von 1933 entworfen und absolvierte im Mai 1936 seinen Erstflug. Erfolgreiche Tests führten zum Laté 298-Modell, das zu einem relativ späten Zeitpunkt des Jahres 1938 bei der französischen Marineluftwaffe in Betrieb genommen wurde. Diese erhielt 24 bzw. 12 (schließlich 27) Exemplare der Laté 298A und Laté 298B mit festen bzw. zusammenklappbaren Tragflächen. Von der Laté 298D, einer Weiterentwicklung der Laté 298B, wurden im April 1938 fünf Maschinen in Auftrag gegeben. Sie hatte eine feste Tragfläche, und im April und November wurden 25 bzw. 65 weitere Flugzeuge in Auftrag gegeben. Die Gesamtlieferung erreichte aber nur etwa 60 Maschinen. 1942 gestatteten die Deutschen eine Wiederaufnahme der Produktion der Laté 298 wegen des Bedarfs der Vichy-Regierung von 30 Flugzeugen, aber es ist nicht sicher, wie viele dieser Laté 298F (Laté 298D-Flugzeuge mit vereinfachter Steuerung) produziert wurden. Das Bild zeigt eine 298 der Escadrille T1 der Marineluftwaffe, stationiert Ende 1939 in Berre bei Marseilles.

Herkunftsland:	Frankreich
Typ:	(Laté 298D) dreisitziger Küstenaufklärer und Torpedobomber-Wasserflugzeug
Triebwerk:	ein 12-Zylinder-V-Motor Hispano-Suiza 12Ycrs-1 mit 880 PS (656 kW)
Leistung:	Höchstgeschwindigkeit 290 km/h; Steigleistung 1.500 m in 5 min, 39 sek; Dienstgipfelhöhe 6.500 m; Reichweite 2.200 km
Gewicht:	Leermasse 3.062 kg; max. Startmasse 4.800 kg (als Aufklärer)
Abmessungen:	Spannweite 15,5 m; Länge 12,56 m; Höhe 5,23 m
Bewaffnung:	Zwei vorwärts gerichtete 7,5-mm-Maschinengewehre in den Eintrittskanten der Flügel, ein lenkbares 7,5-mm-Maschinengewehr im hinteren Cockpitbereich sowie eine externe Torpedo- und Bombenlast von 670 kg

Lavochkin LaGG-1 und LaGG-3

Die LaGG-1 war eines von mehreren neuen Eindecker-Jagdflugzeugen, deren Entwicklung von der sowjetischen Regierung 1939 angeordnet wurde, um die sowjetische Luftwaffe angesichts der Krisensituation in Europa zu modernisieren. Auf der Basis eines Holzrahmens, um die riesigen Materialbestände zu nutzen, war die LaGG-1 ein modernes Eindecker-Jagdflugzeug mit tief liegenden Flügeln, geschlossenem Cockpit und einziehbarem Hauptfahrwerk. Das Modell absolvierte im März 1940 seinen Erstflug, und bei Tests ergab sich zwar eine gute Geschwindigkeit, aber mäßige Beschleunigung, Steigleistung, Reichweite, Dienstgipfelhöhe und vor allem Handhabung. Trotzdem drängte man zur Produktion dieses Typs; nicht weniger als 100 provisorische LaGG-1- und 6.427 leicht verbesserte LaGG-3-Jäger waren bis Herbst 1941 gebaut worden. Das abgebildete Flugzeug wurde von einer Einheit der sowjetischen Luftwaffe 1942 über der ukrainischen Front eingesetzt.

Herkunftsland:	Russland
Typ:	(LaGG-3) einsitziger Jäger und Jagdbomber
Triebwerk:	ein 12-Zylinder-V-Motor Klimov VK-105PF-1 mit 1.260 PS (939,5 kW)
Leistung:	Höchstgeschwindigkeit 575 km/h; Steigleistung 5.000 m in 5 min, 48 sek; Dienstgipfelhöhe 9.700 m; Reichweite 1.000 km
Gewicht:	Leermasse 2.620 kg; max. Startmasse 3.190 kg
Abmessungen:	Spannweite 9,8 m; Länge 8,81 m; Höhe 2,54 m
Bewaffnung:	eine vorwärts gerichtete 20-mm-Kanone in einer Motorinstallation, zwei vorwärts gerichtete 7,62-mm-Maschinengewehre im oberen Teil des Vorderrumpfes sowie eine externe Bomben- und Raketenlast von 200 kg

Lavochkin La-5

Die LaGG-3 war ein Jagdflugzeug mit einem Holzrahmen, die man hauptsächlich wegen ihrer einfachen Bauweise akzeptierte und weil sie ausreichende Leistungen bot. Die La-5 jedoch war ein sehr gutes Jagdflugzeug, da der Klimov-M-105 V-Motor der LaGG-3 durch den leistungsstärkeren Schwezow-M-82-Sternmotor ersetzt wurde. Der Wechsel wurde im August 1941 beschlossen, und das erste von mehreren Modellen absolvierte im März 1942 seinen Erstflug. Intensive Entwicklung führte zu einem frühen Produktionsbeginn, der bis Ende 1949 anhielt. 9.920 Flugzeuge wurden hergestellt, in Varianten wie der La-5 mit dem 1.480 PS (1.103,5 kW) starken M-82A-Motor, der La-5F mit dem 1.540 PS (1.148 kW) starken M-82F-Motor (später ASh-82F), der endgültigen La-5FN, der La-5FN Typ 41 mit Metall- statt Holzflügeln und der La-5UTI, einem zweisitzigen Übungsflugzeug, von dem nur wenige fertig gestellt wurden. Auf dem Bild ist eine Czech La-5FN, stationiert 1945/46 in Malacky, zu sehen.

Herkunftsland:	Russland
Typ:	(La-5FN) einsitziger Jäger und Jagdbomber
Triebwerk:	ein 14-Zylinder-Doppelsternmotor Schwezow ASh-82FN mit 1.630 PS (1.215 kW)
Leistung:	Höchstgeschwindigkeit 648 km/h; Steigleistung 5.000 m in 5 min; Dienstgipfelhöhe 11.000 m; Reichweite 765 km
Gewicht:	Leermasse 2.605 kg; normale Startmasse 3.265 kg; max. Startmasse 3.402 kg
Abmessungen:	Spannweite 9,8 m; Länge 8,67 m; Höhe 2,54 m
Bewaffnung:	zwei vorwärts gerichtete 20-mm-Kanonen im oberen Teil des Vorderrumpfs sowie eine externe Bomben- und Raketenlast von 500 kg

Letov S 328

Die S 328 – 1934 bei der tschechoslowakischen Luftwaffe in Betrieb genommmen – war eine Weiterentwicklung des ursprünglichen Aufklärungs-Doppeldeckers S 28 von 1929 über die Stationen S 128 und S 228 mit stetig stärkeren Motoren. Sie war auf eine finnische Ausschreibung zugeschnitten, der letztendlich jedoch kein Auftrag folgte. Dem Modell S 328F folgten 445 Exemplare der S 328, 13 Exemplare des Nachtjägermodells S 328N mit vier festen und zwei lenkbaren Maschinengewehren und schließlich vier Exemplare des Wasserflugzeugs S 328V auf zwei Gleitkufen, das als Zielschlepper gedacht war. Die intakten Flugzeuge wurden von Deutschland nach der Besetzung der Tschechoslowakei im März 1939 beschlagnahmt. Die meisten wurden zu Übungszwecken einbehalten, einige gab man jedoch an Verbündete wie Bulgarien und die Slowakei weiter. Der slowakische Widerstand setzte sie im Herbst 1944 gegen die Deutschen ein. So wurde das abgebildete Flugzeug im September 1944 von der slowakischen Luftwaffe von Tri Duby aus geflogen.

Herkunftsland:	Tschechoslowakei
Typ:	(S 326) zweisitziger Aufklärungsbomber mit sekundärer Tiefangriffsfähigkeit
Triebwerk:	ein 9-Zylinder-Sternmotor Bristol Pegasus IIM2 (von Walter gebaut) mit 635 PS (474 kW)
Leistung:	Höchstgeschwindigkeit 280 km/h; Steigleistung 5.000 m in 17 min; Dienstgipfelhöhe 7.200 m; Reichweite 1.280 km
Gewicht:	Leermasse 1.680 kg; max. Startmasse 2.640 kg
Abmessungen:	Spannweite 13,71 m; Länge 10,36 m; Höhe 3,4 m
Bewaffnung:	zwei oder vier vorwärts gerichtete 7,92-mm-Maschinengewehre in den Eintrittskanten der oberen und unteren Flügel, ein oder zwei 7,92-mm-Maschinengewehre im hinteren Cockpit sowie eine Bombenlast von 300 kg

Lioré-et-Olivier LeO 451

Die LeO 451 galt als der beste Bomber, den die französische Flugzeugindustrie in der Vorkriegszeit entwickelt hatte. Die französische Flugzeugdesigner hatten hier bereits die Form der eckigen Maschinen mit plattenförmigen Seiten, die den größten Teil der 30er Jahre produziert wurden, aufgegeben. Das erste von zwei LeO-45.01-Modellen entstand aufgrund einer Ausschreibung vom November 1934 für einen fortgeschrittenen, viersitzigen Tagesbomber und absolvierte im Januar 1937 seinen Jungferflug. Es folgte die LeO 451B.4, die im Herbst 1939 in Betrieb genommen wurde. Die Produktion lief anschließend zügig, und die Lieferungen erreichten etwa 580 Flugzeuge. Die intakten Maschinen blieben nach dem Fall Frankreichs im Dienst; einige wurden zu Ziviltransportern für 12 und zu Militärtransportern für 17 Passagiere umgebaut. Einige blieben bis Mitte der 50er Jahre im Dienst. Das abgebildete Flugzeug gehörte der GB1/11 in Oran-La-Sénia in Marokko an.

Herkunftsland:	Frankreich
Typ:	(LeO 451B.4) viersitziger mittelschwerer Bomber
Triebwerk:	zwei 14-Zylinder-Doppelsternmotoren Gnome-Rhône 14N-48/49 mit 1.140 PS (850 kW)
Leistung:	Höchstgeschwindigkeit 495 km/h; Steigleistung 5.000 m in 14 min; Dienstgipfelhöhe 9.000 m; Reichweite 2.300 km mit einer Bombenlast von 500 kg
Gewicht:	Leermasse 7.815 kg; normale Startmasse 11.400 kg
Abmessungen:	Spannweite 22,52 m; Länge 17,17 m; Höhe 5,24 m
Bewaffnung:	ein vorwärts gerichtetes 7,5-mm-Maschinengewehr im Vorderrumpf, eine rückwärts gerichtete 20-mm-Kanonen in der Rückenkanzel, ein 7,5-mm-Maschinengewehr in der Bauchkanzel sowie eine externe Bombenlast von 2.000 kg

LN (Loire-Nieuport) .40

Die LN.40, die ihren Erstflug als Modell im Juni 1938 absolvierte, war als trägergestützter Sturzbomber für die französische Marineluftwaffe gedacht. Die erste von über 23 LN.401BP.1-Maschinen (von einem Auftrag für 42 Stück) wurden von Mitte 1939 an für den Einsatz bei zwei Küsteneinheiten geliefert. Als einziges anderes Modell kam die LN.411BP.1 in Betrieb, von der 40 Stück von der französischen Luftwaffe in Auftrag gegeben wurden. Die LN.411 war im Wesentlichen eine Version der LN.401, aber an eine ausschließlich landgestützte Rolle angepasst. Merkmale des trägergestützten Flugzeugs wie der Fanghaken, der Mechanismus zum Einklappen der Tragflächen und die Schwimmertaschen wurden entfernt. Nur eine kleine Anzahl wurde vor dem Fall Frankreichs fertig gestellt. Etwa 24 weitere LN.401- und LN.411-Maschinen wurden 1942 für die Vichy-Luftwaffe gebaut, indem bereits produzierte Einzelteile zusammengebaut wurden. Auf dem Bild ist eine LN.401 der Escadrille AB.2 der französischen Marineluftwaffe, die im Mai 1940 in Berck stationiert war, zu sehen.

Herkunftsland:	Frankreich
Typ:	(LN.401BP.1) einsitziger träger- und landgestützter Sturzbomber
Triebwerk:	ein 12-Zylinder-V-Motor Hispano-Suiza 12Xcrs mit 690 PS (514 kW)
Leistung:	Höchstgeschwindigkeit 380 km/h; Anfangssteiggeschwindigkeit nicht bekannt; Dienstgipfelhöhe 9.500 m; Reichweite 1.200 km
Gewicht:	Leermasse 2.135 kg; max. Startmasse 2.823 kg
Abmessungen:	Spannweite 14 m; Länge 9,75 m; Höhe 3,5 m
Bewaffnung:	eine vorwärts gerichtete 20-mm-Kanone in einer Motorinstallation, zwei vorwärts gerichtete 7,5-mm-Maschinengewehre in den Eintrittskanten der Flügel sowie eine externe Bombenlast von 225 kg

Lockheed Hudson

Die Hudson war eine Weiterentwicklung des Transporters Modell 14 Super Electra und auf eine Ausschreibung aus Großbritannien und dem Commonwealth für einen Küstenaufklärungsbomber zugeschnitten. Ihren Erstflug absolvierte sic im Dezember 1938. Die erste von 351 Hudson-Mk-I-Maschinen erreichte Großbritannien auf dem Seeweg im Februar 1939. Zu weiteren Lieferungen dieses Typs gehörten die Hudson Mk II (20 Stück) mit Wright-R-1820-G102A-Motoren, aber unterschiedlichen Propellern, die Hudson Mk III und IIIA (etwa 428 bzw. 601 Stück), eine improvisierte Version der Mk I mit GR-1820-G205A-Motoren (1.200 PS bzw. 895 kW), die Hudson Mk IV und IVA (130 bzw. 52 St.) mit den Pratt & Whitney-R-1830-SC3G-Twin-Wasp-Motoren (1.050 PS bzw. 918,5 kW), die Hudson Mk V (409 Stück) mit R-1830-S3C4G-Motoren (1.200 PS bzw. 895 kW) und die Hudson Mk VI (450 A-28A-Maschinen), die im Rahmen des Lend-Lease-Abkommens geliefert wurden. Das Bild zeigt eine Mk III der 279. Staffel der britischen Luftwaffe 1942 in Sturgate mit einem Rettungsboot unter dem Rumpf.

Herkunftsland:	Frankreich
Typ:	(Hudson Mk I) sechssitziger Küstenaufklärungsbomber
Triebwerk:	zwei 9-Zylinder-Sternmotoren Wright GR-1820-G102A Cyclone mit 1.100 PS (820 kW)
Leistung:	Höchstgeschwindigkeit 357 km/h; Steigleistung 3.050 m in 10 min; Dienstgipfelhöhe 6.400 m; Reichweite 3.154 km
Gewicht:	Leermasse 5.484 kg; max. Startmasse 8.845 kg
Abmessungen:	Spannweite 19,96 m; Länge 13,5 m; Höhe 3,32 m
Bewaffnung:	zwei vorwärts gerichtete 7,7-mm-Maschinengewehre im oberen Teil des Vorderrumpfs, zwei lenkbare 7,7-mm-Maschinengewehre in der Rückenkanzel, zwei 7,7-mm-Maschinengewehre in Balkenpositionen, ein 7,7-mm-Maschinengewehr am Rumpfbauch und eine interne Bombenlast von 612 kg

Lockheed A-28 und A-29

Diese Bezeichnungen wurden den Versionen der Hudson gegeben, die von den USA finanziert wurden und hauptsächlich für Lieferungen im Rahmen des Lend-Lease-Abkommens an Amerikas Verbündete geliefert wurden. Die A-28 (52 Stück mit Pratt & Whitney-R-1830-45-Motoren mit 1.050 PS bzw. 783 kW) wurde an Australien als Hudson Mk IVA geliefert, während die A-28A (450 Stück mit einem umbaufähigen Innenraum für Passagiere) an Großbritannien als Hudson Mk VI geliefert wurde. Die A-29-Serie hatte Wright-R-1820-Motoren und umfasste die A-29 (416 Stück mit R-1820-87-Motoren mit 1.200 PS bzw. 895 kW), von denen 243 als Hudson Mk IIIA an Großbritannien geliefert und die anderen von den USA behalten wurden, die A-29A, eine umbaufähige Version der A-29 (384 Stück), geliefert an Großbritannien als Hudson Mk IIIA und die A-29B (24 zu Fotoaufklärern umgebaute A-29- und A-29A-Maschinen), die die USA behielten. Es gab auch 217 bzw. 83 bewaffnete AT-18- und unbewaffnete AT-18A-Übungsflugzeuge. Das Bild zeigt eine A-29 der US-Luftwaffe aus der Vorkriegszeit.

Herkunftsland:	USA
Typ:	(A-29) viersitziger Küstenaufklärungsbomber
Triebwerk:	zwei 9-Zylinder-Sternmotoren Wright R-1820-97 mit 1.200 PS (895 kW)
Leistung:	Höchstgeschwindigkeit 407 km/h; Steigleistung 3.050 m in 6 min, 18 sek; Dienstgipfelhöhe 8.075 m; Reichweite 2.494 km
Gewicht:	Leermasse 5.817 kg; max. Startmasse 9.299 kg
Abmessungen:	Spannweite 19,96 m; Länge 13,51 m; Höhe 3,63 m
Bewaffnung:	zwei vorwärts gerichtete 7,6-mm-Maschinengewehre im oberen Teil des Vorderrumpfes, zwei lenkbare 7,6-mm-Maschinengewehre in einer optionalen Rückenkanzel, und ein lenkbares, rückwärts gerichtetes 7,6-mm-Maschinengewehr am Rumpfbauch sowie eine interne Bombenlast von 726 kg

Lockheed P-38 Lightning

Beim schweren Jagdflugzeug P-38A wurde das Leitwerk von zwei Auslegern getragen, auf denen das Dreibein-Fahrgestell sowie die beiden Turbogebläse der Motoren lagen. Der Pilot saß in der Mittelgondel hinter schweren Geschützen an der Rumpfnase und am Bugrad. Das Modell XP-38 absolvierte seinen Erstflug im Januar 1939, und durch umfangreiche Entwicklung kam es zur Einsatzvariante P-38D (36 Flugzeuge), die im August 1941 in Betrieb genommen wurde. Die Gesamtproduktion umfasste 9.393 Flugzeuge, darunter Umbaumodelle bis zum Standard der Aufklärer F-4 und F-5. Die wichtigsten Jagdflugzeug-Varianten mit steigender Triebkraft, waren die P-38E (210 Stück), die P-38F (527 Stück), die P-38G (1.082 Stück), die P-38H (601 Stück), die P-38J (2.970 Stück) und die P-38L (3.923 Stück). Einige wurden auch zu Nachtjägern sowie Übungs- und Bombenflugzeugen umgebaut, und der Typ war an allen US-Kriegsschauplätzen im Einsatz. Abgebildet ist eine P-38J-5, das zahlreichste aller Modelle, bei der während der Produktionszeit viele kleine Änderungen stattfanden.

Herkunftsland:	USA
Typ:	(P-38L) einsitziger Langstreckenjäger und -jagdbomber
Triebwerk:	zwei 12-Zylinder-V-Motoren Allison V-1710-111/113 (F30) mit 1.600 PS (1.193 kW)
Leistung:	Höchstgeschwindigkeit 666 km/h; Steigleistung 6.095 m in 7 min; Dienstgipfelhöhe 13.410 m; Reichweite 4.184 km
Gewicht:	Leermasse 5.806 kg; max. Startmasse 9.798 kg
Abmessungen:	Spannweite 15,85 m; Länge 11,53 m; Höhe 3,91 m
Bewaffnung:	eine vorwärts gerichtete 20-mm-Kanone und vier vorwärts gerichtete 12-mm-Maschinengewehre in der Rumpfnase sowie eine externe Bomben- und Raketenlast von 1.814 kg

Lockheed F-4 und F-5

Oftmals stand die Lockheed P-38 eher im Schatten der einmotorigen P-47 und P-51. Doch erwies sich das Flugzeug bei seinen Einsätzen als sehr guter Langstreckenjäger. Auch als schneller und beweglicher Fotoaufklärer war die P-38 ein wichtiger Teil der Luftkriegsführung. Die erste Version der P-38 war die F-4 – im Wesentlichen eine unbewaffnete P-38E mit vier Kameras. Von ihr wurden insgesamt 99 Stück gebaut. Diesen folgte die F-5-Serie. Von den 1.082 gebauten P-38G-Maschinen wurden 181 zu Aufklärern umgebaut und 200 zur F-5B. Diese Flugzeuge rüsteten schließlich 33 Geschwader aus; einige blieben noch nach dem Krieg in Betrieb. Die Abbildung zeigt eine der an die national-chinesische Luftwaffe gelieferten F-5B-1-Maschinen (siehe das Kennzeichen an der Seite).

Herkunftsland:	USA
Typ:	(F-5) einsitziges Fotoaufklärungs Flugzeug
Triebwerk:	zwei 12-Zylinder-V-Motoren Allison V-1710-111/113 (F30) mit 1.600 PS (1.193 kW)
Leistung:	Höchstgeschwindigkeit 666 km/h; Steigleistung 6.095 m in 7 min; Dienstgipfelhöhe 13.410 m; Reichweite 4.184 km
Gewicht:	Leermasse 5.806 kg; max. Startmasse 9.798 kg
Abmessungen:	Spannweite 15,85 m; Länge 11,53 m; Höhe 3,91 m
Bewaffnung:	keine

Lockheed Ventura

Mitte des Jahres 1939 hatte Lockheed den aus der Model 14 Super Electra entstandenen Seeaufklärungsbomber für Großbritannien in der Produktion. Anschließend erwägte die Firma eine Weiterentwicklung dieser Linie auf der Grundlage der Model 18 Lonestar mit ihrem längeren Rumpf. Lockheed bereitete einen Vorentwurf vor, der Großbritannien als Aufklärer und leichter Bomber angeboten wurde; er sollte als Nachfolgemodell der Hudson bzw. der Bristol Blenheim dienen. Die Briten befürworteten das Konzept des leichten Bombers, doch die entstandene Ventura Mk I (188 Flugzeuge), die im Oktober 1942 in Betrieb genommen wurde, war als Tagesbomber erfolglos und wurde deshalb für Marineaufgaben verwendet. Andere Aufträge wurden für 487 Ventura-Mk-II-Maschinen (von denen 235 wieder von den USA zurückgenommen wurden), 200 Ventura-Mk-IIA-Maschinen und 387 Ventura GR.Mk-V-Maschinen erteilt. Die Ventura diente bei allen Staaten des Commonwealth, bei der Freien Französischen Luftwaffe und auch bei der brasilianischen Luftwaffe.

Herkunftsland:	USA
Typ:	(Ventura GR.Mk V) fünfsitziger Küstenaufklärungsbomber
Triebwerk:	zwei 18-Zylinder-Doppelsternmotoren Pratt & Whitney R-2800-31 Double Wasp mit 2.000 PS (1.491 kW)
Leistung:	Höchstgeschwindigkeit 518 km/h; Anfangssteiggeschwindigkeit 680 m/min; Dienstgipfelhöhe 8.015 m; Reichweite 2.671 km
Gewicht:	Leermasse 9.161 kg; max. Startmasse 15.422 kg
Abmessungen:	Spannweite 19,96 m; Länge 15,77 m; Höhe 3,63 m
Bewaffnung:	zwei 12,7-mm-Maschinengewehre im Vorderrumpf (spätere Flugzeuge ohne Bombenschützenfenster hatten drei 12,7-mm-Maschinengewehre in einem Bündel unter dem Flügel), zwei 12,7-mm-Maschinengewehre in der Rückenkanzel, zwei 7,7-mm-Maschinengewehre am Rumpfbauch sowie eine Bombenlast von 2.268 kg

Lockheed B-34 Lexington, B-37 und PV Ventura

B-34 war die Bezeichnung der US-Luftwaffe für die 200 Ventura-Mk-IIA-Flugzeuge, die mit finanzieller Unterstützung der USA im Rahmen des Lend-Lease-Abkommens gebaut werden sollten. Bei der B-34A und B-34B handelte es sich um 101 bzw. 13 Flugzeuge, die von der Produktion wieder zurückgenommen wurden. Sie waren als 57 B-34A-2-Bomben- und 28 B-34A-3-Schützen-Übungsflugzeuge, 16 B-34A-4-Zielschlepper sowie 13 Navigator-Übungsflugzeuge geplant. Die B-37 (18 gebaute Flugzeuge von einem Auftrag für 550) war ein bewaffneter Aufklärer mit zwei 2.000 PS (1.491 kW) starken R-2600-13-Motoren. Die US-Marine setzte auch eine Abwandlung des Transporters Model 18 als PV Ventura für die Rolle des Patrouillenbombers ein. Das Kernmodell war die PV-1, von der 1.800 gebaut und 387 als Ventura GR.Mk V an Großbritannien übergeben wurden. Das US-Marine-Corps baute einige zu Nachtjägern mit britischer Radarausrüstung um. Einige PV-1-Maschinen wurden zu Fotoaufklärern PV-1P umgebaut. PV-3 hießen die 27 wieder zurückgenommenen Ventura-Mk-II-Maschinen.

Herkunftsland:	USA
Typ:	(PV-1 Ventura) fünfsitziger Patrouillenbomber
Triebwerk:	zwei 18-Zylinder-Doppelsternmotoren Pratt & Whitney R-2800-31 Double Wasp mit 2.000 PS (1.491 kW)
Leistung:	Höchstgeschwindigkeit 518 km/h; Anfangssteiggeschwindigkeit 680 m/min; Dienstgipfelhöhe 8.015 m; Reichweite 2.671 km
Gewicht:	Leermasse 9.161 kg; max. Startmasse 15.422 kg
Abmessungen:	Spannweite 19,96 m; Länge 15,77 m; Höhe 3,63 m
Bewaffnung:	zwei 12,7-mm-Maschinengewehre im oberen Teil des Vorderrumpfes (spätere Flugzeuge ohne Bombenschützenfenster hatten drei 12,7-mm-Maschinengewehre in einem Bündel unter dem Flügel), zwei 12,7-mm-Maschinengewehre in der Rückenkanzel, zwei 7,7-mm-Maschinengewehre am Rumpfbauch sowie eine Bombenlast von 2.268 kg

Macchi MC.200 Saetta

Zur ersten Generation italienischer Tiefdecker-Jagdflugzeuge mit modernen Elementen wie einem einziehbaren Hauptfahrwerk gehörte die Saetta, doch war sie, wie viele ihrer Zeitgenossen, durch einen leistungsschwachen Motor eingeschränkt. Von 1936 an entworfen, absolvierte die MC.200 ihren Erstflug im Dezember 1937. Sie gewann den Jagdflugzeug-Wettbewerb 1938 und wurde im Oktober 1939 in Betrieb genommen. Der ursprüngliche Typ mit geschlossenem Cockpit wurde zu einem offenen umgewandelt, bis man schließlich zu einem halb offenen Typ kam – angeblich weil die italienischen Piloten es so wünschten. Die Gesamtproduktion erreichte 1.150 Flugzeuge, von denen die späteren die Außenflügel der MC.202 mit zwei 7,7-mm-Maschinengewehren besaßen. Mit dem Erscheinen der leistungsfähigeren MC.202 machte man die MC.200 zu einem Eskortierungsjäger und Jagdbomber (MC.200CB); die MC.20AS war ein tropenfester Typ für den Einsatz in Nordafrika.

Herkunftsland:	Italien
Typ:	(MC.200CB) einsitziger Jäger und Jagdbomber
Triebwerk:	ein 14-Zylinder-Doppelsternmotor Fiat A.74 RC.38 mit 870 PS (649 kW)
Leistung:	Höchstgeschwindigkeit 503 km/h; Steigleistung 5.000 m in 5 min, 51 sek; Dienstgipfelhöhe 8.900 m; Reichweite 870 km
Gewicht:	Leermasse 2.019 kg; normale Startmasse 2.339 kg
Abmessungen:	Spannweite 10,58 m; Länge 8,19 m; Höhe 3,51 m
Bewaffnung:	zwei vorwärts gerichtete 12,7-mm-Maschinengewehre im oberen Teil des Vorderrumpfes sowie eine Bombenlast an den Außenstationen von 320 kg

Macchi MC.205V Veltro

Nach dem Bau der MC.202 Folgore, einer Weiterentwicklung der MC.200 mit einer in Lizenz gebauten Version des Daimler-Benz 601A-Motors, schuf Macchi die MC.205 als weiter verbesserte Version dieses Grundkonzepts mit einer in Lizenz gebauten Version des DB-605-Motors. Das MC.205-Modell war eine Umwandlung der MC.202, deren Erstflug im April 1942 mit dem neuen Motor sowie größeren Tragflächen stattfand. Das neue Jagdflugzeug ging in Produktion und wurde in einer Anzahl von 262 MC.205-Veltro-Maschinen gebaut, die von Juli 1943 an im Kampf eingesetzt wurden. Spätere Flugzeuge hatten 20-mm-Kanonen statt der 7,7-mm-Maschinengewehre in den Flügeln, und die meisten der Flugzeuge waren bei der italienischen Luftwaffe nach Italiens Waffenstillstand im September 1943 mit den Alliierten im Dienst. Eine für große Höhen geeignete Version, die nur als Modell fertig gestellt wurde, war die MC.205N Orione.

Herkunftsland:	Italien
Typ:	(MC.205V) einsitziger Jäger und Jagdbomber
Triebwerk:	ein hängender 12-Zylinder V-Motor Fiat RA.1050 RC.58 Tifone mit 1.475 PS (1.100 kW)
Leistung:	Höchstgeschwindigkeit 642 km/h; Steigleistung 5.000 m in 4 min, 47 sek; Dienstgipfelhöhe 11.000 m; Reichweite 1.040 km
Gewicht:	Leermasse 2.581 kg; normale Startmasse 3.224 kg; max. Startmasse 3.408 kg
Abmessungen:	Spannweite 10,58 m; Länge 8,85 m; Höhe 3,04 m
Bewaffnung:	zwei vorwärts gerichtete 12,7-mm-Maschinengewehre im oberen Teil des Vorderrumpfs, zwei vorwärts gerichtete 20-mm-Kanonen in den Eintrittskanten der Flügel sowie eine Bombenlast von 320 kg

Martin B-10 und B-12

Der erste in Amerika entworfene Bomber im Kampfeinsatz war die B-10-Bomber-Serie, die jedoch zu Beginn des 2. Weltkriegs veraltet war. Davor galt sie als Pioniermodell. Sie war der erste amerikanische Bomber aus einer Ganzmetallkonstruktion, der in Serienfertigung ging, das erste amerikanische Flugzeug mit Geschütztürmen und der erste frei tragende Tiefdecker der US-Luftwaffe. Diese erhielt 151 Exemplare der B-10- und B-12-Bomber, die alle vor dem 2. Weltkrieg aus dem Verkehr gezogen wurden; einige Exportflugzeuge wurden jedoch im Kampf eingesetzt. Das Grundmodell, das „Modell 139“, wurde nach Argentinien, China, Thailand und in die Türkei (jeweils 35, 9, 26 und 20 Maschinen) exportiert. Die Japaner kämpften in den späten 30er und frühen 40er Jahren gegen die chinesischen Maschinen sowie die 120 Model 139W- und Model-166-Flugzeuge von Niederländisch-Ostindien. Das Bild zeigt eine Martin B-10B der 28. Bomberstaffel der US-Luftwaffe, die 1937–1941 in Luzon auf den Phillipinen stationiert war.

Herkunftsland:	USA
Typ:	(Model 139W) viersitziger mittelschwerer Bomber
Triebwerk:	zwei 9-Zylinder-Sternmotoren Wright R-1820 G-102 Cyclone mit 775 PS (578 kW)
Leistung:	Höchstgeschwindigkeit 322 km/h; Anfangssteiggeschwindigkeit 567 m/min; Dienstgipfelhöhe 7.680 m; Reichweite 950 km mit maximaler Bombenlast
Gewicht:	Leermasse 4.682 kg; max. Startmasse 7.210 kg
Abmessungen:	Spannweite 21,6 m; Länge 13,46 m; Höhe 3,53 m
Bewaffnung:	ein lenkbares, vorwärts gerichtetes 7,6-mm-Maschinengewehr in der Nasenkanzel, ein lenkbares, rückwärts gerichtetes 7,6-mm-Maschinengewehr am Rumpfrücken, ein lenkbares, rückwärts gerichtetes 7,6-mm-Maschinengewehr am Rumpfbauch sowie eine interne und externe Bombenlast von 1.025 kg

Martin B-26 Marauder

Eines der wichtigsten taktischen Flugzeuge, die von den Alliierten im 2. Weltkrieg eingesetzt wurden, war die B-26 Marauder. Der Typ war aufgrund seiner hohen Flügellast und hohen Landegeschwindigkeit für unerfahrene Piloten schwierig zu handhaben, beherrschte man ihn jedoch einmal, war es ein ausgezeichnetes Flugzeug, das gute Ergebnisse bei einer niedrigen Verlustrate erzielte. Vom Sommer 1941 an in Betrieb, wurde die Marauder in einer Reihe von Varianten gebaut. Die bedeutendsten waren die B-26 (201 Maschinen), die B-26A (139 Maschinen mit Einrichtungen für ein Torpedo), die B-26B und die identische B-26C (1.883 bzw. 1.235 Maschinen mit stärkeren Motoren und, in späteren Flugzeugen, erhöhter Spannweite) sowie die B-26F und die im Wesentlichen ähnliche B-26G (300 bzw. 893 Maschinen). Die britischen Bezeichnungen für die B-26A, B, C und F/G waren Marauder Mk I, IA, II und III. Das abgebildete Flugzeug ist eine B-26G-1 der 456. Bomberstaffel, 323. Bombergruppe der 9. US-Luftflotte, stationiert Ende 1944 in Laon-Athies.

Herkunftsland:	USA
Typ:	(Marauder Mk I) siebensitziger mittelschwerer Tiefangriffsbomber
Triebwerk:	zwei 18-Zylinder-Doppelsternmotoren Pratt & Whitney R-2800-5 mit 1.850 PS (1.379 kW)
Leistung:	Höchstgeschwindigkeit 507 km/h bei 4.570 m Flughöhe; Steigleistung 4.570 m in 12 min, 30 sek; Dienstgipfelhöhe 7.620 m ; Reichweite 1.609 km
Gewicht:	Leermasse 9.696 kg; max. Startmasse 14.515 kg
Abmessungen:	Spannweite 18,81 m; Länge 17,07 m; Höhe 6,05 m
Bewaffnung:	ein lenkbares, vorwärts gerichtetes 12,7-mm-Maschinengewehr an der Rumpfnase, zwei lenkbare 12,7-mm-Maschinengewehre in der Rückenkanzel, ein lenkbares, rückwärts gerichtetes 12,7-mm-Maschinengewehr am Heck sowie eine externe und interne Bombenlast von 2.177 kg

Messerschmitt Bf 109B, Bf 109C und Bf 109D

Die Bf 109 ist in jeder Hinsicht ein klassisches Jagdflugzeug und mit mehr als 30.500 vor und während des 2. Weltkriegs gebauten Exemplaren von entscheidender Bedeutung für Deutschlands Luftwaffe in dieser Zeit. Der Typ entstand aus einer Ausschreibung der deutschen Luftwaffe für das erste moderne Eindecker-Jagdflugzeug, und das erste von 13 Modellen absolvierte im September 1935 seinen Erstflug. Die Bf 109B (zwei Varianten) wurde im April 1937 mit einer Bewaffnung von drei 7,92-mm-Maschinengewehren in Betrieb genommen; ihr folgte die Bf 109C (zwei Varianten) mit einer Bewaffnung von vier oder fünf Maschinengewehren. Sowohl die Bf 109B als auch die Bf 109C wurden im Spanischen Bürgerkrieg eingesetzt. Nach ihnen erschien die Bf 109D, die in einer Anzahl von etwa 175 Flugzeugen mit dem 986 PS (735 kW) starken Daimler-Benz-600Aa-Motor und einer Bewaffnung von einer 20-mm-Kanone und zwei 7,92-mm-Maschinengewehren gebaut wurde. Obwohl manche noch als Nachtjäger dienten, waren die meisten 1939 nicht mehr im Dienst.

Herkunftsland:	Deutschland
Typ:	(Bf 109C-1) einsitziges Jagdflugzeug
Triebwerk:	ein hängender 12-Zylinder-V-Motor Junkers Jumo 210Ga mit 700 PS (522 kW)
Leistung:	Höchstgeschwindigkeit 470 km/h; Steigleistung 5.000 m in 8 min, 45 sek; Dienstgipfelhöhe 8.400 m; Reichweite 652 km
Gewicht:	Leermasse 1.597 kg; max. Startmasse 2.296 kg
Abmessungen:	Spannweite 9,87 m; Länge 8,55 m; Höhe 2,4 m
Bewaffnung:	zwei vorwärts gerichtete 7,92-mm-Maschinengewehre im oberen Teil des Vorderrumpfes und zwei vorwärts gerichtete 7,92-mm-Maschinengewehre in den Eintrittskanten der Flügel

Messerschmitt Bf 109E-1 bis E-4

Deutschlands einsitziges Standard-Jagdflugzeug zu Beginn des 2. Weltkrieges, die Bf 109E, trug wesentlich zum Erfolg der Luftwaffe zwischen September 1939 und Juni 1940 bei. Erst als der Typ bei längeren Strecken eingesetzt wurde, nämlich gegen britische Jagdflugzeuge bei der Schlacht von England, erkannte man seine Grenzen. Ende 1938 in Betrieb genommen und in einer Anzahl von mehr als 4.000 Flugzeugen gebaut, entsprach die Bf 109E „Emil" im Wesentlichen der Bf 109D, allerdings mit dem leistungsstärkeren DB-601-Motor und Kanonenbewaffnung. Die frühen Hauptvarianten waren die Bf 109E-1 mit dem 1.075 PS (801,5 kW) starken DB-601A-1-Motor, die Bf 109E-3 mit einem stärkeren Motor, verbesserter Bewaffnung und Einrichtungen für eine am Motor angebrachte 20-mm-Kanone und die Bf 109E-4 ohne Motor-Kanone. Die „Emil" sahen Piloten als eines der besten Me-109-Modelle an; sie war den frühen Spitfire-Modellen mindestens gleichwertig.

Herkunftsland:	Deutschland
Typ:	(Bf 109E-4) einsitziges Jagdflugzeug
Triebwerk:	ein hängender 12-Zylinder-V-Motor Daimler-Benz 601Aa mit 1.175 PS (876 kW)
Leistung:	Höchstgeschwindigkeit 560 km/h; Steigleistung 6.000 m in 7 min, 45 sek; Dienstgipfelhöhe 10.500 m; Reichweite 660 km
Gewicht:	Leermasse 2.125 kg; normale Startmasse 2.510 kg; max. Startmasse 2.665 kg
Abmessungen:	Spannweite 9,87 m; Länge 8,64 m; Höhe 2,5 m
Bewaffnung:	zwei vorwärts gerichtete 20-mm-Kanonen in den Eintrittskanten der Flügel und zwei vorwärts gerichtete 7,92-mm-Maschinengewehre im oberen Teil des Vorderrumpfes

Messerschmitt Bf 109E-5 bis E-9

Von 1940 an wurde die Bf 109E hauptsächlich als Jagdbomber mit einer 250-kg-Bombe eingesetzt (Varianten waren mit dem Zusatz /B versehen), während die Bf 109E-5 und E-6 Aufklärungsjäger ohne Kanonenbewaffnung waren und – im Falle der E-6 – den DB-601N-Motor mit 1.200 PS (895 kW) besaßen. Die Bf 109E-7 wurde aus der E-4/N mit Einrichtungen für einen Abwurfbehälter anstelle der Bombe entwickelt, und unter den wichtigen Nebenvarianten waren die tropenfest gemachte Bf 109E-7/Trop, die Bf 109E-7/U2 mit besserem Schutz gegen Tiefangriffe und die Bf 109E-7/Z mit einem Stickstoffoxydul-Kraftantriebssystem. Die Bf 109E-8 repräsentierte eine Weiterentwicklung der 109E-7 mit dem 1.350 PS (1.006,5 kW) starken DB- 601E-Motor. Die Bf 109E-9 war die Aufklärungsjäger-Abwandlung der E-8 ohne Kanonen an den Flügeln und mit einer Kamerainstallation. Die Produktion der Bf 109E hörte Anfang 1942 auf. Fast alle E-Versionen waren mit zwei oder drei 20-mm-Kanonen ausgerüstet, die eine größere Reichweite und Schlagkraft hatten als eine Batterie Maschinengewehre.

Herkunftsland:	Deutschland
Typ:	(Bf 109E-7) einsitziges Jagdflugzeug
Triebwerk:	ein hängender 12-Zylinder-V-Motor Daimler-Benz 601N mit 1.200 PS (895 kW)
Leistung:	(geschätzt) Höchstgeschwindigkeit 560 km/h; Steigleistung 6.000 m in 7 min, 45 sek; Dienstgipfelhöhe 10.500 m; Reichweite 660 km
Gewicht:	(geschätzt) Leermasse 2.125 kg; max. Startmasse 2.915 kg
Abmessungen:	Spannweite 9,87 m; Länge 8,64 m; Höhe 2,5 m
Bewaffnung:	zwei vorwärts gerichtete 20-mm-Kanonen in den Eintrittskanten der Flügel, zwei vorwärts gerichtete 7,92-mm-Maschinengewehre im oberen Teil des Vorderrumpfes sowie eine externe Bombenlast von 250 kg

Messerschmitt Bf 109F

Nach ihrer Inbetriebnahme im Frühjahr 1941 markierte die Bf 109F den Höhepunkt der Entwicklung der Bf 109, soweit es Aerodynamik (verbesserte Motorhaube, abgerundete Flügelenden und frei tragende Höhenflosse) und Handhabung betraf. Diese Vorteile wurden jedoch zu Lasten der Bewaffnung erzielt, die im Allgemeinen als zu leicht angesehen wurde. Aus diesem Grund beendete man die Produktion der Bf 109F nach der Lieferung von etwa 2.200 Flugzeugen. Die Bf 109F-1 besaß zwei 7,92-mm-Maschinengewehre und eine langsam feuernde 20-mm-Kanone im Motor, die F-2 hatte eine schneller feuernde 15-mm-Kanone, die F-3 war von dem DB-601E-Motor mit 1.350 PS (1.006,5 kW) angetrieben, die F-4 besaß eine schnell feuernde 20-mm-Kanone und verbesserten Schutz, die F-5 war ein Aufklärungsjäger ohne Kanone, und die F-6 war ein unbewaffnetes Aufklärungsmodell. Das abgebildete Flugzeug hat einen Abwurfbehälter mit Treibstoff unter dem Rumpf, damit die Reichweite vergrößert werden konnte.

Herkunftsland:	Deutschland
Typ:	(Bf 109F-2) einsitziges Jagdflugzeug
Triebwerk:	ein hängender 12-Zylinder-V-Motor Daimler-Benz 601N mit 1.200 PS (895 kW)
Leistung:	Höchstgeschwindigkeit 600 km/h; Steigleistung 5.000 m in 5 min, 12 sek; Dienstgipfelhöhe 11.000 m; Reichweite 880 km
Gewicht:	Leermasse 2.353 kg; max. Startmasse 3.066 kg
Abmessungen:	Spannweite 9,92 m; Länge 8,94 m; Höhe 2,6 m
Bewaffnung:	eine vorwärts gerichtete 15-mm-Kanone an einer Motorinstallation und zwei vorwärts gerichtete 7,92-mm-Maschinengewehre im oberen Teil des Vorderrumpfes

Messerschmitt Bf 109G

Die noch nach dem Ende des 2. Weltkrieges gebaute Bf 109G (23.500 Flugzeuge) war zahlenmäßig die bedeutendste Variante der Bf 109. Kaum einer der Piloten würde bestreiten, dass die Verbesserungen in Geschwindigkeit und Feuerkraft des Typs – erzielt durch den leistungsstärkeren DB-605-Motor – schlechtere Gesamtleistungen zur Folge hatten. Die Bf 109G wurde in Varianten mit Druckausgleich (gerade Zahlen) und ohne Druckausgleich (ungerade Zahlen) vom Sommer 1942 an geliefert. Unter diesen waren am wichtigsten: die G-1 und G-2 mit dem DB-605A-Motor, einem 20-mm- und zwei 7,92-mm-Geschützen; die G-3 und G-4 mit unterschiedlichem Funksystem; die G-5 und G-6 mit schwererer MG-Bewaffnung und später einem Leitwerk aus Holz; der Aufklärungsjäger G-8; die G-10 mit dem 1.850 PS (1.379,5 kW) starken DB-605D-Motor; das Übungsflugzeug G-12 mit Tandemsitz; die G-14, eine verbesserte G-6, und die G-16, eine verbesserte G-14. Von dem Druckausgleich ging man von der 109G-6 an in allen folgenden Varianten ab.

Herkunftsland:	Deutschland
Typ:	(Bf 109G-6) einsitziger Jäger und Jagdbomber
Triebwerk:	ein hängender 12-Zylinder-Motor Daimler-Benz 605AM mit 1.474 PS (1.100 kW)
Leistung:	Höchstgeschwindigkeit 621 km/h; Steigleistung 5.700 m in 6 min; Dienstgipfelhöhe 11.550 m; Reichweite 1.000 km
Gewicht:	Leermasse 2.673 kg; max. Startmasse 3.400 kg
Abmessungen:	Spannweite 9,92 m; Länge 8,85 m; Höhe 2,5 m
Bewaffnung:	eine vorwärts gerichtete 20-mm- oder 30-mm-Kanone in einer Motorinstallation, zwei vorwärts gerichtete 13-mm-Maschinengewehre im oberen Teil des Vorderrumpfes sowie eine externe Bombenlast

Messerschmitt Bf 110C/D

Als schweres Jagdflugzeug, das während des gesamten Krieges bis zu einer Stückzahl von 6.000 Flugzeugen gebaut wurde, absolvierte die Bf 110 im Mai 1936 ihren Erstflug. Sie wurde als Bf 110B mit zwei 700 PS (522 kW) starken Junkers-Jumo-210-Motoren in Betrieb genommen. Nur 45 der Bf-110B-Flugzeuge wurden vor dem Erscheinen der Bf 110C mit zwei DB-601-Motoren fertig gestellt. Etwa 1.300 der Bf-110C-1- bis -C-3-Jagdflugzeug-Varianten wurden gebaut, bevor die Produktion zu den Bf-110C-4- bis C-7-Modellen mit besserem Schutz und Einrichtungen für die Jagdbomber- und Aufklärungs-Funktionen wechselte. Die Bf 110D, gebaut in den Varianten D-1 bis D-3, hatte eine größere Kraftstoffkapazität (intern und extern) als Langstreckenjäger, Jagdbomber und Schiffsbegleiter, obwohl einige später zu provisorischen Nachtjägern gemacht wurden. Der Typ war bis Anfang 1943 in Betrieb, als er von der spezialisierteren E-Serie abgelöst wurde. Die Bf 110 erwies sich in der Schlacht von England als anfällig gegenüber leichteren Modellen.

Herkunftsland:	Deutschland
Typ:	(Bf 110C-4) zwei-/dreisitziges schweres Jagdflugzeug
Triebwerk:	zwei hängende 12-Zylinder-V-Motoren Daimler-Benz 601A-1 mit 1.100 PS (820 kW)
Leistung:	Höchstgeschwindigkeit 560 km/h; Steigleistung 6.000 m in 10 min, 12 sek; Dienstgipfelhöhe 10.000 m; Reichweite 1.095 km
Gewicht:	Leermasse 5.150 kg; max. Startmasse 6.750 kg
Abmessungen:	Spannweite 16,2 m; Länge 12,1 m; Höhe 4,13 m mit angehobenem Heck
Bewaffnung:	zwei vorwärts gerichtete 20-mm-Kanonen und vier vorwärts gerichtete 7,92-mm-Maschinengewehre in der Rumpfnase, ein lenkbares, rückwärts gerichtetes 7,92-mm-Maschinengewehr im hinteren Cockpitbereich

Messerschmitt Bf 110E und Bf 110F

Vom Herbst 1940 an wurde die Produktion der Bf 110C/D heruntergefahren; im Frühjahr 1941 jedoch erschienen zwei neue Varianten als Bf 110E und Bf 110F. Die Bf 110E war eine relativ einfache Weiterentwicklung der Bf 110D, bei der die Ausstattung auf den neuesten Stand gebracht, der Schutz der Besatzung verbessert, die Konstruktion verstärkt und Aufhängungen unter den äußeren Tragflächen für vier 50 kg schwere Bomben sowie das Standardpaar von zwei 500-kg-Bomben unter dem Rumpf angebracht war. Die Produktion der Bf 110E wurde zu den Varianten E-1 bis E-3 erweitert. Die Bf 110F erschien etwas später als die Bf 110E und wurde dann parallel gebaut; sie sollte die größere Kraft des neuen DB-601F-Motors ausnutzen. Es gab die Jäger- und Jagdbombervarianten F-1 bis F-3, bevor der Nachtjäger F-4 mit der frühen Lichtenstein-Radarausstattung erschien. Als die Produktion im März 1945 eingestellt wurde, war von der Bf 110 eine Gesamtzahl von 6.050 Flugzeugen gebaut worden.

Herkunftsland:	Deutschland
Typ:	(Bf 110F-2) zweisitziges schweres Jagdflugzeug
Triebwerk:	zwei hängende 12-Zylinder-V-Motoren Daimler-Benz 601F mit 1.350 PS (1.007 kW)
Leistung:	Höchstgeschwindigkeit 565 km/h; Steigleistung 6.000 m in 9 min, 12 sek; Dienstgipfelhöhe 10.900 m; Reichweite 1.200 km
Gewicht:	Leermasse 5.600 kg; max. Startmasse 7.200 kg
Abmessungen:	Spannweite 16,2 m; Länge 12,1 m; Höhe 4,13 m mit angehobenem Heck
Bewaffnung:	zwei vorwärts gerichtete 20-mm-Kanonen und vier vorwärts gerichtete 7,92-mm-Maschinengewehre in der Rumpfnase, ein rückwärts gerichtetes, lenkbares 7,92-mm-Maschinengewehr im hinteren Cockpitbereich

Messerschmitt Bf 110G und Bf 110H

Die Bf 110G sollte die Einsatzlücke füllen, die durch das Versagen der Messerschmitt Me 210 entstanden war, und erschien 1942 als Weiterentwicklung der Bf 110F mit dem leistungsstärkeren DB-605-Motor. Der Typ wurde hauptsächlich für die Landesverteidigung verwendet. Als Varianten gab es den Tagesbomber G-1 bis G-3 und den mit Radar ausgerüsteten Nachtbomber G-4 und noch schwerer bewaffnete Nebenvarianten. Die Bf 110 kam zu ihrer vollen Geltung als Nachtjäger – eine Funktion, bei der Größe, Gewicht und Schwerfälligkeit keine Hindernisse darstellten. Die Bf 110H-1 bis H-4 waren der Bf 110G ziemlich ähnlich; sie hatten DB-605E-Motoren, einen verstärkten Rumpf und einziehbares Heckfahrwerk. 1944 hatten die Nachtjägereinheiten der deutschen Luftwaffe etwa 320 Bf-110-Flugzeuge zur Verfügung, etwa 60 % der insgesamt verfügbaren Nachtjäger. Ein Jahr später erschienen modernere Flugzeuge wie die Heinkel He 219 Uhu und verdrängten nach und nach die Bf 110.

Herkunftsland:	Deutschland
Typ:	(Bf 110G-4c/R3) zwei-/dreisitziger Nachtjäger
Triebwerk:	zwei hängende 12-Zylinder-V-Motoren Daimler-Benz 605B-1 mit 1.475 PS (1.100 kW)
Leistung:	Höchstgeschwindigkeit 550 km/h; Anfangssteiggeschwindigkeit 661 m/min; Dienstgipfelhöhe 8.000 m; Reichweite 1.300 km
Gewicht:	Leermasse 5.094 kg; max. Startmasse 9.888 kg
Abmessungen:	Spannweite 16,25 m; Länge 13,05 m einschließlich der Antennen; Höhe 4,18 m mit angehobenem Heck
Bewaffnung:	zwei vorwärts gerichtete 30-mm-Kanonen in der Rumpfnase, zwei vorwärts gerichtete 20-mm-Kanonen auf einer Schale im Rumpfbauch, ein 7,92-mm-Doppelrohr-Maschinengewehr am Rumpfrücken oder, in der Version „Schräge Musik“, zwei 20-mm-Kanonen im Hinterrumpf

Messerschmitt Me 163 Komet

Die Komet war eines der bemerkenswertesten Flugzeuge im 2. Weltkrieg. Deutschland hielt als eines von wenigen Ländern in den 30er Jahren das Konzept eines raketenangetriebenen bemannten Flugzeugs für sinnvoll und begann, als Reaktion auf die Luftangriffe der Alliierten mit der Entwicklung des Abfangjägers Me 163. Das erste von 76 Modellen absolvierte seinen Jungfernflug im August 1941 als schwanzloses Pfeilflügel-Flugzeug, das von einem abtrennbaren Wagen aus abhob und auf einem Landeschlitten landete. Erst nach langer und schwieriger Entwicklung wurde die Me 163B im Mai 1944 bedingt in Betrieb genommen. Die Produktion belief sich auf etwa 300 Me-163B-1-Flugzeuge, deren Erfolg dadurch begrenzt war, dass der Jäger eine sehr geringe Maximalflugzeit besaß und seine flüssigkeitsangetriebene Rakete bei einer harten Landung oftmals explodierte.

Herkunftsland:	Deutschland
Typ:	(Me 163B-1a) einsitziger Abfangjäger mit sehr kurzer Reichweite
Triebwerk:	ein Flüssigkeitsraketenmotor Walter HWK 109-509A-1/2 mit 1.600 kp Schub
Leistung:	Höchstgeschwindigkeit 955 km/h; Steigleistung 9.145 m in 2 min, 36 sek; Dienstgipfelhöhe 12.000 m; Aktionsradius 35,5 km
Gewicht:	Leermasse 1.908 kg; max. Startmasse 4.310 kg
Abmessungen:	Spannweite 9,33 m; Länge 5,85 m; Höhe 2,76 m auf dem Montagegestell
Bewaffnung:	zwei vorwärts gerichtete 30-mm- oder 20-mm-Kanonen an den Flügelansätzen

Messerschmitt Me 262A-1

Zweifellos war das Konzept der Me 262 weitsichtig, denn für die damalige Zeit war ein mit Turbostrahltriebwerk angetriebenes Jagdflugzeuges sehr fortschrittlich. Die Entwicklung des Flugzeugs zog sich extrem in die Länge, da es Probleme mit den Motoren gab, die nicht genügend Schub besaßen. Die Me 262A-7 war der unmittelbare Vorläufer für das gebaute Modell, die Me 262A-1a. Obwohl sie im Juli 1942 in endgültiger Gestalt ihren Erstflug machte, genehmigte Hitler erst im November 1943 die Produktion der Me 262 nur als Hochgeschwindigkeitsbomber. Unter einem Vorwand erreichte das Entwicklungsteam, dass die Me 262 nicht nur als Bomber, sondern auch als Jäger gebaut wurde. Der Typ wurde im Sommer 1944 von Jägereinheiten der Luftwaffe in Betrieb genommen. Der erste Einsatz wurde im Oktober 1944 geflogen. Auf dem Bild ist eines der Flugzeuge der 9. Staffel, Jagdgeschwader Nr. 7 zu sehen, die Anfang 1945 in Parchim stationiert war.

Herkunftsland:	Deutschland
Typ:	(Me 262A-1a) einsitziger Abfangjäger
Triebwerk:	zwei Turbostrahltriebwerke Junkers Jumo 004B-1/2/3 mit 890 kp Schub
Leistung:	Höchstgeschwindigkeit 870 km/h; Steigleistung 6.000 m in 6 min, 48 sek; Dienstgipfelhöhe 11.450 m; Reichweite 1.050 km
Gewicht:	Leermasse 4.420 kg; max. Startmasse 7.130 kg
Abmessungen:	Spannweite 12,51 m; Länge 10,6 m; Höhe 3,83 m
Bewaffnung:	vier vorwärts gerichtete 30-mm-Kanonen in der Rumpfnase

Messerschmitt Me 262A-2

Mitte 1944 kam man zu der Überzeugung, dass die Luftmacht der Alliierten während der Landungen in Nordafrika und Italien die deutsche Luftwaffe und die Marine wirkungsvoll in Schach gehalten hatte. Man überdachte also noch einmal die Rolle der Me-262, die noch nicht im Dienst war. Hohe deutsche Offiziere und Hitler selbst überlegten, dass das neue Düsenflugzeug zum Jagdbomber gemacht werden könnte, und man entschied, das Flugzeug mit Schloss-503A-1-Bombenaufhängungen unter den Flügeln auszurüsten. Mit solcher Ausstattung kam die Me 262A-2a im Juli 1944 beim „Erprobungskommando Schenk" in den Dienst. Die Gesamtproduktion der Me 262 erreichte etwa 1.100 Flugzeuge, aber von diesen kamen nur etwa 200 einsitzige Me-262A- und zweisitzige Me-262B-Maschinen an der Front zum Einsatz. Diese waren dort sehr erfolgreich, die Piloten klagten jedoch über eine Unzuverlässigkeit der Axialturbinen.

Herkunftsland:	Deutschland
Typ:	(Me 262A-1a) einsitziger Jagdbomber
Triebwerk:	zwei Turbostrahltriebwerke Junkers Jumo 004B-1/2/3 mit 890 kp Schub
Leistung:	Höchstgeschwindigkeit 870 km/h; Steigleistung 6.000 m in 6 min, 48 sek; Dienstgipfelhöhe 11.450 m; Reichweite 1.050 km
Gewicht:	Leermasse 4.420 kg; max. Startmasse 7.130 kg
Abmessungen:	Spannweite 12,51 m; Länge 10,6 m; Höhe 3,83 m
Bewaffnung:	vier vorwärts gerichtete 30-mm-Kanonen in der Rumpfnase sowie eine externe Bombenlast von 500 kg

Messerschmitt Me 410 Hornisse

Dieses Mehrzweckflugzeug wurde als Nachfolgemodell für das schwere Jagdflugzeug Messerschmitt Me 210 entwickelt und war insgesamt erfolgreicher. Die Mängel der Me 210 waren tatsächlich – kurz bevor der Typ gestrichen werden sollte – behoben worden, und so wurde die Me 410 entwickelt. Sie wies im Großen und Ganzen die gleichen aerodynamischen und strukturellen Merkmale auf, kombiniert mit modifizierten äußeren Tragflächen und dem unterschiedlichen Triebwerk von zwei hängenden Daimler-Benz-603A-V-Kolbenmotoren. Ein Modell der Me 410 absolvierte im Herbst 1942 seinen Erstflug, und es wurden 1.137 Flugzeuge in Varianten wie der Me 410A (drei Hauptvarianten) und der Me 410B gebaut. Fünf wichtige Varianten der 410B wurden mit den DB-603G-Motoren ausgerüstet. Die B-5, ein Torpedobomber für die Schiffsbekämpfung, der Tagesaufklärer B-7 und der Nachtaufklärer B-8 waren am Ende des Krieges immer noch in einem experimentellen Stadium.

Herkunftsland:	Deutschland
Typ:	(Me 410A-1/U2) zweisitziges schweres Jagdflugzeug
Triebwerk:	zwei hängende 12-Zylinder-V-Motoren Daimler-Benz 603A mit 1.750 PS (1.305 kW)
Leistung:	Höchstgeschwindigkeit 624 km/h; Steigleistung 6.700 m in 10 min, 42 sek; Dienstgipfelhöhe 10.000 m; Reichweite 1.670 km
Gewicht:	Leermasse 7.518 kg; normale Startmasse 9.651 kg
Abmessungen:	Spannweite 16,35 m; Länge 12,48 m; Höhe 4,28 m
Bewaffnung:	zwei vorwärts gerichtete 20-mm-Kanonen in der Rumpfnase, zwei vorwärts gerichtete 20-mm-Kanonen auf einer Schale im Rumpfbauch, zwei vorwärts gerichtete 7,92-mm-Maschinengewehre in der Rumpfnase und ein 13-mm-Maschinengewehr in jedem der beiden Kästen an den Rumpfseiten

Messerschmitt Me 410 Hornisse

Fünf Hauptvarianten der 410B wurden mit dem DB-603G-Motor gebaut (siehe nebenstehend unten). Die Version U2/R2 hatte zwei 30-mm-MK103- oder MK-108-Geschütze im Bombenschacht; die UR/R5 hatte vier MG-151-Waffen im Bombenschacht installiert und opferte so sechs vorwärts gerichtete 20-mm-Kanonen; die U2/R4 besaß noch zwei weitere MG-151-Waffen im Bombenschacht. Am schwersten bewaffnet war die bemerkenswerte Me 410A-2/U4, die eine 50-mm-BK5-Kanone in der Rumpfnase trug, bei neueren Modellen auch noch doppelte MG-151- und doppelte MG-17-Waffen. Auch hatte die BK5 eine Ausrüstung zum Umbau am Einsatzort plus zwei 30-mm-MK-103-Kanonen. Diese Flugzeuge erhielten die Bezeichnung B-2/U4. Das Bild zeigt eine Me 410A-2/U4 der 6./ZG26, die im Frühjahr 1944 in Hildesheim stationiert war.

Herkunftsland:	Deutschland
Typ:	(Me 410A-2/U4) zweisitziges schweres Jagdflugzeug
Triebwerk:	zwei hängende 12-Zylinder-V-Motoren Daimler-Benz 603A mit 1.750 PS (1.305 kW)
Leistung:	Höchstgeschwindigkeit 624 km/h; Steigleistung 6.700 m in 10 min, 42 sek; Dienstgipfelhöhe 10.000 m; Reichweite 1.670 km
Gewicht:	Leermasse 7.518 kg; normale Startmasse 9.651 kg
Abmessungen:	Spannweite 16,35 m; Länge 12,48 m; Höhe 4,28 m
Bewaffnung:	50-mm-BK5-Geschütz in der Rumpfnase, zwei vorwärts gerichtete 20-mm-Kanonen in der Rumpfnase sowie ein lenkbares, seitlich bzw. rückwärts ausgerichtetes 13-mm-Maschinengewehr in jedem der beiden ferngesteuerten Kästen an den Rumpfseiten

Mikoyan-Gurevich MiG-1 und MiG-3

Die MiG-1- und MiG-3-Serien wurden wegen ihrer guten Leistungen massenweise produziert, obwohl sie schwierig zu fliegen waren: Sie hatten einen sehr kurzen Rumpf, der zu fehlender Stabilität in der Längsachse führte. Die MiG-1 wurde für eine Ausschreibung der sowjetischen Luftwaffe von Anfang 1938, die dringend ein Jagdflugzeug für große Höhen brauchte, entwickelt und absolvierte ihren Erstflug als Modell im April 1940. Insgesamt wurden 100 Flugzeuge produziert, mit einer Bewaffnung von einer 12,7-mm- und zwei 7,62-mm-Maschinengewehren und offener oder geschlossener Passagierkabine. Diesen folgte die verbesserte MiG-3, von der 3.322 Stück bis zum Frühjahr 1942 geliefert wurden. Diese wiesen verbesserten Schutz, eine Motorhaube mit Schiebedach statt Seitentür und einen erhöhten Neigungswinkel auf. Das abgebildete Flugzeug ist eine MiG-3 einer nicht zu identifizierenden sowjetischen Jägereinheit, die im Sommer 1942 an der Ostfront im Einsatz war.

Herkunftsland:	Russland
Typ:	(MiG-3) einsitziger Jäger und Jagdbomber
Triebwerk:	ein 12-Zylinder-V-Motor Mikulin AM-35A mit 1.350 PS (1.007 kW)
Leistung:	Höchstgeschwindigkeit 640 km/h; Steigleistung 5.000 m in 5 min, 42 sek; Dienstgipfelhöhe 12.000 m; Reichweite 1.195 km
Gewicht:	Leermasse 2.595 kg; max. Startmasse 3.350 kg
Abmessungen:	Spannweite 10,2 m; Länge 8,25 m; Höhe 2,65 m
Bewaffnung:	ein 12,7-mm- und zwei vorwärts gerichtete 7,62-mm-Maschinengewehre im oberen Teil des Vorderrumpfes sowie eine externe Bomben- und Raketenlast von 200 kg

Mitsubishi A6M Reisen „Zeke" und „Zero"

Im Westen war die 1940 erschienene A6M allgemein als „Zero" bekannt. Die A6M gilt als das berühmteste japanische Flugzeug des 2. Weltkrieges und war ein herausragender Marinejäger. Sie war auch das erste trägergestützte Jagdflugzeug der Welt, das seinen landgestützten Gegenstücken in nichts nachstand. Es blieb jedoch mangels eines adäquaten Nachfolgers zu lange in der Entwicklung und Produktion (11.280 Flugzeuge). Der Typ erreichte seine Höchstleistungen in der A6M2 im Kurvenkampf. Die A6M3 war stärker, hatte aber eine kürzere Reichweite, die A6M5 besaß ein schwereres Geschützfeuer; die A6M6 war besser geschützt und hatte bessere Jagdbomber-Fähigkeiten. Zusätzlich mit einem Abwurfbehälter mit Zusatztreibstoff ausgestattet, hatte die Zero eine sehr hohe Reichweite aufgrund der raffinierten Motor-/Propellerkonstruktion.

Herkunftsland:	Japan
Typ:	(A6M2 Model 21) einsitziger träger- und landgestützter Jäger und Jagdbomber
Triebwerk:	ein 14-Zylinder-Doppelsternmotor Nakajima NK1C Sakae 12 mit 950 PS (708 kW)
Leistung:	Höchstgeschwindigkeit 534 km/h; Steigleistung 6.000 m in 7 min, 27 sek; Dienstgipfelhöhe 10.000 m; Reichweite 3.104 km
Gewicht:	Leermasse 1.680 kg; max. Startmasse 2.796 kg
Abmessungen:	Spannweite 12 m; Länge 9,06 m; Höhe 3,05 m
Bewaffnung:	zwei vorwärts gerichtete 20-mm-Kanonen in den Eintrittskanten der Flügel, zwei vorwärts gerichtete 7,7-mm-Maschinengewehre im Vorderrumpf sowie eine externe Bombenlast von 120 kg

Mitsubishi A5M „Claude"

Das trägergestützte Jagdflugzeug A5M war Mitte der 30er Jahre bedeutend für die Entwicklung der japanischen Industrie und der Militär-Kapazitäten. Mit diesem Typ erlangte Japan Unabhängigkeit von westlichen Importen und Konzepten und schuf mit dem ersten trägergestützten Eindecker-Jagdflugzeug ein völlig eigenes Produkt, das in jeder Hinsicht mit seinen westlichen Gegenstücken vergleichbar war. Das erste von sechs Modellen absolvierte im Februar 1935 seinen Jungfernflug, und die A5M1 kam im Frühjahr 1937 in Betrieb. Die Produktion der Serie, die ab 1943 nicht mehr an der Front eingesetzt wurde, betrug 980 Flugzeuge in den Serien A5M1 bis A5M4; diese hatte ein offenes statt eines geschlossenen Cockpits. Es gab auch 103 Exemplare des zweisitzigen Übungsflugzeuges A5M4-K. Alles in allem wurden schätzungsweise fast 1.000 A5M-Maschinen gebaut; bei Marinepiloten war das Flugzeug sehr beliebt.

Herkunftsland:	Japan
Typ:	(A5M4) einsitziges träger- und landgestütztes Jagdflugzeug
Triebwerk:	ein 9-Zylinder-Sternmotor Nakajima Kotobuki 41 oder Kotobuki 41 Kai mit 785 PS (585 kW)
Leistung:	Höchstgeschwindigkeit 435 km/h; Steigleistung 3.000 m in 3 min, 35 sek; Dienstgipfelhöhe 9.800 m; Reichweite 1.400 km
Gewicht:	Leermasse 1.263 kg; max. Startmasse 1.822 kg
Abmessungen:	Spannweite 11 m; Länge 7,57 m; Höhe 3,27 m
Bewaffnung:	zwei vorwärts gerichtete 7,7-mm-Maschinengewehre im oberen Teil des Vorderrumpfes sowie eine externe Bombenlast von 60 kg

Mitsubishi G3M „Nell"

Obwohl die G3M beim Kriegseintritt Japans schon veraltet war, erzielte sie in der Anfangsphase von Japans Offensiven gute Erfolge. Aus Mangel an einem adäquaten Nachfolger wurde die G3M jedoch zu lange eingesetzt. Erstmals im Juli 1935 geflogen, sollte sie es der japanischen Luftwaffe ermöglichen, mit der eigenen Luftmacht tief in den Pazifik vorzustoßen. Die Variante, die 1937 in Dienst kam, war die G3M1, doch wurden diese 34 Flugzeuge bald durch die schließlich 993 Exemplare der G3M2 (stärkere Motoren und größere Kraftstoffkapazität) und der G3M3 (noch stärkere Motoren und größere Kraftstoffkapazität) ersetzt. Einige Flugzeuge wurden auch zu den bewaffneten Transportern L3Y umgebaut. Auf der Abbildung ist eine G3M3 der Takao Kokutai, 21. Koku Sentai, die im März 1941 ihren Stützpunkt in Hanoi hatte.

Herkunftsland:	Japan
Typ:	(G3M2) siebensitziger mittelschwerer Tiefangriffsbomber
Triebwerk:	zwei 14-Zylinder-Doppelsternmotoren Mitsubishi Kinsei 41, 42 oder 45 mit 1.075 PS (801,5 kW)
Leistung:	Höchstgeschwindigkeit 373 km/h; Steigleistung 3.000 m in 8 min, 19 sek; Dienstgipfelhöhe 9.130 m; Reichweite 4.380 km
Gewicht:	Leermasse 4.965 kg; max. Startmasse 8.000 kg
Abmessungen:	Spannweite 25 m; Länge 16,45 m; Höhe 3,69 m
Bewaffnung:	eine lenkbare, rückwärts gerichtete 20-mm-Kanone in der Rückenkanzel, ein lenkbares 7,7-mm-Maschinengewehr in einer einziehbaren Rückenkanzel, ein 7,7-mm-Maschinengewehr in jeder der beiden Balkenpositionen, Einrichtungen für ein 7,7-mm-Maschinengewehr im Cockpit sowie eine Bombenlast von 800 kg

Mitsubishi G4M1 „Betty“

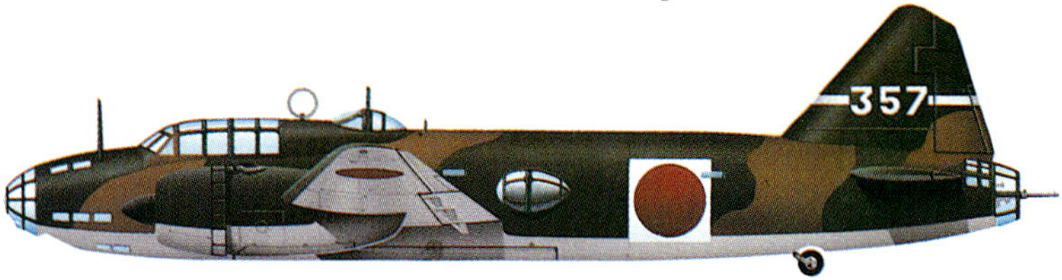

Die G4M entsprach dem Wunsch der japanischen Marineluftwaffe, landgestützte Kampfflugzeuge von den Inselgarnisonen tief in den Pazifik vorstoßen zu lassen, um feindliche Kriegsschiffe zu zerstören und die eigenen amphibischen Einsätze zu unterstützen. Die G4M besaß eine hohe Reichweite, doch zeigte sich im Kampf, dass dies auf Kosten anderer, ebenso wichtiger Qualitäten erreicht wurde: Schutz für die Besatzung, selbst abdichtende Tanks und eine solide Konstruktion, die Beschädigungen im Kampf aushielt. Das erste von zwei Modellen der G4M1, die auf eine Ausschreibung von 1937 hin gebaut wurden, flog erstmals im Oktober 1939 und wurde Anfang 1941 in Betrieb genommen. Die Gesamtproduktion erreichte 1.200 G4M1-Maschinen in Varianten wie dem Jägerkonvoi-Begleitflugzeug (mit fünf lenkbaren 20-mm-Kanonen), den Tiefangriffsbombern Modell 11 und 12, letzterer mit MK4E-Motoren. Einige wurden zu Übungs- und Transportflugzeugen umgebaut. Auf dem Bild ist eine G4M1 zu sehen.

Herkunftsland:	Japan
Typ:	(G4M1 Model 11) siebensitziger mittelschwerer Tiefangriffsbomber
Triebwerk:	zwei 14-Zylinder-Doppelsternmotoren Mitsubishi MK4A Kasei 11 mit 1.530 PS (1.141 kW)
Leistung:	Höchstgeschwindigkeit 428 km/h; Steigleistung 7.000 m in 18 min; Reichweite 6.033 km
Gewicht:	Leermasse 6.800 kg; max. Startmasse 9.500 kg
Abmessungen	Spannweite 25 m; Länge 20 m; Höhe 6 m
Bewaffnung:	eine lenkbare, rückwärts gerichtete 20-mm-Kanone am Heck, ein lenkbares, rückwärts gerichtetes 7,7-mm-Maschinengewehr an der Rückenkuppel, ein lenkbares, seitlich ausgerichtetes 7,7-mm-Maschinengewehr in jeder der beiden Balkenpositionen sowie eine externe Bomben- und Torpedolast von 800 kg

Mitsubishi G4M2 „Betty“

Auf die G4M1 folgte die G4M2, von der 1.154 Flugzeuge gebaut wurden und von Mitte 1943 an in Dienst kamen, und zwar mit leistungsstärkeren Motoren, einem Schichtenströmungsflügel, einer größeren Höhenflosse, zusätzlicher Tankkapazität und schwerer Verteidigungsbewaffnung für eine bessere Gesamtleistung, aber auf Kosten der Beweglichkeit. Es gab drei Tiefangriffsbomber Modell 22 (etwa 350 Flugzeuge) mit unterschiedlicher Bewaffnung und vier Tiefangriffsbomber Modell 24 (etwa 790 Flugzeuge) mit 1.850 PS (1.379 kW) starken MK4T-Motoren und unterschiedlicher Bewaffnung als Nebenvarianten. Eine kleine Anzahl von Maschinen wurde zu Motor-Prüfständen umgewandelt, andere wiederum zu Modell-24J-Trägern für das raketenangetriebene Kamikaze-Flugzeug Yokosuka MXY7 Okha. Die G4M2 blieb bis zum Ende des 2. Weltkrieges im Dienst. Die Delegation, die die endgültige Kapitulationserklärung des japanischen Oberkommandos überbrachte, kam in zwei G4M2-Maschinen.

Herkunftsland:	Japan
Typ:	(G4M2 Model 22) siebensitziger mittelschwerer Tiefangriffsbomber
Triebwerk:	zwei 14-Zylinder-Doppelsternmotoren Mitsubishi MK4P Kasei 21 mit 1.800 PS (1.342 kW)
Leistung:	Höchstgeschwindigkeit 438 km/h; Steigleistung 8.000 m in 30 min, 24 sek; Reichweite 6.059 km
Gewicht:	Leermasse 8.160 kg; max. Startmasse 12.500 kg
Abmessungen:	Spannweite 25 m; Länge 20 m; Höhe 6 m
Bewaffnung:	zwei lenkbare, vorwärts gerichtete 7,7-mm-Maschinengewehre an der Rumpfnase, eine lenkbare 20-mm-Kanone in der Rückenkanzel, eine lenkbare, seitlich ausgerichtete 20-mm-Kanone in jeder der beiden Balkenpositionen, eine lenkbare, rückwärts gerichtete 20-mm-Kanone am Heck sowie eine Bomben- und Torpedolast von 800 kg

Mitsubishi G4M3 „Betty"

In der zweiten Hälfte des Jahres 1942 realisierte die japanische Marineluftwaffe leider zu spät, dass die G4M keine großen Überlebenschancen für die Besatzung bot, da sie keine Panzerung und keine selbst abdichtenden Tanks hatte. Viele Besatzungsmitglieder und Flugzeuge gingen verloren, weil sie getroffen wurden und Feuer gefangen hatten. Im November 1942 begann Mitsubishi daher die Arbeit an der G4M3 mit Panzerung um den Passagierraum und einen veränderten Flügel mit selbst abdichtenden Tanks. Bei dieser Gelegenheit ergriff man die Chance, die Position des Heckschützen der in amerikanischen Flugzeugen anzupassen, den Rumpf zu verkürzen und die Vorwärtsneigung des Schwerpunkts zu korrigieren, indem die Höhenflosse einen Neigungswinkel bekam; so wurde die Stabilität erhöht. Die G4M3 erschien jedoch zu spät, um viel zu bewirken, und nur 60 Stück dieser Tiefangriffsbomber Modell 34 waren bis zu Japans Kapitulation im August 1945 fertig gestellt worden.

Herkunftsland:	Japan
Typ:	(G4M3) siebensitziger mittelschwerer Tiefangriffsbomber
Triebwerk:	zwei 14-Zylinder-Doppelsternmotoren Mitsubishi MK4T Kasei 25 mit 1.825 PS (1.361 kW)
Leistung:	Höchstgeschwindigkeit 470 km/h; Steigleistung 7.000 m in 20 min, 10 sek; Dienstgipfelhöhe 9.200 m; Reichweite 4.335 km
Gewicht:	Leermasse 8.350 kg; max. Startmasse 12.500 kg
Abmessungen:	Spannweite 25 m; Länge 19,5 m; Höhe 6 m
Bewaffnung:	zwei lenkbare, vorwärts gerichtete 7,7-mm-Maschinengewehre im Bug, eine lenkbare 20-mm-Kanone in der Rückenkanzel, eine lenkbare 20-mm-Kanone in in jeder der beiden Balkenpositionen, eine lenkbare, rückwärts gerichtete 20-mm-Kanone am Heck sowie eine Bombenlast von 800 kg

Mitsubishi J2M Raiden „Jack"

Die Raiden wurde als landgestütztes Nachfolgemodell der legendären A6M Reisen entworfen. Die Entwicklung verlief jedoch sehr langsam, und als sie schließlich in Betrieb genommen wurde, waren ihre Leistungen kaum besser als die ihres Vorgängers, abgesehen von dem leistungsstärkeren Motor. Auf der anderen Seite hielten die Alliierten die Raiden jedoch für den besten Abfangjäger mit kurzer Reichweite, den die Japaner in der zweiten Hälfte des 2. Weltkrieges zur Verfügung hatten, und zwar aufgrund seiner hervorragenden Mischung von guten Leistungswerten, Stabilität, Handhabung und Kampfleistung. Nach ihrem Erstflug im März 1942 wurde die J2M erst in der zweiten Hälfte des Jahres 1943 eingesetzt, und die Produktion kam über etwa 475 Stück nicht hinaus. Varianten waren die J2M2, die J2M3 mit schwerer Bewaffnung und die J2M4, die für große Höhen optimiert war. Das abgebildete Flugzeug gehörte der 302. Kokutai der japanischen Marineluftwaffe an, die 1945 in Japan zur Verteidigung des Heimatlandes stationiert war.

Herkunftsland:	Japan
Typ:	(J2M3) einsitziger Abfangjäger
Triebwerk:	ein 14-Zylinder-Doppelsternmotor Mitsubishi MK4R-A Kasei 23a mit 1.870 PS (1.394 kW)
Leistung:	Höchstgeschwindigkeit 587 km/h; Steigleistung 6.000 m in 6 min, 14 sek; Dienstgipfelhöhe 11.700 m; Reichweite 1.899 km
Gewicht:	Leermasse 2.460 kg; normale Startmasse 3.435 kg; max. Startmasse 3.945 kg
Dimesions:	Spannweite 10,8 m; Länge 9,95 m; Höhe 3,95 m
Bewaffnung:	vier vorwärts gerichtete 20-mm-Kanonen in den Eintrittskanten der Flügel sowie eine externe Bombenlast von 120 kg

Mitsubishi Ki-15 und C5M „Babs"

Die als Aufklärer und Kommunikationsflugzeug entworfene Ki-15 machte ihren Erstflug im Mai 1936 und wurde von der japanischen Luftwaffe Ende der 30er Jahre als Ki-15-I mit dem 640 PS (477 kW) starken Nakajima-Ha-8-Sternmotor (Typ 94) in Betrieb genommen. Insgesamt wurden von der Ki-15-Serie 435 Flugzeuge gebaut; die späteren wurden mit einem stärkeren Motor auf Ki-15-II-Standard gebracht. Dieser Typ beeindruckte auch die Marineluftwaffe, welche die Entwicklung der Ki-15-II mit der Bezeichnung C5M unterstützte. Von dieser wurden 50 Stück geliefert, in Form von 20 C5M1-Maschinen mit dem 875 PS (652 kW) starken Mitsubishi-Zuisei-12-Sternmotor und 30 C5M2-Maschinen mit dem 940 PS (701 kW) starken Nakajima-Sakae-12-Sternmotor. Von 1943 an fanden sowohl die Modelle der Armee als auch die der Marine nur noch für untergeordnete Aufgaben Verwendung, auch wenn man später Kamikaze-Angriffe mit ihnen flog. Abgebildet ist eine Ki-15-I, eingesetzt von der 1. Chuitai, 15. Hikosentai der japanischen Luftwaffe.

Herkunftsland:	Japan
Typ:	(Ki-15-II) zweisitziges Aufklärungsflugzeug
Triebwerk:	ein 14-Zylinder-Doppelsternmotor Mitsubishi Ha 26-I (Typ 99, Modell 1) mit 900 PS (671 kW)
Leistung:	Höchstgeschwindigkeit 510 km/h; Steigleistung 5.000 m in 6 min, 49 sek; Dienstgipfelhöhe nicht bekannt; Reichweite nicht bekannt
Gewicht:	Leermasse 1.592 kg; normale Startmasse 2.189 kg; max. Startmasse 2.481 kg
Abmessungen:	Spannweite 12 m; Länge 3,34 m; Höhe 3,34 m
Bewaffnung:	ein lenkbares, rückwärts gerichtetes 7,7-mm-Maschinengewehr hinten im Cockpit

Mitsubishi Ki-21 „Sally" & „Gwen"

Der beste Bomber, den die japanische Luftwaffe im 2. Weltkrieg in ausreichender Anzahl zur Verfügung hatte, war die Ki-21. Auf Kosten von Schutz, Abwehrfeuerkraft und offensiver Bewaffnung war eine hohe Geschwindigkeit und große Reichweite erreicht worden. Der Typ entstand aus einer Ausschreibung von 1936 für einen modernen Bomber, und das erste von acht Modellen absolvierte im Dezember 1936 seinen Jungfernflug. Die Ki-21 wurde Mitte 1938 in Betrieb genommen. Die Produktion betrug 774 Exemplare der Ki-21-I mit 850 PS (634 kW) starken Nakajima-Ha-5-Sternmotoren in drei Nebenvarianten, die sich in der Verteidigungsbewaffnung und Kraftstoffkapazität unterschieden, sowie 1.278 Exemplare der Ki-21-II mit einem anderen und stärkeren Triebwerk in zwei Nebenvarianten. Einige Ki-21-I-Maschinen wurden zum unbewaffneten Ziviltransporter MC-21 umgebaut. Die Abbildung zeigt eine Ki-21-IIb der japanischen Luftwaffe von 1944.

Herkunftsland:	Japan
Typ:	(Ki-21-IIb) fünf-/siebensitziger schwerer (eigentlich mittelschwerer) Bomber
Triebwerk:	zwei 14-Zylinder-Doppelsternmotoren Mitsubishi Ha-101 (Typ 100) mit 1.500 PS (1.118 kW)
Leistung:	Höchstgeschwindigkeit 486 km/h; Steigleistung 6.000 m in 13 min, 13 sek; Dienstgipfelhöhe 10.000 m; Reichweite 2.700 km
Gewicht:	Leermasse 6.070 kg; max. Startmasse 10.610 kg
Abmessungen:	Spannweite 22,5 m; Länge 16 m; Höhe 4,85 m
Bewaffnung:	ein lenkbares 12,7-mm-Maschinengewehr in der Rückenkanzel, ein 7,7-mm-Maschinengewehr an der Rumpfnase, ein 7,7-mm-Maschinengewehr am Rumpfbauch, ein 7,7-mm-Maschinengewehr am Heck, ein 7,7-mm-Maschinengewehr in jeder der beiden Balkenpositionen und eine Bombenlast von 1.000 kg

Mitsubishi Ki-30 „Ann“

Dieses Flugzeug war das erste Einsatzflugzeug der japanischen Luftwaffe mit einem Doppelstern-Kolbenmotor, einem höhenverstellbaren Propeller, Bewaffnung an den Innenstationen und geteilten Flügelklappen. Trotz dieser modernen Elemente war die Ki-30 kein ungewöhnlicher Typ; die meisten Einsätze wurden an chinesischen Kriegsschauplätzen geflogen, wo es kaum eine effektive Jäger-Abwehr gab und sie relativ ungehindert operieren konnte. Die Ursprünge dieses Typs lassen sich bis Mitte der 30er Jahre zurückverfolgen, als die japanische Luftwaffe ein ehrgeiziges Erweiterungsprogramm startete, das auf Flugzeugen japanischer Entwürfe und Herstellung basieren sollte. Das erste von 18 Modellen und Testflugzeugen machte seinen Erstflug im Februar 1937. Es folgten 686 Flugzeuge, von denen die übrig gebliebenen 1942 an die Übungseinheiten überstellt wurde. Auf der Abbildung ist eine Ki-30 vom 2. Chutai, 10. Hikosentai, der japanischen Luftwaffe von 1942 zu sehen.

Herkunftsland:	Japan
Typ:	zweisitziger leichter Tiefangriffsbomber
Triebwerk:	ein 14-Zylinder-Doppelsternmotor Nakajima Ha-5 Kai (Typ 97) mit 950 PS (708 kW)
Leistung:	Höchstgeschwindigkeit 432 km/h; Steigleistung 5.000 m in 10 min, 36 sek; Dienstgipfelhöhe 8.570 m; Reichweite 1.700 km
Gewicht:	Leermasse 2.230 kg; max. Startmasse 3.322 kg
Abmessungen:	Spannweite 14,55 m; Länge 10,34 m; Höhe 3,645 m
Bewaffnung:	ein vorwärts gerichtetes 7,7-mm-Maschinengewehr in der Eintrittskante des Backbordflügels, ein lenkbares, rückwärts gerichtetes 7,7-mm-Maschinengewehr im hinteren Cockpit sowie eine interne Bombenlast von 400 kg

Mitsubishi Ki-46-I und Ki-46-II „Dinah"

Eine der besten Maschinen ihres Typs, die im 2. Weltkrieg eingesetzt wurde, und auch eines der elegantesten Flugzeuge war die Ki-46. Entworfen war sie als Höhenaufklärer für eine Ausschreibung von 1937, und das Modell absolvierte im November 1939 seinen Erstflug. Tests zeigten hervorragende Leistungen und Handhabung, und es wurden zunächst 34 Ki-46-I-Maschinen mit dem 900 PS (671 kW) starken Mitsubishi-Ha-26-I-Sternmotor gebaut, bevor man zum ersten voll einsatzfähigen Modell kam, der Ki-46-II. Etwa 1.093 Exemplare der Ki-46-II mit einem stärkeren Motor wurden geliefert und erwiesen sich als kaum erreichbar für Abfangjäger. Einige dieser Flugzeuge wurden später zum Ki-46-II-Kai-Standard als Funk- und Navigations-Übungsflugzeuge weiterentwickelt; sie hatten ein zusätzliches abgestuftes Cockpit hinter dem Standardelement. Die Flugzeuge waren ein wichtiger Faktor im frühen Pazifikfeldzug; als die Jagdflugzeuge der Alliierten jedoch verbessert wurden, häuften sich die Verluste der Ki-46-II.

Herkunftsland:	Japan
Typ:	(Ki-46-II) zweisitziger Höhenaufklärer
Triebwerk:	zwei 14-Zylinder-Doppelsternmotoren Mitsubishi Ha-102 (Typ 1) mit 1.055 PS (787 kW)
Leistung:	Höchstgeschwindigkeit 604 km/h; Steigleistung 8.000 m in 17 min, 58 sek; Dienstgipfelhöhe 10.720 m; Reichweite 2.474 km
Gewicht:	Leermasse 3.263 kg; normale Startmasse 5.050 kg; max. Startmasse 5.800 kg
Abmessungen:	Spannweite 14,7 m; Länge 11 m; Höhe 3,88 m
Bewaffnung:	ein lenkbares, rückwärts gerichtetes 7,7-mm-Maschinengewehr im hinteren Cockpitbereich

Mitsubishi Ki-46-III „Dinah"

Man nahm an, dass Jagdflugzeuge der Alliierten, die die Ki-46-II anfangen könnten, im Laufe des Jahres 1942 erscheinen würden. So gab die japanische Luftwaffe eine verbesserte Version als Ki-46-III in Auftrag. Das erste von zwei Modellen absolvierte seinen Jungfernflug im Dezember 1942 mit aufgestocktem Triebwerk, vergrößerter Kraftstoffkapazität für eine weitere Stunde Flugdauer und eine nicht mehr abgestufte und daher weniger Luftwiderstand produzierende Cockpithaube. Die Produktion der Ki-46-III (609 Flugzeuge) fand zwischen 1942 und 1945 statt, parallel zu den späteren Bauphasen der Ki-46-II von 1940 bis 1944. Die Ki-46-III war das beste strategische Aufklärungsflugzeug, das in bedeutender Anzahl im 2. Weltkrieg eingesetzt wurde. Sie hatte ein große Reichweite sowie eine hohe Geschwindigkeit und Dienstgipfelhöhe, so dass sie von den Flugzeugen der Alliierten praktisch nicht abgefangen werden konnte. Die Gesamtproduktion aller Versionen der Ki-46 belief sich auf 1.742 Flugzeuge.

Herkunftsland:	Japan
Typ:	(Ki-46-III) zweisitziger Höhenaufklärer
Triebwerk:	zwei 14-Zylinder-Doppelsternmotoren Mitsubishi Ha-112-II (Typ 4) mit 1.500 PS (1.118 kW)
Leistung:	Höchstgeschwindigkeit 630 km/h; Steigleistung 8.000 m in 20 min, 15 sek; Dienstgipfelhöhe 10.500 m; Reichweite 4.000 km
Gewicht:	Leermasse 3.831 kg; max. Startmasse 6.500 kg
Abmessungen:	Spannweite 14,7 m; Länge 11 m; Höhe 3,88 m
Bewaffnung:	ein lenkbares, rückwärts gerichtetes 7,7-mm-Maschinengewehr im hinteren Cockpitbereich

Mitsubishi Ki-46-III Kai „Dinah"

Die gute Leistung der Ki-46-III legte nahe, den Typ als Bomber-Abfangjäger einzusetzen. Die daraus entstandene Ki-46-III Kai wurde in unbekannter Zahl als Abwandlung der Ki-46-III gebaut, wobei die Aufklärer-Ausstattung entfernt, die Rumpfnase für die Unterbringung von zwei 20-mm-Kanonen verändert und der Tank oben in der Mitte abgenommen wurden, um Raum für eine schräg vorwärts/nach oben gerichtete 37-mm-Kanone zu schaffen. Der Typ wurde im November 1944 in Betrieb genommen, erwies sich jedoch wegen der schlechten Steigleistung als Enttäuschung. Die einzige Variante war die in relativ kleiner Stückzahl gebaute Ki-46-IIIb, die als Tiefangriffsbomber mit einer Bewaffnung von lediglich zwei 20-mm-Kanonen an der Rumpfnase geplant war. Modelle der Ki-46-IV mit Hochleistungs-Turbodüsen-Motoren mit 1.500 PS (1.119 kW) wurden gegen Kriegsende getestet.

Herkunftsland:	Japan
Typ:	(Ki-46-III Kai) zweisitziger Höhenabfangjäger
Triebwerk:	zwei 14-Zylinder-Doppelsternmotoren Mitsubishi Ha-112-II (Typ 4) mit 1.500 PS (1.118 kW)
Leistung:	Höchstgeschwindigkeit 630 km/h; Steigleistung 8.000 m in 19 min; Dienstgipfelhöhe 10.500 m; Reichweite nicht bekannt
Gewicht:	Leermasse 3.831 kg; normale Startmasse 5.722 kg; max. Startmasse 6.230 kg
Abmessungen:	Spannweite 14,7 m; Länge 11 m; Höhe 3,88 m
Bewaffnung:	zwei vorwärts gerichtete 20-mm-Kanonen im Bug und eine schräg nach oben/vorwärts gerichtete 37-mm-Kanone im oberen Teil des Mittelrumpfes

Mitsubishi Ki-67 Hiryu „Peggy"

Die Ki-67 Hiryu war der beste Bomber, der im 2. Weltkrieg von der japanischen Armee- und Marineluftwaffe eingesetzt wurde, denn er verband hohe Leistung mit guter Abwehrfeuerkraft, entsprechender Angriffswaffenlast und einer soliden Konstruktion, die ausreichenden Schutz für die Besatzung und gute Kraftstoffversorgung bot. Mitsubishi reichte den Entwurf bei einer Ausschreibung von 1940 ein, und das erste von 19 Modellen flog im Dezember 1942 das erste Mal. In Betrieb genommen wurde die Ki-67-I im Sommer 1944 nach einem Entwicklungsprogramm, das durch den Wunsch der Armee verlangsamt wurde, die Hiryu in verschiedenen Varianten zu bauen und so ihrer guten Leistung und Handhabung Rechnung zu tragen. Die Gesamtproduktion erreichte 698 Maschinen, von denen einige zu Kamikaze-Flugzeugen mit explosiver Ladung umgewandelt wurden. Die Abbildung zeigt eine Ki-67 der japanischen Luftwaffe.

Herkunftsland:	Japan
Typ:	(Ki-67-I) sechs-/achtsitziger mittelschwerer Bomber
Triebwerk:	zwei 18-Zylinder-Doppelsternmotoren Mitsubishi Ha-104 (Typ 4) mit 1.900 PS (1.417 kW)
Leistung:	Höchstgeschwindigkeit 537 km/h; Steigleistung 6.000 m in 14 min, 30 sek; Dienstgipfelhöhe 9.470 m; Reichweite 3.800 km
Gewicht:	Leermasse 8.649 kg; max. Startmasse 13.765 kg
Abmessungen:	Spannweite 22,5 m; Länge 18,7 m; Höhe 7,7 m
Bewaffnung:	eine lenkbare 20-mm-Kanone in der Rückenkanzel, zwei lenkbare, rückwärts gerichtete 12,7-mm-Maschinengewehre am Heck, ein lenkbares 12,7-mm-Maschinengewehr an der Rumpfnase, ein 12,7-mm-Maschinengewehr in jeder der beiden Balkenpositionen sowie eine Bomben- oder Torpedolast von 1.070 kg

Morane-Saulnier MS.406

Die MS.406 war Frankreichs erstes modernes Eindecker-Jagdflugzeug mit frei tragenden Flügeln, geschlossenem Cockpit und einem Heckfahrwerk, das sich zum Großteil einziehen ließ. Es war im 2. Weltkrieg jedoch bereits veraltet und erlitt schwere Verluste gegen die Jagdflugzeuge der deutschen Luftwaffe. Der Typ war für eine Ausschreibung von 1934 entworfen worden und zunächst als MS.405 geplant, deren Modell im August 1935 zum ersten Mal flog. Dieses führte zu 15 MS.405C.1-Jagdflugzeug-Modellen. Daraufhin erfolgte der Bau der MS.406C.1, von der zunächst 1.000 Exemplare im März 1938 in Auftrag gegeben wurden. Die MS.406 wurde in zwei Produktionsschienen gebaut, und 1.077 Flugzeuge wurden zwischen Juni 1938 und Juni 1940 fertig gestellt. Exporte gingen in die Schweiz und die Türkei. Erbeutete Flugzeuge wurden an Kroatien und Finnland weitergegeben. Das abgebildete Flugzeug ist eine MS.405C.1 der Escadron d'Entrainement der Vichy-Luftwaffe, die 1941 in Toulouse stationiert war.

Herkunftsland:	Frankreich
Typ:	(MS.406C.1) einsitziges Jagdflugzeug
Triebwerk:	ein 12-Zylinder-V-Motor Hispano-Suiza 12Y-31 mit 860 PS (641 kW)
Leistung:	Höchstgeschwindigkeit 490 km/h; Steigleistung 5.000 m in 6 min, 30 sek; Dienstgipfelhöhe 9.400 m; Reichweite 1.500 km
Gewicht:	Leermasse 1.872 kg; max. Startmasse 2.722 kg
Abmessungen:	Spannweite 10,62 m; Länge 8,17 m; Höhe 3,25 m mit angehobenem Heck
Bewaffnung:	eine vorwärts gerichtete 20-mm-Kanone oder ein vorwärts gerichtetes 7,5-mm-Maschinengewehr in einer Motorinstallation und zwei vorwärts gerichtete 7,5-mm-Maschinengewehre in den Eintrittskanten der Flügel

Naval Aircraft Factory N3N

Das Modell der XN3N-1 absolvierte 1935 seinen Jungfernflug, und 179 N3N-1-Maschinen wurden vom Juni 1936 an mit Einrichtungen für ein Dreibein-Fahrgestell oder mit Gleitkufen geliefert. Die ersten 159 Flugzeuge hatten den Wright-R-790-8-Sternmotor mit 220 PS (164 kW), doch wechselten spätere Maschinen zu dem stärkeren R-760-8-Motor. Dieser wurde auch in den 816 Exemplaren der N3N-3 verwendet, die von 1938 mit verändertem Seitenleitwerk, modifiziertem Hauptfahrwerk mit einer einzelnen Stütze auf jeder Seite und einer nicht verkleideten Motorinstallation geliefert, die im Nachhinein 1941 und 1942 für die N3N-1 eingerichtet wurde. Die N3N-Serie war den ganzen 2. Weltkrieg hindurch von großem Nutzen, doch wurden die meisten intakten Flugzeuge bald nach dem Krieg an zivile Betriebe verkauft. Ein Flugzeug in den typischen hellen Farben ist hier abgebildet; dieses Exemplar ist eine N3N-1, die 1939 vom Stützpunkt in Pensacola aus eingesetzt wurde.

Herkunftsland:	USA
Typ:	(N3N-3) zweisitziges Schulflugzeug
Triebwerk:	ein 7-Zylinder-Sternmotor Wright R-760-2 Whirlwind 235 PS (175 kW)
Leistung:	Höchstgeschwindigkeit 203 km/h; Anfangssteiggeschwindigkeit 244 m/min; Dienstgipfelhöhe 4.635 m; Reichweite 756 km
Gewicht:	Leermasse 948 kg; max. Startmasse 1.266 kg
Abmessungen:	Spannweite 10,36 m; Länge 7,77 m; Höhe 3,3 m
Bewaffnung:	keine

Nakajima B5N „Kate"

Die B5N war ein Torpedo- und Tiefangriffsbomber und stellte das Gegenstück zum Sturzbomber Aichi D3A dar. Sie war eine der Hauptwaffen in der ersten Phase des japanischen Pazifik-Feldzugs ab Dezember 1941. Der Typ entstand aus einer Ausschreibung von 1934, und das erste von zwei Modellen absolvierte im Januar 1937 seinen Erstflug. Die weitere Entwicklung führte zur B5N1 mit einem 840 PS (626 kW) starken Nakajima-Hikari 3-Sternmotor. Der Bomber B5N1 wurde durch das auf ihm basierenden Übungsflugzeug B5N1-K ergänzt, und 1941 wurde der Typ durch die verbesserte B5N2 mit einem leistungsstärkeren Motor ersetzt. Die Gesamtproduktion der B5N belief sich auf 1.147 Flugzeuge. Die B5N2 blieb bis Mitte 1942 im Fronteinsatz; danach setzte man sie für weniger anspruchsvolle Aufgaben wie die Marineaufklärung ein. Auf der Abbildung ist eine B5N2 der japanischen Marineluftwaffe zu sehen, die 1941/42 vom Flugzeugträger Agaki aus eingesetzt wurde.

Herkunftsland:	Japan
Typ:	(B5N2) dreisitziger träger- und landgestützter Torpedo- und Tiefangriffsbomber
Triebwerk:	ein 9-Zylinder-Sternmotor Nakajima NK1B Sakae 11 mit 1.000 PS (746 kW)
Leistung:	Höchstgeschwindigkeit 378 km/h; Steigleistung 3.000 m in 7 min, 40 sek; Dienstgipfelhöhe 8.260 m; Reichweite 1.991 km
Gewicht:	Leermasse 2.279 kg; max. Startmasse 4.100 kg
Abmessungen:	Spannweite 15,52 m; Länge 10,3 m; Höhe 3,7 m
Bewaffnung:	ein lenkbares, rückwärts gerichtetes 7,7-mm-Maschinengewehr im hinteren Cockpitbereich sowie eine externe Torpedo- und Bombenlast von 800 kg

Nakajima B6N Tenzan „Jill"

Die B6N Tenzan wurde auf eine Ausschreibung von 1939 für ein Nachfolgemodell der B5N entworfen. Sie stellt eine Erweiterung des Konzepts der B5N dar, hatte aber mehr Motorkraft und so eine höhere Leistung. Das erste von zwei Modellen absolvierte seinen Erstflug im Frühjahr 1941, doch da noch technische Probleme behoben werden mussten, wurde die erste von 133 B6N1-Maschinen erst Ende 1943 mit dem 1.870 PS (1.394 kW) starken Nakajima-NK7A-Mamoru-11-Sternmotor in Betrieb genommen. Die weitere Entwicklung an diesem Motor wurde dann abgebrochen, und Nakajima musste die B6N2 mit einem anderen Triebwerk bauen. Von der B6N2 wurden insgesamt 1.133 Flugzeuge in zwei Nebenvarianten gebaut, doch war der Erfolg dieser Flugzeuge mangels ausreichend geschulter Besatzungen begrenzt. Die B6N3 war eine landgestützte Weiterentwicklung, die nicht in die Produktion ging. Das abgebildete Flugzeug ist eine B6N2 der japanischen Marineluftwaffe von 1944.

Herkunftsland:	Japan
Typ:	(B6N2) dreisitziger träger- und landgestützter Torpedobomber
Triebwerk:	ein 14-Zylinder-Doppelsternmotor Mitsubishi MK4T Kasei 25 mit 1.850 PS (1.379 kW)
Leistung:	Höchstgeschwindigkeit 481 km/h; Steigleistung 5.000 m in 10 min, 24 sek; Dienstgipfelhöhe 9.040; Reichweite 3.045 km
Gewicht:	Leermasse 3.010 kg; max. Startmasse 5.650 kg
Abmessungen:	Spannweite 14,89 m; Länge 10,87 m; Höhe 3,8 m
Bewaffnung:	ein lenkbares, rückwärts gerichtetes 7,7-mm-Maschinengewehr im hinteren Cockpitbereich, ein lenkbares, rückwärts gerichtetes 7,7-mm-Maschinengewehr in Rumpfbauchtunnel sowie eine externe Torpedo- und Bombenlast 800 kg

Nakajima Ki-27 „Nate"

Das Gegenstück der japanischen Armee-Luftwaffe zum Marineflugzeug A5M, die Ki-27, war ein frei tragender Tiefdecker-Jäger mit festem Hauptfahrwerk, aber auch modernen Elementen wie einem geschlossenen Cockpit. Die Leistungen waren beachtlich, ebenso die hohe Beweglichkeit. Der Typ absolvierte im Oktober 1936 seinen Erstflug und wurde zum Standardjäger der Armee von 1937 bis Mitte 1942. Die Produktion erreichte etwa 3.495 Flugzeuge; Hauptvarianten waren das Ki-27-Modell mit durchsichtiger Kabinenhaube, die Ki-27a mit einem stärkeren Motor und einer metallverkleideten Kabinenhaube und die Ki-27b mit durchsichtiger Kabinenhaube und Einrichtungen für Bomben unter den Flügeln. Nach 1942 wurde die Ki-27 in erster Linie als Übungsflugzeug benutzt, doch wurden mit ihnen auch Kamikaze-Einsätze in der Schlussphase des Krieges geflogen. Dieses Flugzeug war die persönliche Maschine von Leutnant Colonel Toshio Katoh, Kommandant der 1. Sentai, die im Juni 1939 ihren Stützpunkt in Kagamigahara hatte.

Herkunftsland:	Japan
Typ:	(Ki-27b) einsitziger Jäger und Jagdbomber
Triebwerk:	ein 9-Zylinder-Sternmotor Nakajima Ha-1b (Typ 97) mit 780 PS (581,5 kW)
Leistung:	Höchstgeschwindigkeit 470 km/h; Steigleistung 5.000 m in 5 min, 22 sek; Dienstgipfelhöhe 12.250 m; Reichweite 1.710 km
Gewicht:	Leermasse 1.110 kg; max. Startmasse 1.790 kg
Abmessungen:	Spannweite 11,31 m; Länge 7,53 m; Höhe 3,25 m
Bewaffnung:	zwei vorwärts gerichtete 7,7-mm-Maschinengewehre im oberen Teil des Vorderrumpfes sowie eine externe Bombenlast von 100 kg

Nakajima Ki-43 Hayabusa „Oscar"

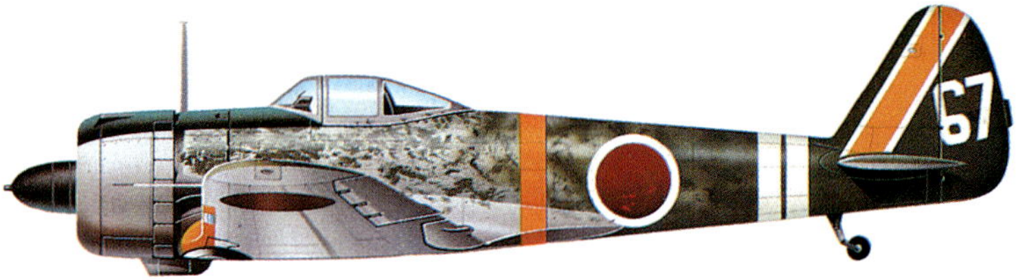

Die Ki-43 Hayabusa war das fortschrittlichste Jagdflugzeug der japanischen Luftwaffe in der Anfangsphase des 2. Weltkrieges. Der Typ war auch zahlenmäßig der bedeutendste Jäger der japanischen Luftwaffe. Seine Produktion erreichte mehr als 5.900 Flugzeuge bis zum Kriegsende, als die Ki-43, was ihre Bewaffnung und ihren Schutz anging, veraltet war. Die Hauptvarianten waren die Ki-43-I (drei Nebenvarianten) mit einem 980 PS (731 kW) starken Ha-25-Motor, der einen zweiblättrigen Propeller antrieb, die Ki-43-II (drei Nebenvarianten) mit einem stärkeren Motor, der einen dreiblättrigen Propeller antrieb, und die Ki-43-III (eine Nebenvariante) mit dem 1.230 PS (917 kW) starken Ha-115-II-Motor. Abgebildet ist eine Ki-43IIb des 3. Chutai, 25. Sentai, der japanischen Luftwaffe, stationiert im Januar 1944 in Hankow in China.

Herkunftsland:	Japan
Typ:	(Ki-43-IIb) einsitziger Jäger und Jagdbomber
Triebwerk:	ein 14-Zylinder-Doppelsternmotor Nakajima Ha-115 (Type 1) mit 1.150 PS (857 kW)
Leistung:	Höchstgeschwindigkeit 530 km/h; Steigleistung 5.000 m in 5 min, 49 sek; Dienstgipfelhöhe 11.200 m; Reichweite 3.200 km
Gewicht:	Leermasse 1.910 kg; normale Startmasse 2.590 kg; max. Startmasse 2.925 kg
Abmessungen:	Spannweite 10,84 m; Länge 8,92 m; Höhe 3,27 m
Bewaffnung:	zwei vorwärts gerichtete 12,7-mm-Maschinengewehre im oberen Teil des Vorderrumpfes sowie eine externe Bombenlast an den Außenstationen von 500 kg

Nakajima Ki-44 Shoki „Tojo"

Die Shoki wurde als Jagdflugzeug sowohl mit geringer als auch mit großer Last als Abfangjäger entworfen. Der Typ war der einzige Abfangjäger, den die japanische Luftwaffe in Betrieb hatte, und nachdem amerikanische Bomber mit strategischen Angriffen auf die japanischen Inseln begonnen hatten, bewiesen die Shokis ihren Wert als die am schnellsten steigenden japanischen Jäger. Die Ki-44 wurde gegen Ende des Jahres 1942 in Dienst genommen und war zu Anfang unpopulär unter den Piloten, die an leichter beladene und beweglichere Jäger gewöhnt waren. Zur Produktion von insgesamt 1.222 Stück gehörten auch die Ki-44-I (drei Nebenvarianten) mit dem 1.250 PS (932 kW) starken Ha-41-Motor und MG-Bewaffnung und die Ki-44-II (drei Nebenvarianten) mit einem stärkeren Motor und schwererer Bewaffnung. Die Ki-44-III (zwei Nebenvarianten) hatte den 2.000 PS (1491 kW) starken Ha-145-Motor und eine Bewaffnung von entweder vier 20-mm-Kanonen (Ki-44-IIIa) oder zwei 20-mm- und zwei 37-mm-Kanonen (Ki-44-IIIB). Auf dem Bild ist eine Ki-44-IIb zu sehen.

Herkunftsland:	Japan
Typ:	(Ki-44-II) einsitziges Jagdflugzeug
Triebwerk:	ein 14-Zylinder-Doppelsternmotor Nakajima Ha-109 (Typ 2) mit 1.520 PS (1.133 kW)
Leistung:	Höchstgeschwindigkeit 605 km/h; Steigleistung 5.000 m in 4 min, 17 sek; Dienstgipfelhöhe 11.200 m; Reichweite 1.700 km
Gewicht:	Leermasse 2.106 kg; normale Startmasse 2.764 kg; max. Startmasse 2.993 kg
Abmessungen:	Spannweite 9,45 m; Länge 8,79 m; Höhe 3,25 m
Bewaffnung:	zwei 12,7-mm-Maschinengewehre im oberen Teil des Vorderrumpfes und zwei vorwärts gerichtete 12,7-mm-Maschinengewehre in den Eintrittskanten der Flügel sowie eine Bombenlast von 200 kg

Nakajima Ki-49 Donryu „Helen“

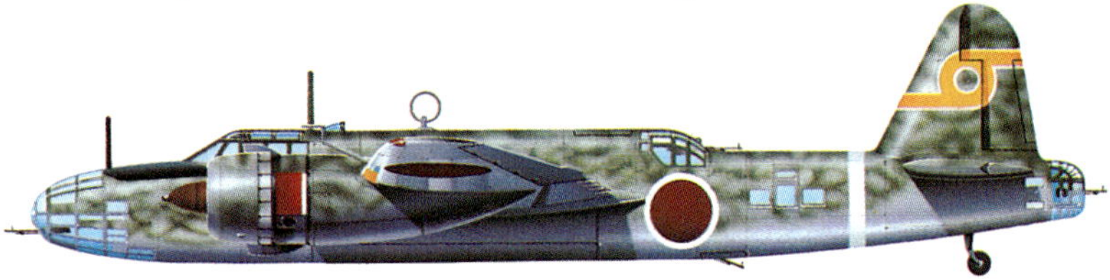

Die Donryu wurde von 1938 an als Nachfolgemodell für die Mitsubishi Ki-21 geplant, konnte den älteren Typ jedoch allenfalls ergänzen. Das erste von drei Modellen absolvierte seinen Jungfernflug im August 1939. Die Auswertung von sieben provisorischen Modellen bereitete das Erscheinen der Ki-49-I von August 1941 an vor, von der 129 Stück mit einem Triebwerk von zwei 1.250 PS (932 kW) starken Nakajima-Ha-41-Sternmotoren geliefert wurden. Darauf folgten 667 Exemplare der Ki-49-II in zwei Nebenvarianten mit einem stärkeren und andersartigen Triebwerk, verbessertem Schutz und schwererer Abwehrfeuerkraft. Es gab auch drei Modelle der Eskortierer Ki-58 ohne Bomben, aber mit einer lenkbaren Bewaffnung von fünf 20-mm-Kanonen und drei 12,7-mm-Maschinengewehren. Da die Ki-49 ihre Aufgaben nicht zufriedenstellend erfüllte, wurden die Flugzeuge in späteren Phasen des Krieges zunehmend für untergeordnete Aufgaben verwendet.

Herkunftsland:	Japan
Typ:	(Ki-49-IIa) achtsitziger mittelschwerer Bomber
Triebwerk:	zwei 14-Zylinder-Doppelsternmotoren Nakajima Ha-109 (Typ 2) mit 1.500 PS (1.118 kW)
Leistung:	Höchstgeschwindigkeit 492 km/h; Steigleistung 5.000 m in 13 min, 39 sek; Dienstgipfelhöhe 9.300 m; Reichweite 2.950 km
Gewicht:	Leermasse 6.530 kg; max. Startmasse 11.400 kg
Abmessungen:	Spannweite 20,42 m; Länge 16,5 m; Höhe 4,25 m
Bewaffnung:	eine lenkbare 20-mm-Kanonen in der Rückenkanzel, ein 12,7-mm-Maschinengewehr an der Rumpfnase, ein 12,7-mm-Maschinengewehr am Heck, ein 12,7-mm-Maschinengewehr am Rumpfbauch, ein 7,7-mm-Maschinengewehr in jeder der beiden Balkenpositionen sowie eine Bombenlast von 1.000 kg

Nakajima Ki-84 Hayate „Frank"

Als Nachfolger für die Ki-43 geplant, war die Hayate eines der besten Jagdflugzeuge, das der japanischen Luftwaffe in der Schlussphase des 2. Weltkrieges zur Verfügung stand. Die hohen Grundleistungen wurden noch dadurch begünstigt, dass sie in ausreichender Anzahl zur Verfügung stand und von den Problemen verschont blieb, an denen viele der anderen Typen litten. Die Ki-84 wurde in der ersten Hälfte des Jahres 1944 in Betrieb genommen und in einer Anzahl von 3.512 Stück in zwei Hauptvarianten gebaut. Dies waren die Ki-84-I (in vier immer besser bewaffneten Nebenvarianten) und die Ki-84-II (zwei Nebenvarianten), die aus der Ki-84-I entwickelt war und einen Hinterrumpf und einige andere Teile aus Holz hatte, da die Reserven an leichten Legierungen zur Neige gingen. Die letzte Variante war die Ki-116, eine Abwandlung der Ki-84 von Mansyu mit leichterem Triebwerk. Abgebildet ist eine Ki-84-1a vom 58. Shimbu-tai im August 1944.

Herkunftsland:	Japan
Typ:	(Ki-84-Ia) einsitziger Jäger und Jagdbomber
Triebwerk:	ein 18-Zylinder-Doppelsternmotor Nakajima Ha-45 (Typ 4) Modell 23 mit 1.900 PS (1.417 kW)
Leistung:	Höchstgeschwindigkeit 631 km/h; Steigleistung 5.000 m in 5 min, 54 sek; Dienstgipfelhöhe 10.500 m; Reichweite 2.168 km
Gewicht:	Leermasse 2.660 kg; normale Startmasse 3.613 kg; max. Startmasse 4.170 kg
Abmessungen:	Spannweite 11,24 m; Länge 9,92 m; Höhe 3,39 m
Bewaffnung:	zwei vorwärts gerichtete 20-mm-Kanonen in den Eintrittskanten der Flügel, zwei vorwärts gerichtete 12,7-mm-Maschinengewehre im Vorderrumpf sowie eine externe Bombenlast von 500 kg

North American B-25A/B Mitchell

Die Mitchell wurde in einer Anzahl von 9.816 Stück gebaut und war ein klassischer mittelschwerer Bomber, der auch zu einem guten Schiffsbekämpfungsflugzeug weiterentwickelt wurde. Die Ursprünge des Typs liegen im Jahr 1938, als North American darauf setzte, dass die US-Luftwaffe einen neuen Tiefangriffsbomber brauchte. Daraufhin begann die Arbeit an der NA-40, die im Januar 1939 vor dem Umbau zur NA-40B ihren Erstflug absolvierte. Mit dem Umbau sollte der endgültigen Ausschreibung der Luftwaffe vom Januar 1939 entsprochen werden. Das Konzept hatte sich dann zur NA-62 gewandelt, von der anschließend 24 B-25-Maschinen in Auftrag gegeben und vom Februar 1941 an geliefert wurden. Spätere Lieferungen umfassten 40 bzw. 120 B-25A- und B-25B-Maschinen, erstere mit selbst abdichtenden Tanks und letztere mit Rücken- und Bauchkanzeln, dafür aber ohne Heckkanzel. Die B-25B nahm an der Operation „Doolittle“ im April 1942 teil, als 16 Flugzeuge von einem Flugzeugträger starteten, um Tokyo zu bombardieren.

Herkunftsland:	USA
Typ:	(B-25B) fünfsitziger mittelschwerer Bomber
Triebwerk:	zwei 14-Zylinder-Doppelsternmotoren Wright R-2600-9 mit 1.700 PS (1.267 kW)
Leistung:	Höchstgeschwindigkeit 483 km/h; Dienstgipfelhöhe 7.175 m; Reichweite 2.172 km mit einer Bombenlast von 1.361 kg
Gewicht:	Leermasse 9.072 kg; max. Startmasse 12.909 kg
Abmessungen:	Spannweite 30,66 m; Länge 16,13 m, Höhe 4,8 m
Bewaffnung:	ein lenkbares, vorwärts gerichtetes 7,6-mm-Maschinengewehr an der Rumpfnase, zwei lenkbare 12,7-mm-Maschinengewehre in der Rückenkanzel, zwei lenkbare 12,7-mm-Maschinengewehre in der Bauchkanzel sowie eine interne Bombenlast von 1.361 kg

North American B-25C/D Mitchell

Die B-25-Serie wurde ab 1942 im Kampf eingesetzt. Schon früh äußerten die Piloten Bedenken wegen der komplizierten Handhabung des Typs, dennoch spielte das Flugzeug eine bedeutende Rolle im Luftkrieg. Der B-25B folgten die nahezu identischen B-25C und B-25D in den Einsatz. Diese waren dann die ersten Serienfertigungen, und zwar mit 1.619 von Inglewood produzierten B-25C-Maschinen und 2.290 von Kansas City gebauten B-25D-Maschinen mit einem stärkeren Motor, Autopiloten, Aufhängungen an den Außenstationen für einen 907 kg schweren Torpedo oder acht 113-kg-Bomben, Einrichtungen für vorwärts gerichtete Maschinengewehre in Bündeln, die in die Seiten des Vorderrumpfes eingepasst waren und – in späteren Flugzeugen – vergrößerter Kraftstoffkapazität. Die beiden Modelle kamen an fast allen amerikanischen Kriegsschauplätzen zum Einsatz. 533 B-25C/D-Maschinen wurden als Mitchell Mk II an Großbritannien geliefert, um 23 Mitchell-Mk-I (B-25B-)-Maschinen zu ergänzen.

Herkunftsland:	USA
Typ:	(B-25C) fünfsitziger mittelschwerer Bomber
Triebwerk:	zwei 18-Zylinder-Doppelsternmotoren Wright R-2600-13 mit 1.700 PS (1.267,5 kW)
Leistung:	Höchstgeschwindigkeit 457 km/h; Steigleistung 4.570 m in 16 min, 30 sek; Dienstgipfelhöhe 6.460 m; Reichweite 2.454 km mit einer Bombenlast von 1.452 kg
Gewicht:	Leermasse 9.208 kg; max. Startmasse 18.960 kg
Abmessungen:	Spannweite 20,6 m; Länge 16,12 m; Höhe 4,82 m
Bewaffnung:	zwei lenkbare, vorwärts gerichtete 12,7-mm-Maschinengewehre an der Rumpfnase, zwei lenkbare 12,7-mm-Maschinengewehre in der Rückenkanzel, zwei lenkbare 12,7-mm-Maschinengewehre in der Bauchkanzel sowie eine interne und externe Bomben- und Torpedolast von 1.361 kg

North American B-25G/H/J Mitchell

Die in einer Anzahl von 405 Flugzeugen – darunter fünf B-25C-Abwandlungen – gelieferte B-25G war ein Schiffsbekämpfungsmodell, das für den Einsatz im Pazifik entwickelt und für vier Mann Besatzung und ein 75-mm-M4-Geschütz in der Rumpfnase zusammen mit zwei vorwärts gerichteten 12,7-mm-Browning-MGs und vier gekoppelten Geschützen eingerichtet war. 1.000 B-25H-Maschinen hatten ein leichteres 75-mm-Geschütz, acht vorwärts gerichtete 12,7-mm-MGs, sechs lenkbare 12,7-mm-MGs (je zwei am Rumpfrücken sowie den neuen Heckpositionen und je eines in den beiden neuen Balkenpositionen) und Einrichtungen für acht 12,7-mm-Raketen unter den Flügeln. 4.318 B-25J-Maschinen (ohne 75-mm-Geschütz) und entweder die verglaste Rumpfnase der B-25D oder in späteren Flugzeugen eine massive Rumpfnase mit acht 12,7-mm-Waffen. Etwa 313 B-25J-Maschinen wurden als Mitchell Mk III an Großbritannien geliefert. Nach Kriegsende wurde das Flugzeug in viele Länder exportiert blieb noch einige Zeit im Dienst, das letzte der USA bis Mai 1960.

Herkunftsland:	USA
Typ:	(B-25H) fünfsitziger mittelschwerer Bomber
Triebwerk:	zwei 18-Zylinder-Doppelsternmotoren Wright R-2600-13 mit 1.700 PS (1.267,5 kW)
Leistung:	Höchstgeschwindigkeit 442 km/h; Steigleistung 4.570 m in 19 min; Dienstgipfelhöhe 7.255 m; Reichweite 4.345 km
Gewicht:	Leermasse 9.061 kg; max. Startmasse 16.351 kg
Abmessungen:	Spannweite 20,6 m; Länge 15,7 m; Höhe 4,8 m
Bewaffnung:	ein vorwärts gerichtetes 75-mm-Geschütz in der unteren Backbordseite der Rumpfnase, vier 12,7-mm-Maschinengewehre im Vorderrumpf, zwei 12,7-mm-Maschinengewehre in der Rückenkanzel, zwei lenkbare 12,7-mm-Maschinengewehre am Heck, ein 12,7-mm-Maschinengewehr in jeder der beiden Balkenpositionen und eine interne Bombenlast von 2.449 kg

North American P-51A/C Mustang

Die Mustang war eines der besten Mehrzweckflugzeug im 2. Weltkrieg. Sie war ein gutes Kampfflugzeug mit hohen Leistungen, guter Beschleunigung und Manövrierbarkeit, einem soliden Rahmen und anderen im Einsatz wichtigen Eigenschaften. Die Mustang entstand auf eine britischen Ausschreibung und absolvierte im Oktober 1940 mit dem Allison V-1710-Motor ihren Erstflug. Dieser Motor wurde auch in den 1.045 Exemplaren der P-51 und der P-51A (Mustang Mk I und II) verwendet, die von April 1942 an als Tiefangriffs- und Aufklärungsjäger im Einsatz waren. Die P-51B und P-51C (1.988 bzw. 1.750 Flugzeuge) wechselten zu dem Packard V-1650, der amerikanischen Version des klassischen britischen Rolls-Royce-Merlin-Motors. Die Mustang war eines der wichtigsten Jagdflugzeuge im 2. Weltkrieg.

Herkunftsland:	USA
Typ:	(P-51B) einsitziger Jäger und Jagdbomber
Triebwerk:	ein 12-Zylinder-V-Motor Packard V-1650-3 mit 1.400 PS (1.044 kW)
Leistung:	Höchstgeschwindigkeit 708 km/h; Steigleistung 3.050 m in 1 min, 48 sek; Dienstgipfelhöhe 12.800 m; Reichweite 3.540 km
Gewicht:	Leermasse 3.103 kg; max. Startmasse 5.080 kg
Abmessungen:	Spannweite 11,89 m; Länge 9,83 m; Höhe 2,64 m
Bewaffnung:	sechs vorwärts gerichtete 12,7-mm-Maschinengewehre in den Eintrittskanten der Flügel sowie eine externe Bombenlast von 907 kg

North American P-51D bis P-51K Mustang

Die Kombination des Mustang-Rahmens mit einem Merlin-Motor in der P-51B/C bereitete spätere Entwicklungen vor. Das erste Nachfolgeflugzeug war die endgültige P-51D, von der 7.966 Maschinen mit einem verkürzten Hinterrumpf und einer Klarsicht-Kabinenhaube geliefert wurden. Spätere Maschinen besaßen auch eine vergrößerte Kraftstoffkapazität und Einrichtungen unter den Flügeln für Raketengeschosse alternativ zu Bomben für die immer wichtiger werdenden Tiefangriffe. Bald wurde die P-51D ergänzt durch das Leichtgewichts-Modell P-51H (555 Stück) und die P-51K-Version der P-51D mit unterschiedlichem Propeller (1.337 Stück). Unter den Varianten der P-51-Serie war auch die a-36A Apache, ein Sturzbomber und Tiefangriffsmodell und die F-6-Serie von Fotoaufklärern. Aufträge für 1.700 P-51L-Maschinen und 1.628 P-51M-Jäger wurden bei der Kapitulation Japans zurückgezogen; bis zu diesem Zeitpunkt waren 15.386 Flugzeuge gebaut worden.

Herkunftsland:	USA
Typ:	(P-51D) einsitziger Jäger und Jagdbomber
Triebwerk:	ein 12-Zylinder-V-Motor Packard V-1650-7 mit 1.695 PS (1.264 kW)
Leistung:	Höchstgeschwindigkeit 703 km/h; Steigleistung 6.095 m in 7 min, 18 sek; Dienstgipfelhöhe 12.770 m; Reichweite 3.703 km
Gewicht:	Leermasse 3.103 kg; max. Startmasse 5.493 kg
Abmessungen:	Spannweite 11,28 m; Länge 9,84 m; Höhe 4,16 m bei abgesenktem Heck
Bewaffnung:	sechs vorwärts gerichtete 12,7-mm-Maschinengewehre in den Eintrittskanten der Flügel sowie eine externe Bomben- und Raketenlast von 907 kg

Northrop A-17

Die A-17 war eine Weiterentwicklung des Gamma-2-Transporters für Tiefangriffe. Die erste von 110 A-17-Maschinen wurde im Juli 1935 geliefert. Es folgten 129 Exemplare der A-17A mit stärkerem Motor und einziehbarem Fahrwerk und zwei Exemplare des dreisitzigen Kommandotransporters A-17AS. Alle amerikanischen Maschinen wurden vor Kriegseintritt der USA nur noch für untergeordnete Aufgaben verwendet, doch wurde einige (nach der Übernahme von Northrop durch Douglas als DB-8 gebaut) exportiert und nahmen aktiv am Krieg teil. Unter den Exporten waren 102 (darunter einige in Lizenz gebaute) für Schweden sowie 17, 20, 36 bzw. 10 für den Irak, die Niederlande, Norwegen und Peru. Peru gab auch 34 weitere Flugzeuge in Auftrag, die die Bezeichnung A-33 trugen. Diese Flugzeuge waren mit sechs 7,62-mm-Maschinengewehren bewaffnet und hatten eine mögliche Bombenlast von 816 kg. Frankreich erhielt weitere 32, Großbritannien 61 Maschinen.

Herkunftsland:	USA
Typ:	(A-17A) zweisitziges Tiefangriffsflugzeug
Triebwerk:	ein 14-Zylinder-Doppelsternmotor Pratt & Whitney R-1535-13 mit 825 PS (615 kW)
Leistung:	Höchstgeschwindigkeit 354 km/h; Steigleistung 1.525 m in 3 min, 54 sek; Dienstgipfelhöhe 5.915 m; Reichweite 1.923 km
Gewicht:	Leermasse 2.316 kg; max. Startmasse 3.425 kg
Abmessungen:	Spannweite 14,55 m; Länge 9,65 m; Höhe 3,66 m
Bewaffnung:	vier vorwärts gerichtete 7,6-mm-Maschinengewehre in den Eintrittskanten der Flügel, ein lenkbares, rückwärts gerichtetes Maschinengewehr hinten im Cockpit, für das auch Einrichtungen in der Bauchluke bestehen, sowie eine interne und externe Bombenlast von 544 kg

Northrop N-3PB

Die N-3PB war an die frei tragenden Eindecker, die Jack Northrop während seiner Zeit bei der Douglas Aircraft Company entworfen hatte, angelehnt. 1940 vergab eine norwegische Kommission kurz vor dem Einmarsch der Deutschen einen Auftrag für 24 dieser Wasserflugzeuge. Die norwegische Exilregierung erhielt den Auftrag für die N-3PB dennoch aufrecht, und das erste Exemplar flog im Januar 1941. Im April 1941 waren alle Flugzeuge an den Stützpunkt der Exilregierung in Kanada geliefert worden. Ein Geschwader setzte den Typ ein und flog 18 Wasserflugzeuge von drei Stützpunkten in Island auf Konvoi-Begleitpatrouillen unter Kontrolle einer britischen Luftwaffeneinheit. Im Sommer 1942 wurde schließlich klar, dass die N-3PB der Aufgabe nicht gewachsen war, und das Flugzeug wurde als Übungsflugzeug eingesetzt. Auf der Abbildung ist eine N3-PB der norwegischen Marineluftwaffe zu sehen, die 1941–1942 als 330. Staffel des Küstenkommandos der britischen Luftwaffe im Einsatz war.

Herkunftsland:	USA
Typ:	(N-3PB) dreisitziger Küstenaufklärer und Konvoi-Begleitungs-Wasserflugzeug
Triebwerk:	ein 9-Zylinder-Sternmotor Wright GR-1820-G205A Cyclone mit 1.100 PS (820 kW)
Leistung:	Höchstgeschwindigkeit 414 km/h; Steigleistung 4.570 m in 14 min, 24 sek; Dienstgipfelhöhe 7.315 m; Reichweite 1.609 km
Gewicht:	Leermasse 2.808 kg; max. Startmasse 4.808 kg
Abmessungen:	Spannweite 14,91 m; Länge 10,97 m; Höhe 3,66 m
Bewaffnung:	vier vorwärts gerichtete 12,7-mm-Maschinengewehre in den Eintrittskanten der Flügel, ein 7,6-mm-Maschinengewehr hinten im Cockpit, ein 7,6-mm-Maschinengewehr am Rumpfbauch sowie eine Bombenlast von 907 kg

Northrop P-61A Black Widow

Obwohl sie nicht die Leistungen oder die Feuerkraft der deutschen Heinkel He 219 Uhu besaß, war die Black Widow ein immens fähiger und beeindruckender Nachtjäger mit dem zusätzlichen Vorteil, dic nächtliche Intruderrolle mit einer sehr schweren, abwerfbaren Last übernehmen zu können. Das erste von zwei XP-61-Modellen absolvierte im Mai 1942 seinen Jungfernflug als sehr großes, doppelmotoriges Flugzeug mit einer Gondel für die Besatzung in der Mitte, Radar und Bewaffnung sowie zwei rückwärtigen Verlängerungen der Motorgondel, die das Leitwerk stützten. Darauf folgten 13 YP-61-Testflugzeuge, bevor die P-61A (200 Flugzeuge) im Sommer 1944 in Betrieb genommen wurde. Alle Flugzeuge hatten eine primäre Bewaffnung von vier 20-mm-Kanonen, die ersten 37 besaßen auch einen kraftbetriebenen Rückenkasten mit vier 12,7-mm-Maschinengewehren, der dann wegen des Flatterns weggelassen wurde. Die P-61A-Maschinen wurden ab der ersten Hälfte des Jahres 1944 im Pazifik eingesetzt.

Herkunftsland:	USA
Typ:	(P-61A) zwei-/dreisitziger Nachtjäger
Triebwerk:	zwei 18-Zylinder-Doppelsternmotoren Pratt & Whitney R-2800-65 mit 2.250 PS (1.678 kW)
Leistung:	Höchstgeschwindigkeit 594 km/h; Steigleistung 4.570 m in 7 min, 36 sek; Dienstgipfelhöhe 10.090 m; Reichweite 3.058 km
Gewicht:	Leermasse 9.510 kg; max. Startmasse 15.513 kg
Abmessungen:	Spannweite 20,12 m; Länge 14,91 m; Höhe 4,46 m
Bewaffnung:	vier vorwärts gerichtete 20-mm-Kanonen in der Unterseite des Vorderrumpfes und in den ersten 37 Flugzeugen vier lenkbare 12,7-mm-Maschinengewehre in einem ferngesteuerten Rückenkasten

Northrop P-61B/C Black Widow

Die P-61 war von Anfang an als Nachtjäger mit Radar geplant und wurde – nachdem ein Vertrag mit der US-Luftwaffe im Januar 1941 unterzeichnet war – aus den XP-61-Modellen entwickelt. Bevor die P-61A zum Einsatz kam, begann bereits Northrop mit der Lieferung der P-61B, die Verbesserungen wie eine etwas verlängerte Rumpfnase aufwies. Die Lieferungen betrugen 450 Flugzeuge. Weitere Verbesserungen, die während der Produktion eingeführt wurden, waren – beginnend bei der P-61B-10 – vier Aufhängungen unter dem Rumpf, die jeweils eine Bombe oder einen Abwurfbehälter trugen, von der P-61B-15 an ein Rückenkasten für vier Geschütze und von der P-61B-20 an ein General Electric-Rückenkasten mit einem veränderten Feuerkontrollsystem. Obwohl die Besatzungsmitglieder mit der Feuerkraft und Beweglichkeit der P-61A und der P-61B zufrieden waren, sahen sie die Geschwindigkeit und Steigleistung der beiden Varianten kritisch, was zur Entwicklung der P-61C führte, von der 41 Stück mit zwei 2.800 PS (2.088 kW) starken R-2800-73-Motoren fertig gestellt wurden.

Herkunftsland:	USA
Typ:	(P-61B) dreisitziger Nachtjäger und Intruder
Triebwerk:	zwei 18-Zylinder-Doppelsternmotoren Pratt & Whitney R-2800-65 mit 2.250 PS (1.678 kW)
Leistung:	Höchstgeschwindigkeit 589 km/h; Steigleistung 6.095 m in 12 min; Dienstgipfelhöhe 10.090 m; Reichweite 4.828 km
Gewicht:	Leermasse 10.637 kg; max. Startmasse 16.420 kg
Abmessungen:	Spannweite 20,14 m; Länge 15,11 m; Höhe 4,47 m
Bewaffnung:	vier vorwärts gerichtete 20-mm-Kanonen an der Unterseite des Vorderrumpfes, vier lenkbare 12,7-mm-Maschinengewehre in einem ferngesteuerten Rückenkasten sowie eine externe Bombenlast von 2.903 kg

PZL P.23 Karas

Die aus dem P.13-Projekt für einen Sechs-Mann-Transporter entstandene P.23 Karas war ein leichter Bomber sowie ein Kooperationsflugzeug. Die P.23/I Karas war das erste von drei Modellen und absolvierte im August 1934 seinen Erstflug. Einige Probleme mussten gelöst werden, bevor das P.23A-Übungsflugzeug mit dem 590 PS (440 kW) starken Pegasus IIM2-Motor und das Einsatzmodell P.23B mit einem stärkeren Motor (40 bzw. 210 Flugzeuge) in die Produktion gingen. Mit ihrem festen Fahrwerk, mittelmäßiger Leistung, schwacher Bewaffnung und zu kleiner Passagierkabine erlitt das Flugzeug schwere Verluste bei der deutschen Invasion im September 1939. Anschließend wurden 31 übrig gebliebene Maschinen nach Rumänien geflogen. Weitere 54 Flugzeuge wurden an Bulgarien geliefert, in zwei P.43-Varianten mit Gnome-Rhône-Sternmotoren. Auf der Abbildung ist eine P.23B zu sehen, die von der 42. Staffel der polnischen Luftwaffe eingesetzt wurde, welche im September 1939 der Pomorze-Armee angegliedert wurde.

Herkunftsland:	Polen
Typ:	(P.23B Karas) dreisitziger leichter Aufklärungsbomber
Triebwerk:	ein 9-Zylinder-Sternmotor PZL (Bristol) Pegasus VIII mit 680 PS (507 kW)
Leistung:	Höchstgeschwindigkeit 300 km/h; Steigleistung 2.000 m in 4 min, 45 sek; Dienstgipfelhöhe 7.300 m; Reichweite 1.400 km
Gewicht:	Leermasse 1.928 kg; max. Startmasse 3.526 kg
Abmessungen:	Spannweite 13,95 m; Länge 9,68 m; Höhe 3,3 m
Bewaffnung:	ein vorwärts gerichtetes 7,7-mm-Maschinengewehr im Vorderrumpf, ein lenkbares, rückwärts gerichtetes 7,7-mm-Maschinengewehr mit 600 Durchläufen hinten im Cockpit, ein 7,7-mm-Maschinengewehr am Rumpfbauch sowie eine externe Bombenlast von 700 kg

PZL P.24

Polens bestes Jagdflugzeug zum Zeitpunkt der deutschen Invasion im September 1939 – die P.24 – war eine leistungsstärkere Weiterentwicklung der P.11, welche wiederum eine durch einen Bristol-Mercury-Motor verstärkte Version der P.7 mit dem Bristol-Jupiter-Motor war. Alle drei Typen waren deshalb Eindecker mit verstrebten Möwenflügeln und festem Fahrwerk. Die P.24 wurde 1933 zuerst geflogen und führte den starken Gnome-Rhône-14K-Motor, ein verkleidetes Hauptfahrwerk und eine verstärkte Konstruktion ein. Die Gesamtproduktion belief sich auf etwa 300 Flugzeuge einschließlich Exportmodellen.Die Hauptvarianten waren die P.24A mit einer Kanone und einem geschlossenen Cockpit, die P.24B mit veränderter Radverkleidung, die P.24C, eine Weiterentwicklung der P.24A mit Maschinengewehrbewaffnung, die P.24E mit einem stärkeren Motor sowie die P.24F und die P.24G, verbesserte Versionen der P.24A mit Kanonen- bzw. Maschinengewehrbewaffnung. Das abgebildete Flugzeug ist eine P.24C vom 4. Regiment der türkischen Luftwaffe, 1939 in Kütaha stationiert.

Herkunftsland:	Polen
Typ:	(P.24F) einsitziges Jagdflugzeug
Triebwerk:	ein 14-Zylinder-Doppelsternmotor Gnome-Rhône 14N-07 mit 970 PS (723 kW)
Leistung:	Höchstgeschwindigkeit 430 km/h; Steigleistung 5.000 m in 5 min, 40 sek; Dienstgipfelhöhe 10.500 m; Reichweite 700 km
Gewicht:	Leermasse 1.332 kg; max. Startmasse 2.000 kg
Abmessungen:	Spannweite 10,68 m; Länge 7,6 m; Höhe 2,69 m
Bewaffnung:	zwei vorwärts gerichtete 20-mm-Kanonen und zwei vorwärts gerichtete 7,92-mm-Maschinengewehre an den Eintrittskanten der Flügel sowie eine externe Bombenlast von 40 kg

PZL P.37 Los

Die Los war bei der deutschen Invasion Polens 1939 das modernste polnische Kampfflugzeug und schnitt bei Vergleichen mit den besten mittelschweren Bombern, die zu der Zeit auf der Welt im Einsatz waren, gut ab. Die P.37/I war das erste von drei Modellen und absolvierte ihren Erstflug im Juni 1936. Die relativ schnelle Lösung früh auftretender Probleme ermöglichte Aufträge für 180 Flugzeuge als P.37A mit 873 PS (651 kW) starken Pegasus-XIIB-Motoren, einem einzigen Seitenleitwerk und einrädrigem Hauptfahrwerk, als P.37Abis mit doppeltem Seitenleitwerk und als P.37B mit verstärktem Triebwerk, einem neu gestalteten Cockpit, doppeltem Seitenleitwerk und zweirädrigem Hauptfahrwerk. Die Lieferungen betrugen jeweils 10, 20 und etwa 60 Maschinen. Exportflugzeuge mit Gnome-Rhóne-Motoren wurden von Bulgarien, Rumänien, der Türkei und dem ehemaligen Jugoslawien in Auftrag gegeben, doch wurde keines von ihnen fertig gestellt. Das Bild zeigt eine P.37B Los B der Reserve-Bomberbrigade der polnischen Luftwaffe im September 1939.

Herkunftsland:	Polen
Typ:	(P.37B) viersitziger mittelschwerer Aufklärungsbomber
Triebwerk:	zwei 9-Zylinder-Sternmotoren PZL (Bristol) Pegasus XX mit 918 PS (684,5 kW)
Leistung:	Höchstgeschwindigkeit 445 km/h; Dienstgipfelhöhe 9.250 m; Reichweite 1.500 km mit einer Bombenlast von 2.200 kg
Gewicht:	Leermasse 4.280 kg; max. Startmasse 8.900 kg
Abmessungen:	Spannweite 17,93 m; Länge 12,92 m; Höhe 5,08 m
Bewaffnung:	ein lenkbares, vorwärts gerichtetes 7,7-mm-Maschinengewehr an der Rumpfnase, ein lenkbares, rückwärts gerichtetes 7,7-mm-Maschinengewehr am Rumpfrücken, ein lenkbares, rückwärts gerichtetes 7,7-mm-Maschinengewehr am Rumpfbauch sowie eine interne Bombenlast von 2.580 kg

Petlyakov Pe-2

Die Pe-2 kann man als sowjetisches Gegenstück zur de Havilland Mosquito und Junkers Ju 88 ansehen, obwohl sie sich von den britischen und deutschen Modellen dadurch unterschied, dass sie ausnahmslos für den taktischen Einsatz optimiert war – dies in vielen Varianten, deren Gesamtproduktion 11.427 Flugzeuge erreichte. Die Ursprünge des Entwurfs liegen in dem VI-100-Modell für einen Höhenjäger, der 1939 bzw. 1940 zum ersten Mal flog, doch wurde der Entwurf dann zu dem Sturzbomber PB-100 mit drei statt zwei Besatzungsmitgliedern in einem Passagierraum ohne Druckausgleich umgestaltet. Dessen Triebwerk war für niedrige Flughöhen optimiert, und die Bewaffnung war unterschiedlich – es gab z. B. einen Bombenschacht im unteren Rumpfteil. Das Modell der PB-100 war eine Abwandlung der zweiten VI-100 und flog erstmals im Juni 1940. Noch im selben Monat entschied man sich, die PB-100 umgehend als Pe-2 mit einigen kleineren Veränderungen in Produktion zu geben.

Herkunftsland:	Russland
Typ:	(Pe-2) dreisitziger Mehrzweck-Tiefangriffsbomber
Triebwerk:	zwei 12-Zylinder-V-Motoren Klimov VK-105RA mit 1.100 PS (820 kW)
Leistung:	Höchstgeschwindigkeit 540 km/h; Steigleistung 5.000 m in 7 min; Dienstgipfelhöhe 8.800 m; Reichweite 1.500 km mit einer Bombenlast von 1.000 kg
Gewicht:	Leermasse 5.870 kg; max. Startmasse 8.495 kg
Abmessungen:	Spannweite 17,16 m; Länge 12,66 m; Höhe 4 m
Bewaffnung:	zwei vorwärts gerichtete 7,62-mm-Maschinengewehre in der Rumpfnase ein lenkbares, rückwärts gerichtetes 7,62-mm-Maschinengewehr am Rumpfrücken, ein lenkbares, rückwärts gerichtetes 7,62-mm-Maschinengewehr am Rumpfbauch sowie eine interne und externe Bombenlast von 1.600 kg

Petlyakov Pe-2FT

Die ursprüngliche Version der Pe-2 wurde vom Frühjahr 1942 an durch die Pe-2FT ersetzt. Die Pe-2FT besaß eine verbesserte Abwehrbewaffnung mit einzelnen 7,62-mm-Maschinengewehren in einer Rückenkanzel und an einer der beiden Balkenpositionen. Die Sturzbremsen unter den Flügeln sowie die Verglasung der Rumpfnase waren entfernt worden. Seit Februar 1943 hatte sie ein verstärktes Triebwerk. Die weitere Entwicklung führte zu Einsatzmodellen wie dem Langstrecken-Fotoaufklärungsmodell Pe-2R mit größerer Kraftstoffkapazität, dem Übungsflugzeug Pe-2UT mit Doppelsteuerung und veränderten Cockpit und dem Mehrzweckjäger Pe-3 mit einer vorwärts gerichteten Bewaffnung von zwei 20-mm-Kanonen und zwei 12,7-mm-Maschinengewehren, einzelnen, lenkbaren 12,7-mm-Maschinengewehren am Rumpfrücken und -bauch sowie Stationen unter den Flügeln für 132-mm-Raketen. Es gab auch viele experimentelle Weiterentwicklungen. Das Bild zeigt eine Pe-2FT der sowjetischen Luftwaffe gegen Ende des Krieges an der Ostfront.

Herkunftsland:	Russland
Typ:	(Pe-2FT) dreisitziger Mehrzweck-Tiefangriffsbomber
Triebwerk:	zwei 12-Zylinder-V-Motoren Klimov VK-105PF mit 1.260 PS (939,5 kW)
Leistung:	Höchstgeschwindigkeit 580 km/h; Steigleistung 5.000 m in 9 min, 18 sek; Dienstgipfelhöhe 8.800 m; Reichweite 1.315 km mit einer Bombenlast von 1.000 kg
Gewicht:	Leermasse 5.950 kg; max. Startmasse 8.520 kg
Abmessungen:	Spannweite 17,11 m; Länge 12,78 m; Höhe 3,42 m
Bewaffnung:	zwei 7,62-mm- oder ein 7,62-mm- und ein 12,7-mm-MG (alle nach vorne gerichtet) in der Rumpfnase, ein 7,62-mm-MG im Rumpfrücken, ein lenkbares 7,62-mm- oder 12,7-mm-MG am Rumpfbauch, ein lenkbares, seitlich ausgerichtetes 7,62-mm- oder 12,7-mm-MG an den Fenstern sowie eine Bombenlast von 1.600 kg

Plage & Laskiewicz (Lublin) R-XIII

In den späten 20er Jahren begannen die polnische Luftwaffe und die Marineluftwaffe ein Erweiterungsprogramm, das auch die Verwendung von Maschinen polnischer Entwürfe und Herstellung vorsah. Einer der neuen Typen war das Verbindungs- und Beobachtungsflugzeug R-XIII, eine Weiterentwicklung der R-XIV, und diese wurde dann in einer Serie von Varianten mit berädertem Fahrgestell und Gleitkufen produziert. Das Modell absolvierte seinen Erstflug im Juli 1931. In der Gesamtherstellung von 273 Maschinen waren auch wichtige Varianten wie die ursprüngliche R-XIIIA und die darauf folgende R-XIIIB mit verbesserten Waffenaufhängungen, das Wasserflugzeug R-XIIIbis, die R-XIIIC, eine verbesserte R-XIIIB, die R-XIIID, eine verbesserte R-XIIIC, das verbesserte Wasserflugzeug R-XIIIter/hydro und die R-XIIIF mit dem Skoda-G.1620A-Mors-A-Motor mit 420 PS (313kW). Obgleich sie bei Kriegsausbruch 1939 schon veraltet war, rüstete der Typ sieben Beobachtungsstaffeln aus.

Herkunftsland:	Polen
Typ:	(R-XIIID) zweisitziges Beobachtungs- und Verbindungsflugzeug
Triebwerk:	ein 7-Zylinder-Sternmotor Wright Whirlwind J-5 (von Skoda gebaut) mit 220 PS (164 kW)
Leistung:	Höchstgeschwindigkeit 195 km/h; Steigleistung 3.000 m in 15 min, 50 sek; Dienstgipfelhöhe 4.450 m; Reichweite 600 km
Gewicht:	Leermasse 887 kg; normale Startmasse 1.330 kg
Abmessungen:	Spannweite 13,2 m; Länge 8,46 m; Höhe 2,76 m
Bewaffnung:	ein oder zwei lenkbare, rückwärts gerichtete 7,7-mm-Maschinengewehre im hinteren Cockpit

Plage & Laskiewicz (Lublin) R-XVI

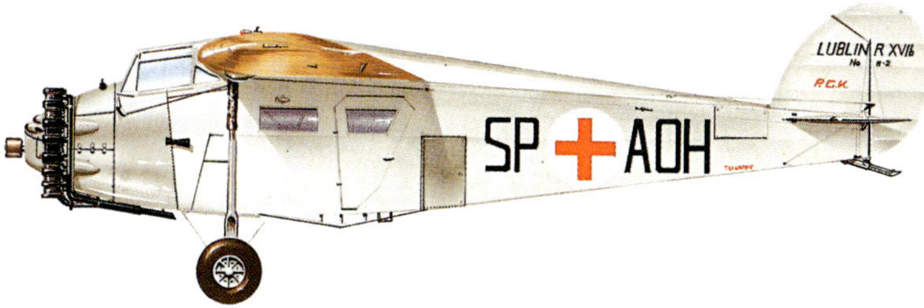

Erstmals Anfang 1932 geflogen, war das R-XVI-Modell ein leichter Hochdecker-Transporter mit Unterbringungsmöglichkeiten für vier Passagiere und einem Einzelmotor (einem in Lizenz gebauten Wright Whirlwind von Skoda), der einen nicht höhenverstellbaren Propeller antrieb. Diese Maschine erwies sich bei der nationalen Farchtfluggesellschaft LOT als nicht geeignet und wurde noch einmal überarbeitet. Der Rumpf wurde verstärkt und intern verändert, damit der Typ als Luftrettungsflugzeug dienen konnte. Erfolgreiche Tests des Modells bei einem medizinischen Luftfahrtkongress in Spanien 1933 führten zu einem Auftrag. Es folgten fünf Exemplare der R-XVIB mit einem höhenverstellbaren Propeller, einem geschlossenem Cockpit und einem noch weiter veränderten Rumpf. Alle sechs Flugzeuge waren zum Zeitpunkt der deutschen Invasion im September 1939 noch in Betrieb und wurden nur zum Abtransport der Opfer während dieses Feldzuges verwendet. Keines dieser Flugzeuge überstand den Krieg.

Herkunftsland:	Polen
Typ:	(R-XVIB) dreisitziges Luftambulanz-, leichtes Transport- und Kommunikationsflugzeug
Triebwerk:	ein 7-Zylinder-Sternmotor Wright Whirlwind J-5 (von Skoda gebaut) mit 220 PS (164 kW)
Leistung:	Höchstgeschwindigkeit 190 km/h; Steigleistung 1.000 m in 6 min, 30 sek; Dienstgipfelhöhe 4.460 m; Reichweite 800 km
Gewicht:	Leermasse 1.150 kg; normale Startmasse 1.630 kg
Abmessungen:	Spannweite 14,93 m; Länge 10,08 m; Höhe 2,96 m
Bewaffnung:	keine

Polikarpov I-15

Von Anfang 1933 an plante Nikolai Nikolayevich Polikarpov die I-15 als Nachfolgemodell für das Doppeldecker-Jagdflugzeug I-5 mit einem Möwenflügel oben (der die Sicht des Piloten nach vorne verbessern sollte) und einem Triebwerk mit einem Wright-R-1820-F-Cyclone-Sternkolbenmotor, der in begrenzter Zahl aus den USA importiert wurde, was den Beginn von Lizenzproduktionen wie dem M-25-Motor verzögerte. Die I-15 (404 Stück mit dem 480 PS bzw. 358 kW starken M-22- und 270 Stück mit dem M-25-Motor) wurde 1934 in Betrieb genommen. Diese wurden ergänzt und ersetzt durch die I-15bis (sonst I-152) in einer Stückzahl von 2.408 Flugzeugen, von denen zum Zeitpunkt des deutschen Einmarsches in Russland im Juni 1941 noch viele im Dienst waren. Die I-15bis hatte den verbesserten M-25V-Motor in einer langsehnigen Verkleidung, einen konventionellen oberen Flügel, größere Kraftstoffkapazität und doppelte Feuerkraft. Auf dem Bild ist eine der 186 I-15bis-Maschinen, die 1937–1938 zur Unterstützung chinesischer nationalistischer Streitkräfte in die Mandschurei überstellt wurden.

Herkunftsland:	Russland
Typ:	(I-15bis) einsitziges Jagdflugzeug
Triebwerk:	ein 9-Zylinder-Sternmotor M-25B mit 750 PS (559 kW)
Leistung:	Höchstgeschwindigkeit 370 km/h; Steigleistung 1.000 m in 1 min, 6 sek; Dienstgipfelhöhe 9.000 m; Reichweite etwa 530 km
Gewicht:	Leermasse 1.310 kg; max. Startmasse 1.730 kg
Abmessungen:	Spannweite 10,2 m; Länge 6,33 m; Höhe 2,19 m
Bewaffnung:	vier vorwärts gerichtete 7,62-mm-Maschinengewehre im oberen Teil des Vorderrumpfes sowie eine externe Bombenlast von 100 kg

Polikarpov I-16

Die I-16 wurde etwa zur selben Zeit wie die I-15 entworfen und war im Grundkonzept ein insgesamt fortschrittlicher Jäger. Immerhin war sie Russlands erster frei tragender Eindecker-Jäger mit einziehbarem Hauptfahrwerk (obwohl sich das Fahrgestell nur über eine manuelle Pumpe einziehen ließ). Der Typ absolvierte im Dezember 1933 seinen Erstflug und zeigte dabei gleich eine schwierige Handhabung, besonders in der Längsebene aufgrund des kurzen Rumpfes. Trotzdem ging der Typ in die Serienfertigung (7.005 Flugzeuge, dazu etwa 1.640 zweisitzige Übungsflugzeuge) und wurde bis 1942 im Kampf eingesetzt, wobei er gegen Ende jedoch schwere Verluste hinnehmen musste. Die I-16 wurde in 10 Hauptvarianten gebaut; von der I-16 Tip 1, die den Sternmotor M-22 mit 480 PS (358 kW) hatte, bis zur endgültigen I-16 Tip 24 mit einem stärkeren Motor und einer schwereren und vielseitigeren Bewaffnung.

Herkunftsland:	Russland
Typ:	(I-16 Tip 24) einsitziger Jäger und Jagdbomber
Triebwerk:	ein 9-Zylinder-Sternmotor Schwezow M-63 mit 1.100 PS (820 kW)
Leistung:	Höchstgeschwindigkeit 489 km/h; Steigleistung 5.000 m in 4 min; Dienstgipfelhöhe 9.000 m; Reichweite 700 km
Gewicht:	Leermasse 1.490 kg; max. Startmasse 2.095 kg
Abmessungen:	Spannweite 9 m; Länge 6,13 m; Höhe 2,57 m
Bewaffnung:	zwei vorwärts gerichtete 7,62-mm-Maschinengewehre im oberen Teil des Vorderrumpfes und zwei vorwärts gerichtete 7,62-mm-Maschinengewehre oder zwei vorwärts gerichtete 20-mm-Kanonen in den Eintrittskanten der Flügel sowie eine externe Bomben- und Raketenlast von 500 kg

Polikarpov I-153

Die I-153 war allgemein als I-15ter bekannt und flog 1938 das erste Mal. Sie war ein Versuch, durch die Verringerung des Luftwiderstandes die I-15bis zu modernisieren. Diese Fähigkeit wurde vor allem durch zwei wichtige Veränderungen erreicht: Der obere Möwenflügel der I-15 wurde abgeändert, und es wurde ein per Handbetrieb einziehbares Hauptfahrwerk eingeführt. Der Typ wurde in einer Anzahl von 3.437 Flugzeugen gebaut und rechtzeitig in Betrieb genommen, um an dem Grenzkonflikt mit Japan im Sommer 1939 teilzunehmen. Außerdem hatte der Typ viele Einsätze im russisch-finnischen „Winterkrieg“ von 1939/40 und in der ersten Phase des deutschen Einmarsches in Russland seit Juni 1941. Die übrig gebliebenen I-153-Maschien wurden von Mitte 1943 an Übungsdiensten zugewiesen, obwohl die Finnen erbeutete Flugzeuge bis 1944 zu wichtigen Einsätzen heranzogen. Das Flugzeug wurde mit einigem Erfolg von erfahrenen Piloten geflogen, doch für weniger geübte Piloten war die I-153 schwierig zu handhaben.

Herkunftsland:	Russland
Typ:	(I-153) einsitziger Jäger und Jagdbomber
Triebwerk:	ein 9-Zylinder-Sternmotor Schwezow M-62 mit 1.000 PS (746 kW)
Leistung:	Höchstgeschwindigkeit 444 km/h; Steigleistung 3.000 m in 3 min; Dienstgipfelhöhe 10.700 m; Reichweite 880 km
Gewicht:	Leermasse 1.348 kg; max. Startmasse 2.110 kg
Abmessungen:	Spannweite 10 m; Länge 6,17 m; Höhe 2,8 m
Bewaffnung:	vier vorwärts gerichtete 12,7-mm-Maschinengewehre im Vorderrumpf sowie eine externe Bomben- und Raketenlast von 200 kg

Potez 63.11

Das französische Kriegsministerium gab 1934 eine detaillierte Ausschreibung für ein Mehrzweck-Kampfflugzeug heraus, das von zwei neuen, von Gnome-Rhône und Hispano-Suiza entwickelten Sternmotoren mit geringem Durchmesser angetrieben werden und eine vorwärts gerichtete Bewaffnung von mindestens einer 20-mm-Kanone tragen sollte. Weiterhin forderte man eine ausreichende Funkausrüstung, damit es als Kontrollflugzeug für einsitzige Jäger in Gefechten mit Bomberformationen eingesetzt werden konnte. Der Siegerentwurf war die Potez 63, die in mehreren Varianten entwickelt wurde, darunter die Potez 63.11 für taktische Aufklärung und Armee-Kooperation. Nach dem Erstflug Dezember 1938 wurde die Potez 63.11 im November desselben Jahres in Dienst genommen. Im Juni 1940 waren bereits etwa 925 Potez-63.11A.3-Maschinen geliefert. Danach setzten sowohl die Freie Französische Luftwaffe als auch die Vichy-Luftwaffe die Maschine in Nordafrika und im Mittleren Osten ein.

Herkunftsland:	Frankreich
Typ:	dreisitziges Mehrzweckflugzeug
Triebwerk:	zwei Sternmotoren Gnome-Rhône 14M-4/5 mit 700 PS (522 kW)
Leistung:	Höchstgeschwindigkeit 425 km/h; Steigleistung 3.000 m in 6 min; Dienstgipfelhöhe 8.500 m; Reichweite 1.500 km
Gewicht:	Leermasse 3.135 kg; max. Startmasse 4.530 kg
Abmessungen:	Spannweite 16 m; Länge 10,93 m; Höhe 3,08 m
Bewaffnung:	ein 7,5-mm-Maschinengewehr unter dem Mittelrumpf, eines im HInterrumpf und eines im hinteren Cockpit, oder in manchen Modellen drei 7,5 mm-Maschinengewehre im Bug und unter dem Rumpf, vier in zwei Doppelgeschütz-Bündeln unter den Flügeln, drei unter dem Rumpf und zwei im Cockpit, dazu eine externe Bombenlast von 300 kg

Potez 633

Entstanden aus einer Ausschreibung von 1934 für ein Mehrzweckflugzeug, bahnte die Potez 630 den Weg für eine Reihe spezieller Varianten. Eine der ersten war ein leichter Bomber, der von Januar 1937 an als Modell Potez 632.01, einer Umwandlung des Nachtjägers Potez 630.02 ausgewertet wurde. Im Mai 1938 wurden 125 Exemplare der Version Potez 633B.2 in Auftrag gegeben (nur sechs geliefert), die im Prinzip dem Jagdflugzeug Potez 631C.3 ähnlich war, abgesehen von der Besatzungszahl, der Bewaffnung und der wieder eingeführten verglasten unteren Rumpfnase, in der ein Bombenschütze Position beziehen konnte. Weitere Kaufverträge wurden mit China, Griechenland, Rumänien und der Schweiz abgeschlossen. 30 Flugzeuge wurden für französische Dienste einbehalten. Ein anderes Modell war das dreisitzige Tiefangriffs- und Aufklärungsmodell Potez 637A.3 (60 geliefert) mit einer Bauchgondel und schwererer Bewaffnung. Auf dem Bild ist eines der 21 an Rumänien gelieferten Flugzeuge, eingesetzt im deutschen Feldzug in der Ukraine, zu sehen.

Herkunftsland:	Frankreich
Typ:	(Potez 633B.2) zweisitziger leichter Bomber
Triebwerk:	zwei 14-Zylinder-Doppelsternmotoren Gnome-Rhône 14M-6/7 mit 700 PS (522 kW)
Leistung:	Höchstgeschwindigkeit 439 km/h; Steigleistung 4.000 m in 8 min, 30 sek; Dienstgipfelhöhe 8.000 m; Reichweite 1.300 km
Gewicht:	Leermasse 2.450 kg; max. Startmasse 4.500 kg
Abmessungen:	Spannweite 16 m; Länge 11,07 m; Höhe 3,62 m
Bewaffnung:	ein vorwärts gerichtetes 7,5-mm-Maschinengewehr in der oberen Steuerbordseite des Vorderrumpfes, ein lenkbares, rückwärts gerichtetes 7,5-mm-Maschinengewehr im hinteren Cockpit sowie eine interne Bombenlast von 400 kg

Reggiane Re.2000 Falco I

Dieser Abfangjäger – zum ersten Mal im Mai 1939 geflogen – war das erste von Reggiane, einer Tochtergesellschaft von Caproni, entworfene Jagdflugzeug, und ähnelte auffällig dem in den USA entworfenen Seversky-Jäger (später Sikorsky genannt). Obwohl es ihm anfangs nicht gelang, einheimische Aufträge zu gewinnen, ging das Flugzeug als Re.2000-Serie I in Produktion, und zwar für Exportaufträge aus Schweden (60 Flugzeuge) und Ungarn (70 Stück sowie 191 in Lizenz gebaute mit dem Gnome-Rhône 14K-Motor). Von den 27 in Italien behaltenen Flugzeugen wurden 10 zur Re.2000-Serie II schiffsgestützter Jagdflugzeuge mit dem 1.025 PS (764 kW) starken P.XIbis-Motor umgebaut und die anderen 17 zu der Re.2000-(GA)-Serie-III-Langstrecken-Jagdbomber mit dem P.XIbis-Motor, größerer Kraftstoffkapazität und Einrichtungen für eine mögliche Bombenlast von 2.000 kg. Das schwedische Flugzeug blieb bis 1946 im Einsatz. Abgebildet ist eine Re.2000 der 1. Division, Flygflottilj 10, der schwedischen Luftwaffe, stationiert Anfang 1945 in Angelholm.

Herkunftsland:	Italien
Typ:	(Re.2000 Serie I) einsitziger Abfangjäger
Triebwerk:	ein 14-Zylinder-Doppelsternmotor Piaggio P.XI RC.40 mit 985 PS (734,5 kW)
Leistung:	Höchstgeschwindigkeit 530 km/h; Steigleistung 6.000 m in 6 min, 10 sek; Dienstgipfelhöhe 10.500 m; Reichweite 1.400 km
Gewicht:	Leermasse 2.080 kg; max. Startmasse 2.880 kg
Abmessungen:	Spannweite 11 m; Länge 7,99 m; Höhe 3,2 m
Bewaffnung:	zwei vorwärts gerichtete 12,7-mm-Maschinengewehre im oberen Teil des Vorderrumpfes sowie eine nicht näher bekannte interne Bombenlast

Reggiane Re.2001 Falco II, Re.2002 Ariete und Re.2005 Sagittario

Das Potenzial der Re.2000 konnte anfänglich aus Mangel an adäquaten Antriebsmöglichkeiten nicht verwirklicht werden, da Italien keine eigenen, leistungsstarken V-Motoren besaß. Die Lösung fand man in der Lizenzproduktion deutscher Motoren. Eine frühe Entwicklung war die Re.2001 Falco II, die im Juni 1940 ihren Erstflug als Re.2000 mit dem Alfa-Romeo-RA.1000-Motor (der ein Daimler-Benz 601 war) absolvierte. Die Produktion betrug 110 Jäger und Jagdbomber der Serie I und 124 Nachtjäger der Serie II, III und IV mit schwererer Bewaffnung. Die Re.2002 Ariete (Ram), von der 227 Stück fertig gestellt wurden, war ein Jagdbomber mit dem 1.180 PS (880 kW) starken Piaggio-P.XIX-RC.25-Sternmotor, und die Re.2005 Sagittario (Bogenschütze), von der 37 Stück gebaut wurden, war ein Jagdbomber mit dem 1.475 PS (1.100 kW) starken Fiat RA.1050-Motor (Daimler-Benz 605). Auf dem Bild ist eine Re.2001 der 150. Squadriglia, 2. Gruppo Golletto, der italienischen Luftwaffe zu sehen, die im August 1942 in Pantellaria stationiert.

Herkunftsland:	Italien
Typ:	(Re.2001 Serie III) einsitziger Nachtjäger
Triebwerk:	ein hängender 12-Zylinder-V-Motor Alfa Romeo RA.1000 RC.41-Ia Monsonie mit 1.175 PS (876 kW)
Leistung:	Höchstgeschwindigkeit 545 km/h; Steigleistung 5.000 m in 6 min, 20 sek; Dienstgipfelhöhe 11.000 m; Reichweite 1.100 km
Gewicht:	Leermasse 2.460 kg; max. Startmasse 3.280 kg
Abmessungen:	Spannweite 11 m; Länge 8,36 m; Höhe 3,15 m
Bewaffnung:	zwei vorwärts gerichtete 12,7-mm-Maschinengewehre im oberen Teil des Vorderrumpfes und zwei vorwärts gerichtete 7,7-mm-Maschinengewehre in den Eintrittskanten der Flügel

Rogozarski IK-3

Die IK-3 wurde als Nachfolgemodell für die Ikarus IK-2, einen Möwenflügel-Eindecker, entworfen und war Jugoslawiens erstes modernes Jagdflugzeug des freitragenden Tiefdecker-Typs mit geschlossenem Cockpit und einziehbarem Fahrgestell. Ein Modell dieses Typs absolvierte seinen Erstflug als Privatunternehmen im Frühjahr 1938. Obwohl dieses Flugzeug verloren ging, wurde ein Produktionsauftrag erteilt. Die ersten 12 Flugzeuge wiesen erhebliche Veränderungen an der Cockpithaube und am Fahrgestell auf, außerdem einen verstärkten Motor und einen stabileren Rahmen. Alle Flugzeuge wurden bis Juli 1939 geliefert und von der 161. und 162. Eskadrila der Grupa 51 geflogen, die ihren Stützpunkt in Zemun hatte. Nach dem Einmarsch der Deutschen im ehemaligen Jugoslawien im April 1941 gelangen ihnen einige Erfolge: Sie schossen 11 feindliche Flugzeuge ab, bevor die übrig gebliebenen Maschinen auf dem Notlandestreifen von Veliki Radnici zerstört wurden, um ihre Beschlagnahmung durch die Deutschen zu verhindern.

Herkunftsland:	ehem. Jugoslawien
Typ:	(IK-3) einsitziges Jagdflugzeug
Triebwerk:	ein hängender 12-Zylinder-V-Motor Avia Hispano-Suiza 12Ycrs mit 980 PS (731 kW)
Leistung:	Höchstgeschwindigkeit 527 km/h; Steigleistung 5.000 m in 7 min; Dienstgipfelhöhe 9.460 m; Reichweite 785 km
Gewicht:	Leermasse 2.068 kg; max. Startmasse 2.630 kg
Abmessungen:	Spannweite 10,3 m; Länge 8 m; Höhe 3,25 m
Bewaffnung:	eine vorwärts gerichtete 20-mm-Kanone in einer Motorinstallation und zwei vorwärts gerichtete 7,92-mm-Maschinengewehre im oberen Teil des Vorderrumpfes

Republic P-47M/N Thunderbolt

Als die Deutschen im Juni 1944 begannen, die Flugbombe Fieseler Fi 103 (oder V-1) auf Südengland abzuwerfen, beschloss die US-Luftwaffe, eine „Sprinter"-Version der P-47D zu schaffen und zwar als P-47M (130 Stück gebaut) mit dem R-2800-57(C)-Sternmotor, der 2.800 PS (2.088 kW) erreichte. Die letzte gebaute Version der Thunderbolt war die P-47N, die größte und schwerste von allen Varianten. Der Typ war für Einsätze im Pazifik gedacht. Besonderen Wert hatte man auf maximale Reichweite gelegt, mit größerer Kraftstoffkapazität in einem Flügel mit einer Spannweite von 12,98 m. Die Produktion der P-47N belief sich auf 1.816 Flugzeuge mit einer Höchstgeschwindigkeit von 740 km/h und einer Reichweite von mehr als 3.781 km nach einem Start mit dem Maximalgewicht von 9.390 kg. Neben dem Einsatz bei der US-Luftwaffe im Krieg wurde die Thunderbolt von Brasilien, der Freien Französischen Luftwaffe, der britischen Luftwaffe und der damaligen Sowjetunion verwendet.

Herkunftsland:	USA
Typ:	(P-47M) einsitziger Abfangjäger
Triebwerk:	ein 18-Zylinder-Doppelsternmotor Pratt & Whitney R-2800-57(C) mit 2.100 PS (1.566 kW)
Leistung:	Höchstgeschwindigkeit 756 km/h; Anfangssteiggeschwindigkeit 1.067 m/min; Dienstgipfelhöhe nicht bekannt; Reichweite 901 km
Gewicht:	Leermasse 4.728 kg; max. Startmasse 7.031 kg
Abmessungen:	Spannweite 12,42 m; Länge 10,99 m; Höhe 4,44 m
Bewaffnung:	sechs oder acht vorwärts gerichtete 12,7-mm-Maschinengewehre in den Eintrittskanten der Flügel

Republic P-47B bis P-47G

Die Thunderbolt ist eines der klassischen Flugzeuge des 2. Weltkrieges. Der Motor mit Turbolader war kräftig, die Maschine war sauber gestaltet. Das Modell der XP-47B flog erstmals im Mai 1941, doch obwohl sich gute Leistungen zeigten, mussten einige ernste Gestaltungsprobleme gelöst werden, bevor die P-47B im April 1943 im Kampf eingesetzt werden konnte. Die 171 P-47B-Jäger und die 602 weitgehend ähnlichen P-47C-Jagdbomber wurden von dem R-2800-21-Motor (2.000 PS/1.491 kW) angetrieben, während die definitive P-47D einen stärkeren Motor hatte und in ihrer wichtigsten Nebenvariante eine klarsichtige „Blasen“-Kabinenhaube statt einer gerahmten und einen scharfkantigen Hinterrumpf aufwies. Die Produktion der P-47D und der ähnlichen P-47G erreichte 12.603 bzw. 354 Stück.

Herkunftsland:	USA
Typ:	(P-47D) einsitziger Jäger und Jagdbomber
Triebwerk:	ein 18-Zylinder-Doppelsternmotor Pratt & Whitney R-2800-59 mit 2.535 PS (1.890 kW)
Leistung:	Höchstgeschwindigkeit 700 km/h; Steigleistung 4.570 m in 5 min, 36 sek; Dienstgipfelhöhe 12.800 m; Reichweite 2.776 km
Gewicht:	Leermasse 4.858 kg; max. Startmasse 7.355 kg
Abmessungen:	Spannweite 12,42 m; Länge 10,99 m; Höhe 4,44 m
Bewaffnung:	acht vorwärts gerichtete 12,7-mm-Maschinengewehre in den Eintrittskanten der Flügel sowie eine externe Bomben- und Raketenlast von 1.134 kg

Saab J21

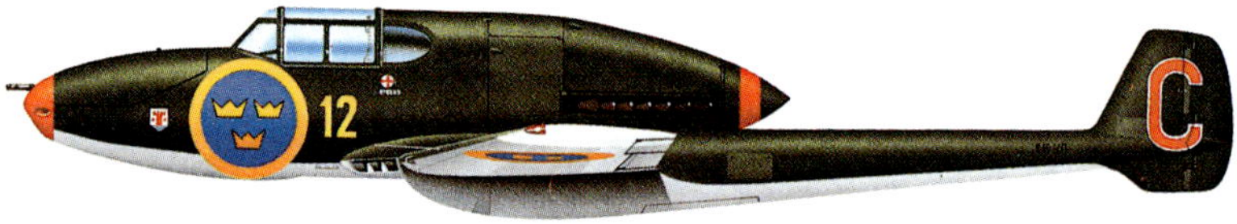

Schweden wollte seine Neutralität durch eine Politik bewaffneter Stärke im 2. Weltkrieg aufrecht erhalten, konnte sich jedoch keine Waffen aus dem Ausland beschaffen. Daraufhin führte Schweden ein eigenes Bewaffnungsprogramm durch, worin ein fortgeschrittenes Kampfflugzeug enthalten sein sollte. Zu diesem Zweck wurde schließlich die Saab 21 entworfen. Basis war ein in Lizenz produzierter Daimler-Benz-605B-Motor. Die Maschine sollte ein Tiefdecker mit Dreibeinfahrgestell, schwerer, vorwärts gerichteter Bewaffnung, einem Schleudersitz für den Piloten und einer Druckschraube mit zwei Auslegern, die den Umbau des Typs mit einem Turbodüsen-Motor wie dem J21R ermöglichte, werden. Das erste von drei J21-Modellen flog im Juli 1943, und 54 J21A-1-Jäger wurden vom Dezember 1945 an geliefert, gefolgt von 124 Exemplaren der J21A-2 mit veränderter Bewaffnung und 119 Exemplaren des J21A-3-Jagdbombers. Abgebildet ist eines der Flugzeuge, die von der Flygflottilj 12 der schwedischen Luftwaffe eingesetzt wurden.

Herkunftsland:	Schweden
Typ:	(J 21A-1) einsitziger Abfangjäger
Triebwerk:	ein 12-Zylinder V-Motor SFA DB 605B mit 1.475 PS (1.100 kW)
Leistung:	Höchstgeschwindigkeit 645 km/h; Anfangssteiggeschwindigkeit 850 m/min; Dienstgipfelhöhe 11.000 m; Reichweite 750 km
Gewicht:	Leermasse 3.250 kg; max. Startmasse 4.413 kg
Abmessungen:	Spannweite 11,6 m; Länge 10,44 m; Höhe 3,97 m
Bewaffnung:	eine vorwärts gerichtete 20-mm-Kanone, zwei vorwärts gerichtete 13,2-mm-Maschinengewehre im Bug und zwei nach vorne gerichtete 13,2-mm-Maschinengewehre an den Auslegern

Savoia-Marchetti SM.79 Sparviero

An der Sparviero waren die dreimotorige Gestaltung und der buckelige Rumpf besonders ungewöhnlich. Erstmals 1934 als SM.79P-Ziviltransporter mit acht Sitzen geflogen, wurde der Typ dann weiterentwickelt zu einem mittelschweren Aufklärungsbomber und als SM.79-I mit einem verstärkten Triebwerk von Alfa-Romeo-126-Sternmotoren und einer großen Bauchgondel in Betrieb genommen. Die darauf folgende SM.79-II wurde für die Schiffsbekämpfung optimiert und hatte zwei 450-mm-Torpedos und ein Triebwerk von drei Piaggio-P.XI-RC.40-Motoren mit 1.000 PS (746 kW) oder Fiat-A.80-RC.41-Sternmotoren mit 1.030 PS (768 kW). Das letzte italienische Modell war die SM.79-III, eine verbesserte SM.79-II mit schwererer Bewaffnung, aber ohne Bauchgondel. Die Lieferungen betrugen 1.230 Flugzeuge. Die Maschinen blieben nach dem 2. Weltkrieg als Transporter bei der italienischen Luftwaffe in Dienst.

Herkunftsland:	Italien
Typ:	(SM.79-I) vier-/fünfsitziger mittelschwerer Aufklärungsbomber
Triebwerk:	drei 9-Zylinder-Sternmotoren Alfa Romeo 126 RC.34 mit 780 PS (582 kW)
Leistung:	Höchstgeschwindigkeit 430 km/h; Steigleistung 5.000 m in 19 min, 45 sek; Dienstgipfelhöhe 6.500 m; Reichweite 1.900 km mit einer Bombenlast von 1.250 kg
Gewicht:	Leermasse 6.800 kg; max. Startmasse 10.480 kg
Abmessungen:	Spannweite 21,2 m; Länge 15,62 m; Höhe 4,4 m
Bewaffnung:	ein vorwärts gerichtetes 12,7-mm-Maschinengewehr über dem Cockpit, ein lenkbares, rückwärts gerichtetes 12,7-mm-Maschinengewehr am Rumpfrücken, ein 12,7-mm-Maschinengewehr am Rumpfbauch und ein 7,7-mm-Maschinengewehr in jeder der beiden Balkenpositionen sowie eine Bombenlast von 1.250 kg

Savoia-Marchetti SM.79B, JR und K Sparviero

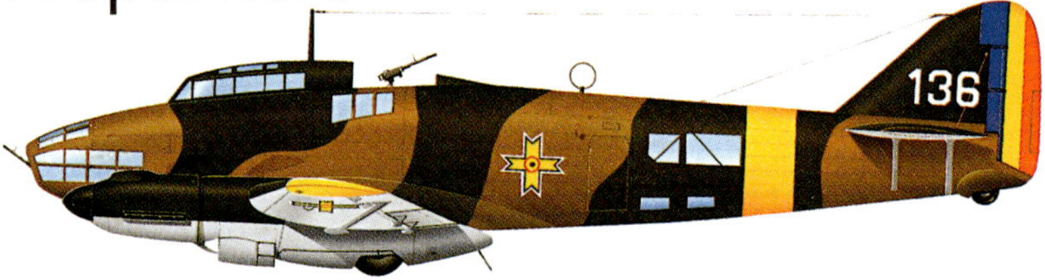

Die SM.79 wurde in den zweimotorigen Varianten exportiert. Die SM.79B war die SM.79-I-Variante für Brasilien (drei Maschinen) mit 930 PS (694 kW) starken Alfa-Romeo-128-RC.18-Motoren. Der Irak erhielt vier Maschinen mit 1.030 PS (768 kW) starken Fiat-A.80-RC.41- Motoren, und Rumänien erhielt 24 Maschinen mit 1.000 PS (746 kW) starken Gnome-Rhône-14K-Mistral-Major-Motoren. Die SM.79JR war ein weiteres Modell für Rumänien (40 Maschinen), ähnlich der SM.79B, mit 1.120 PS (835 kW) starken Junkers-Jumo-211Da-Motoren. Sechzehn von den letzteren wurden in Lizenz gebaut. Das letzte exportierte Modell war die SM.79K-Version der SM.79-I für das ehemalige Jugoslawien (45 Maschinen). Italienische Varianten waren die 16 von der SM.79-I zu VIP-Transportern umgebauten SM.79C-Maschinen mit 1.000 PS (746 kW) starken Piaggio-P.XI-RC.40-Motoren ohne Geschützstationen am Rumpfbauch oder -rücken und die SM.79T, eine Langstreckenversion der SM.79C mit 780 PS (582 kW) starken Alfa-Romeo-126-RC.34-Motoren und höherer Kraftstoffkapazität.

Herkunftsland:	Italien
Typ:	(SM.79JR) vier-/fünfsitziger mittelschwerer Aufklärungsbomber
Triebwerk:	zwei hängende 12-Zylinder-V-Motoren Junkers Jumo 211Da mit 1.120 PS (835 kW)
Leistung:	Höchstgeschwindigkeit 445 km/h; Steigleistung 3.000 m in 8 min, 36 sek; Dienstgipfelhöhe 7.400 m
Gewicht:	Leermasse 7.185 kg; max. Startmasse 10.775 kg
Abmessungen:	Spannweite 21,2 m; Länge 16,1 m; Höhe 4,4 m
Bewaffnung:	ein vorwärts gerichtetes 13-mm-Maschinengewehr über dem Cockpit, ein lenkbares, rückwärts gerichtetes 13-mm-Maschinengewehr am Rumpfrücken, ein lenkbares, rückwärts gerichtetes 13-mm-Maschinengewehr am Rumpfbauch, ein 7,92-mm-Maschinengewehr in jeder der beiden Balkenpositionen sowie eine interne Bombenlast von 1.250 kg

Savoia-Marchetti SM.81 Pipistrello

Parallel zum Transporter SM.73 entwickelt, dessen Rahmen in Grundzügen ähnlich war, war die Pipistrello ein Bomber und Transporter, der 1934 seinen Erstflug machte und 1935 in Betrieb genommen wurde. Die SM.81 wurde in einer Anzahl von 535 Flugzeugen in drei Nebenvarianten gebaut, die sich nur in ihren Triebwerken unterschieden. Sie konnten jeden der drei Typen von Sternmotoren unterbringen (zwei italienische und einen französischen, letzteren aus erbeuteten Beständen). Die SM.81 wurde bei der italienischen Eroberung Abessiniens Mitte der 30er Jahre eingesetzt und war auch in der frühen Phase des spanischen Bürgerkrieges noch wirkungsvoll, doch zum Zeitpunkt des Kriegseintritts Italiens im Juni 1940 wurde sie zunehmend als Transporter verwendet, obwohl sie auch an nächtlichen Luftangriffen in Nordafrika teilnahm. Einige überstanden den Krieg und blieben bis 1950 in italienischen Diensten. Auf dem Bild ist eine SM.81 zu sehen.

Herkunftsland:	Italien
Typ:	(SM.81) fünf-/sechssitziger Bomber und Transporter
Triebwerk:	drei 9-Zylinder-Sternmotoren Piaggio P.X RC.35 mit 670 PS (499,5 kW) oder 9-Zylinder-Sternmotoren Alfa Romeo 125 RC.35 oder 126 RC.34 mit 650 PS (485 kW) oder 14-Zylinder-Doppelsternmotoren Gnome-Rhône 14-K mit 650 PS (485 kW)
Leistung:	Höchstgeschwindigkeit 340 km/h; Steigleistung 3.000 m in 12 min; Dienstgipfelhöhe 7.000 m; Reichweite 2.000 km
Gewicht:	Leermasse 6.300 kg; max. Startmasse 10.055 kg
Abmessungen:	Spannweite 24 m; Länge 17,8 m; Höhe 6 m
Bewaffnung:	zwei 7,7-mm- oder ein 12,7-mm-Maschinengewehr in der Rückenkanzel, zwei 7,7-mm-Maschinengewehre in der Bauchkanzel und ein 7,7-mm-Maschinengewehr in Balkenposition sowie eine interne Bombenlast von 2.000 kg

Seversky P-35

Im Mai 1935 gab es eine Ausschreibung der US-Streitkräfte für ein neues Jagdflugzeug, und die Seversky Aircraft Corporation schuf daraufhin die SEV-2XP. Sie wurde in kurzer Zeit gebaut und über die Stationen SEV-1XP, SEV-7 und AP-1 mit verstärktem Motor und einer Reihe aerodynamischer Verbesserungen entwickelt, bevor sie als P-35 in Auftrag gegeben wurde. Diese 77 Flugzeuge wurden erworben, um die Produktionsfähigkeit aufrechtzuerhalten, denn die bald von Republic übernommene Firma entwickelte noch modernere Typen. Sie wurden zum August 1938 geliefert. Nach der Lieferung weiterer Jagdflugzeuge wurden die übrig gebliebenen P-35-Maschinen zu Übungs-Jagdflugzeugen. Schweden gab 120 Flugzeuge der Exportversion EP-1 in Auftrag, doch wurden 60 von diesen von den USA für den Einsatz als P-35A-Jäger beansprucht, von denen die meisten auf den Philippinen bei Luftangriffen nur Stunden nach Japans Kriegseintritt verloren gingen. Auf dem Bild ist eine P-35A der 17. Verfolgungsstaffel, stationiert 1941 in Nichols Field auf den Philippinen, zu sehen.

Herkunftsland:	USA
Typ:	(P-35) einsitziges Jagdflugzeug
Triebwerk:	ein 14-Zylinder-Doppelsternmotor Pratt & Whitney R-1830-9 mit 950 PS (708 kW)
Leistung:	Höchstgeschwindigkeit 452 km/h; Steigleistung 1.525 m in 2 min, 3 sek; Dienstgipfelhöhe 9.325 m; Reichweite 1.851 km
Gewicht:	Leermasse 1.957 kg; max. Startmasse 2.855 kg
Abmessungen:	Spannweite 10,97 m; Länge 7,67 m; Höhe 2,77 m
Bewaffnung:	ein vorwärts gerichtetes 12,7-mm-Maschinengewehr und ein vorwärts gerichtetes 7,6-mm-Maschinengewehr im oberen Teil des Vorderrumpfes sowie eine interne Bombenlast von 159 kg

Short Singapore

Short produzierte 1926 das zweimotorige Flugboot Singapore Mk I, das jedoch nur als Modell gebaut wurde, und entwickelte sie 1931 zur Singapore Mk II weiter. Diese besaß ein viermotoriges Triebwerk mit zwei Tandempaaren von Zug-/Druckschraubenmotoren. Die Singapore Mk II war vielversprechend, und im Mai 1934 gab das Luftfahrtministerium vier Maschinen in Auftrag, von denen die erste im Juli desselben Jahres ihren Erstflug absolvierte und bald die Bezeichnung Singapore Mk III erhielt. Diese bahnte den Weg für weitere 33 Flugboote. Alle 37 waren schließlich im Juni 1937 geliefert und kamen bei fünf Geschwadern zum Einsatz. Der Typ wurde 1940–1941 den Einheiten im Fernen Osten zugewiesen. Im Dezember 1941 wurden die letzten vier Flugboote der neuseeländischen Luftwaffe ausgehändigt, wo sie bis 1942 in Dienst blieben. Die Abbildung zeigt eine der Mk III-Maschinen, die zur 203. Staffel der britischen Luftwaffe gehörten; sie hatte 1940 ihren Stützpunkt in Aden, dem britischen Außenposten im Mittleren Osten.

Herkunftsland:	Großbritannien
Typ:	(Singapore Mk III) achtsitziges Seeaufklärungsflugboot
Triebwerk:	vier 12-Zylinder-V-Motoren Rolls-Royce Kestrel VIII/XX mit 610 PS (455 kW)
Leistung:	Höchstgeschwindigkeit 219 km/h; Steigleistung 1.525 m in 7 min; Dienstgipfelhöhe 4.510 m; Reichweite 1.987 km
Gewicht:	Leermasse 9.237 kg; max. Startmasse 14.692 kg
Abmessungen:	Spannweite 27,43 m; Länge 19,56 m; Höhe 7,19 m
Bewaffnung:	ein lenkbares, vorwärts gerichtetes 7,7-mm-Maschinengewehr am Bug, ein lenkbares, rückwärts gerichtetes 7,7-mm-Maschinengewehr am Rumpfrücken, ein lenkbares, rückwärts gerichtetes 7,7-mm-Maschinengewehr am Rumpfheck sowie eine Bombenlast von 590 kg

Short Stirling Mks I bis V

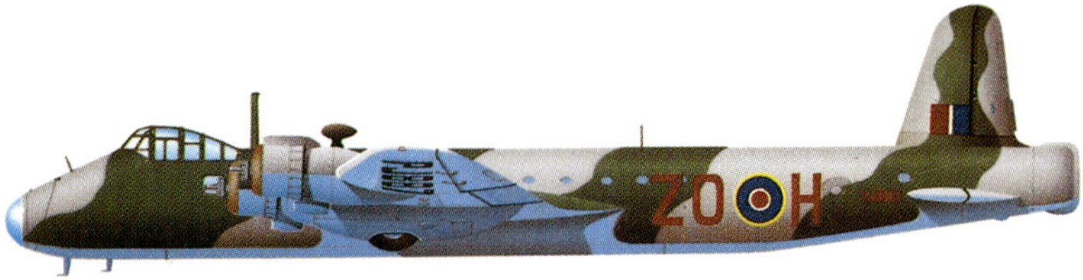

Der erste viermotorige schwere Bomber, der beim Bomberkommando der britischen Luftwaffe im 2. Weltkrieg zum Einsatz kam, war die Stirling. Sie war auch der einzige britische viermotorige Bomber, der auch schon bei Inbetriebnahme so bezeichnet wurde, denn die Avro Lancaster und die Handley Page Halifax waren beide viermotorige Weiterentwicklungen zweimotoriger Entwürfe. Trotzdem war die Stirling zwar ein sorgfältig gebautes, doch kein besonders innovatives Flugzeug, vor allem deshalb, weil das Luftfahrtministerium eine Spannweite von weniger als 30,48 m vorgegeben hatte. Die Stirling Mk I wurde im August 1940 in Betrieb genommen; die 2.374 gebauten Maschinen setzten sich zusammen aus 756 Mk-I-Bombern mit 1.595 PS (1189 kW) starken Hercules-XI-Motoren, 875 Mk-III-Bombern mit veränderter Rückenkanzel, 579 Mk-IV-Fallschirmjägern und Schleppflugzeugen ohne Rumpfnase und Rückenkanzeln und 160 unbewaffneten Mk-V-Transportern. Abgebildet ist eine Mk V der 196. Staffel der britischen Luftwaffe, 1946 in Sheperd's Grove stationiert.

Herkunftsland:	Großbritannien
Typ:	(Stirling Mk III) sieben-/achtsitziger schwerer Bomber
Triebwerk:	vier 14-Zylinder-Doppelsternmotoren Bristol Hercules XVI mit 1.650 PS (1.230 kW)
Leistung:	Höchstgeschwindigkeit 434 km/h; Anfangssteiggeschwindigkeit 244 m/min; Dienstgipfelhöhe 5.180 m; Reichweite 3.235 km mit einer Bombenlast von 1.588 kg
Gewicht:	Leermasse 21.274 kg; max. Startmasse 31.752 kg
Abmessungen:	Spannweite 30,2 m; Länge 26,59 m; Höhe 6,93 m
Bewaffnung:	zwei lenkbare, vorwärts gerichtete 7,7-mm-Maschinengewehre in der Nasenkanzel, zwei lenkbare 7,7-mm-Maschinengewehre in der Rückenkanzel, vier lenkbare, rückwärts gerichtete 7,7-mm-Maschinengewehre in der Heckkanzel sowie eine interne Bombenlast von 6.350 kg

Short Sunderland Mk I

Eine Ausschreibung von 1933 für ein modernes viermotoriges Eindecker-Flugboot ergab Entwürfe von zwei Firmen. Einer stammte von Short, das für die S.25 in der S.23 Empire-Klasse ziviler Flugboote eine hervorragende Ausgangsbasis hatte. Diese nachvollziehbare Linie begünstigte den anschließenden Auftrag des Luftfahrtministeriums für 21 Exemplare der S.25 im März 1936, etwa 18 Monate, bevor das erste Modell im Oktober 1937 seinen Jungfernflug absolvierte. Das erste gebaute Modell war die Sunderland Mk I, die im Sommer 1938 bei zunächst zwei Staffeln in Dienst genommen wurde. Im September 1939 hatten sich zwei andere in Großbritannien stationierte Staffeln für den Typ entschieden, und durch die steigende Produktionsrate konnten sich noch weitere während der ersten Kriegsmonate anschließen. Von der Sunderland Mk I wurden insgesamt 90 Flugboote gebaut, 15 davon durch die Blackburn Aircraft Company. Alle Maschinen wurden von Bristol-Pegasus-Motoren mit 1.010 PS (753 kW) angetrieben.

Herkunftsland:	Großbritannien
Typ:	(Sunderland Mk I) zehnsitziges Seeaufklärungsflugboot
Triebwerk:	vier 9-Zylinder-Sternmotoren Bristol Pegasus XXII mit 1.010 PS (753 kW)
Leistung:	Höchstgeschwindigkeit 336 km/h; Steigleistung 1.525 m in 7 min, 12 sek; Dienstgipfelhöhe 4.570 m; Reichweite 4.023 km
Gewicht:	Leermasse 13.875 kg; max. Startmasse 22.226 kg
Abmessungen:	Spannweite 34,38 m; Länge 26 m; Höhe 10,52 m
Bewaffnung:	zwei lenkbare, vorwärts gerichtete 7,7-mm-Maschinengewehre in der Bugkanzel, vier lenkbare, rückwärts gerichtete 7,7-mm-Maschinengewehre in der Heckkanzel, ein 7,7-mm-Maschinengewehr in jeder der beiden Balkenpositionen sowie eine interne Bomben-, Tiefengeschütz- und Minenlast von 907 kg

Short Sunderland Mks II bis V

Die Sunderland Mk II absolvierte ihren Erstflug im August 1941 als Weiterentwicklung der Mk I mit vier 1.050 PS (783 kW) starken Bristol-Pegasus-XVIII-Sternmotoren. Als 58 Flugboote produziert wurden, ersetzte man das einzelne Maschinengewehr in den manuell betätigten Mittelpositionen durch zwei Geschütze in einer Rückenkanzel und baute außerdem ein Luft-Boden-Radar ein. Die Sunderland Mk III, die im Juni 1942 zum ersten Mal flog, war das erste bedeutende Modell dieses Typs und entsprach im Wesentlichen einer späten Sunderland Mk II mit verändertem Boden. 407 Flugboote wurden bis Ende 1943 produziert. Das letzte gebaute Modell war die Sunderland GR.Mk V, von der bis zum Juni 1946 143 Stück mit einem erheblich verbesserten Triebwerk, besserer Bewaffnung und weiteren kleineren Änderungen fertig gestellt waren. Die Mk III wurde für den Gebrauch als Langstrecken-Passagierflugzeug umgebaut und ab März 1943 auf schrittweise verlängerten Routen eingesetzt.

Herkunftsland:	Großbritannien
Typ:	(Sunderland GR.Mk V) zehnsitziges Seeaufklärungsflugboot
Triebwerk:	vier 14-Zylinder-Doppelsternmotoren Pratt & Whitney R-1830-90B Twin Wasp mit 1.200 PS (895 kW)
Leistung:	Höchstgeschwindigkeit 343 km/h; Steigleistung 3.660 m in 16 min; Dienstgipfelhöhe 5.455 m; Reichweite 4.796 km
Gewicht:	Leermasse 16.738 kg; max. Startmasse 27.216 kg
Abmessungen:	Spannweite 34,38 m; Länge 26 m; Höhe 10,52 m
Bewaffnung:	zwei 7,7-mm-Maschinengewehre in der Bugkanzel, Einrichtungen für vier 7,7-mm-Maschinengewehre an den Bugseiten, zwei 7,7-mm-Maschinengewehre in der Rückenkanzel, vier 7,7-mm-Maschinengewehre in der Heckkanzel, ein 12,7-mm-Maschinengewehr in jeder der beiden Balkenpositionen sowie eine interne Bomben-, Tiefengeschütz- und Minenlast von 2.250 kg

Sukhoi Su-2

Die Su-2 wurde in Konkurrenz zur Ilyushin Il-2 entworfen, um die sowjetischen Bodenstreitkräfte mit Luftunterstützung zu versorgen. Wie die Il-2 lassen sich die Ursprünge des Typs deshalb bis zur sowjetischen Doktrin aus der Mitte der 30er Jahre zurückverfolgen, derzufolge die Luftmacht weniger dazu dienen sollte, mit strategischen Möglichkeiten tief in die hinteren Bereiche des Feindeslandes vorzustoßen, als vielmehr die Bodentruppen taktisch zu ergänzen. Pavel Sukhoi stand vorher einer der Brigaden in der Gestaltungsabteilung von Tupolev vor, und seine letzte Aufgabe war die Entwicklung des taktischen Aufklärungs- und Tiefangriffs-Eindeckers ANT-51 gewesen. Als man ihm erlaubte, seine eigene Gestaltungsabteilung zu gründen, machte er sich an die Weiterentwicklung der ANT-51 zu dem BB-1-Modell, das als Su-2 in die Produktion ging. Etwa 2.000 Flugzeuge wurden zwischen 1940 und 1942 gebaut. Ab 1943 erfüllte der Typ Übungsaufgaben.

Herkunftsland:	Russland
Typ:	zweisitziger leichter Tiefangriffsbomber und Aufklärungsflugzeug
Triebwerk:	ein 14-Zylinder-Doppelsternmotor Tumanskii M-88B mit 1.000 PS (746 kW)
Leistung:	Höchstgeschwindigkeit 460 km/h; Steigleistung 4.000 m in 8 min, 12 sek; Dienstgipfelhöhe 8.800 m; Reichweite 1.200 km
Gewicht:	Leermasse 2.970 kg; max. Startmasse 4.375 kg
Abmessungen:	Spannweite 14,3 m; Länge 10,46 m
Bewaffnung:	zwischen vier und acht vorwärts gerichteten 7,62-mm-Maschinengewehren in den Eintrittskanten der Flügel, ein lenkbares, nach hinten gerichtetes 7,62-mm-Maschinengewehr in der Rückenkanzel sowie eine externe Bomben- und Raketenlast von 900 kg

Supermarine Walrus

Supermarine flog 1920 zum ersten Mal sein Channel-Flugboot und 1922 die Weiterentwicklung dieser Maschine, die Seagull Mk I. Es folgte ein Programm, das im Juni 1933 zur Seagull Mk V führte; ihre Konstruktion war hauptsächlich aus Metall. Die australische Regierung gab 24 Stück dieses Typs in Auftrag. Dessen Erfolg führte zu einem Vertrag mit Großbritannien über 12 Katapultstart-Flugboote, die 1935 die veränderte Bezeichnung Walrus Mk I erhielten. Durch spätere Aufträge stieg die Gesamtproduktion auf 556 Flugboote (spätere Exemplare mit Luft-Boden-Radar), die bei der Marineluftwaffe und bei der britischen Luftwaffe als Aufklärer und Luft-/Seenotrettungsflugboot mit 635 PS (473,5 kW) starken Pegasus-IIM2-Motoren eingesetzt wurden. Das letzte Modell, von dem bis Januar 1944 91 Stück geliefert wurden, war die Walrus Mk II mit einem stärkeren Motor und einem Holzrumpf. Auf der Abbildung ist eine Walrus Mk I der 700. Staffel der Marineluftwaffe zu sehen, die in den frühen 40er Jahren von der HMS Belfast aus startete.

Herkunftsland:	Großbritannien
Typ:	(Walrus Mk II) viersitziges land- und schiffsgestütztes, amphibisches Flugboot zur Luft- und Seenotrettung, Aufklärung und U-Boot-Bekämpfung
Triebwerk:	ein 9-Zylinder-Sternmotor Bristol Pegasus VI mit 775 PS (578 kW)
Leistung:	Höchstgeschwindigkeit 217 km/h; Steigleistung 3.050 m in 12 min, 30 sek; Dienstgipfelhöhe 5.640 m; Reichweite 966 km
Gewicht:	Leermasse 2.223 kg; max. Startmasse 3.334 kg
Abmessungen:	Spannweite 13,97 m; Länge 11,58 m; Höhe 5,13 m, wenn die Landungsteile ausgefahren sind
Bewaffnung:	ein lenkbares, vorwärts gerichtetes 7,7-mm-Maschinengewehr am Bug, ein oder zwei 7,7-mm-Maschinengewehre am Rumpfrücken sowie eine Bomben- und Tiefenwaffenlast von 272 kg

Supermarine Spitfire Mks XII und XIV

In der Mitte des 2. Weltkriegs baute man stärkere Motoren wie den Rolls-Royce Griffon in Spitfire-Rahmen ein. Die erste dieser Varianten war die Spitfire Mk XII, von der 100 Stück mit einem Griffon-III- oder Griffon-VI-Motor fertig gestellt wurden. Trotzdem stellte sich als endgültige Variante erst die Spitfire Mk XIV heraus, die aus dem Mk-II-Rahmen entstanden war, aber einen Griffon-Motor und eine längere Rumpfnase, einen verkürzten Hinterrumpf und eine durchsichtige „Blasen"-Kabinenhaube sowie ein weitflächigeres Seitenleitwerk und den E-Typ-Flügel, der Einrichtungen für zwei 12,7-mm-Maschinengewehre statt der vier 7,7-mm-Waffen besaß, hatte. Die 527 F.Mk-XIV-Maschinen wurden durch 430 FR.Mk-XIV-Maschinen ergänzt, die für als Aufklärungsjäger mit einer am Rumpf befestigten Kamera optimiert wurden. Die Gesamtproduktion der Spitfire Mk XIV betrug über 900 Maschinen, die zur Zerstörung von mehr als 300 deutschen Flugbomben beitrugen.

Herkunftsland:	Großbritannien
Typ:	(Spitfire F.Mk XIV) einsitziger Jäger und Jagdbomber
Triebwerk:	ein 12-Zylinder-V-Motor Rolls-Royce Griffon 65 mit 2.050 PS (1.528,5 kW)
Leistung:	Höchstgeschwindigkeit 721 km/h; Steigleistung 6.095 m in 7 min; Dienstgipfelhöhe 13.565 m; Reichweite 1.368 km
Gewicht:	Leermasse 2.994 kg; max. Startmasse 3.856 kg
Abmessungen:	Spannweite 11,23 m; Länge 9,96 m; Höhe 3,86 m
Bewaffnung:	zwei vorwärts gerichtete 20-mm-Kanonen und entweder vier vorwärts gerichtete 7,7-mm- oder zwei vorwärts gerichtete 12,7-mm-Maschinengewehre in den Eintrittskanten der Flügel sowie eine externe Bomben- oder Raketenlast von 227 kg

Supermarine Spitfire Mk XVIII

Nach dem Erfolg der Spitfire Mk XIV erschien es logisch, dass man eine Variante für längere Strecken mit zusätzlicher Kraftstoffkapazität im Hinterrumpf entwickelte, obwohl dafür eine Verstärkung der Konstruktion und des Hauptfahrwerks notwendig war. Auch der Flügel wurde umgestaltet, und der entstandene Typ ging als Spitfire Mk XVIII in die Produktion. 300 Exemplare wurden von Mitte 1945 an als 100 F.Mk-XVIII-Jäger und 200 FR.Mk-XVIII-Aufklärungsjäger einsatzbereit gemacht. Es gab auch eine Spitfire PR.Mk XIX, von der 225 Stück als Weiterentwicklung der Mk XIV als Fotoaufklärer fertig gestellt wurden. Diese wurde vornehmlich in tropischen Gebieten eingesetzt, und für Einsätze in großen Höhen war das Cockpit mit Druckausgleich ausgestattet. Diese PR-Maschinen wurden nach dem Krieg oft benutzt und unternahmen von Stützpunkten in Hongkong aus zahlreiche Flüge über chinesisches und malaisisches Territorium. Nach dem Krieg erhielten sie die Bezeichnung PR Mk 19.

Herkunftsland:	Großbritannien
Triebwerk:	ein 12-Zylinder V-Motor Rolls-Royce Griffon 65 mit 2.050 PS (1.528,5 kW)
Leistung:	Höchstgeschwindigkeit 721 km/h; Steigleistung 6.095 in 7 min; Dienstgipfelhöhe 13.565 m; Reichweite mehr als 1.368 km
Gewicht:	Leermasse nicht bekannt; max. Startmasse 4.990 kg
Abmessungen:	Spannweite 11,23 m; Länge 10,14 m; Höhe 3,86 m
Bewaffnung:	zwei vorwärts gerichtete 20-mm-Kanonen, zwei vorwärts gerichtete 12,7-mm-Maschinengewehre in den Eintrittskanten der Flügel sowie eine externe Bomben- und Raketenlast von 227 kg

Spitfire Mk IX und XVI

Die Spitfire Mk IX wurde ab Juni 1942 als – wie man annahm – provisorischer Typ gegen die Angriffe der deutschen Focke-Wulf Fw 190 in Südengland eingesetzt. Doch die Spitfire Mk IX stellte sich als eine der erfolgreichsten Spitfire-Varianten heraus und gab im Endeffekt die Vorlage für die Spitfire Mk VC (Spitfire Mk V mit zwei Kanonen, zwei Maschinengewehren und Einrichtungen für Bomben) mit der Serie der stärkeren Merlin-60-Motoren. Die Produktion der Spitfire Mk IX erreichte insgesamt 5.665 Flugzeuge in Varianten für niedrige, mittlere und große Höhen, die in dem Pioniermodell Spitfire Mk V vorgebildet waren. Die Spitfire LF.Mk XVI (1054 Flugzeuge) war eine Weiterentwicklung mit dem 1.580 PS (1.178 kW) starken Packard-Merlin-266-Motor. Es gab auch die Spitfire PR.Mk IX, X und XI, die frühere Abwandlungen der Spitfire als Fotoaufklärer ablösten. Die PR.Mk IX war eine umgebaute Mk IX, doch die 16 bzw. 471 PR.Mk-Maschinen X und XI waren neu gebaute Flugzeuge mit Merlin-61-, 63- oder 70-Motoren.

Herkunftsland:	Großbritannien
Typ:	(Spitfire F.Mk IX) einsitziger Jäger und Jagdbomber
Triebwerk:	ein 12-Zylinder-V-Motor Rolls-Royce Merlin 61 mit 1.565 PS (1.167 kW) oder Merlin 63 mit 1.650 PS (1.230 kW)
Leistung:	Höchstgeschwindigkeit 655 km/h; Anfangssteiggeschwindigkeit 1.204 m/min; Dienstgipfelhöhe 12.105 m; Reichweite 1.576 km
Gewicht:	Leermasse 2.545 kg; max. Startmasse 4.309 kg
Abmessungen:	Spannweite 11,23 m; Länge 9,46 m; Höhe 3,85 m
Bewaffnung:	zwei vorwärts gerichtete 20-mm-Kanonen, vier vorwärts gerichtete 7,7-mm-Maschinengewehre in den Eintrittskanten der Flügel sowie eine externe Bombenlast von 454 kg

Supermarine Seafire

Mit dem technisch und taktisch veralteten Zustand ihrer zweisitzigen trägergestützten Jagdflugzeuge konfrontiert, gab die britische Marine die Seafire als marinetaugliche Version der Spitfire in Auftrag; sie war von Juni 1942 an einsatzbereit. Hauptvarianten waren die Seafire Mk IB (166 vom Spitfire-Mk-VB-Standard umgebaute Modelle), die Seafire Mk IIC (372 Stück als Jäger für mittlere und große Höhen sowie als Aufklärungsjäger) und die endgültige Seafire Mk III (1.220 Stück in den gleichen Varianten wie die Seafire Mk II, aber mit zusammenklappbaren Flügeln). Darunter waren auch 30 Seafire-Mk-III-(Hybrid-)Maschinen mit festen Flügeln (später als Seafire Mk IIC neu eingestuft) und die Seafire Mk XV, XVII, 45, 46 und 47 als nach dem Krieg entstandene Entwicklungen. Die Seafire bot gute Leistungen, war aber für trägergestützte Einsätze durch ihre lange Rumpfnase und das eng stehende Hauptfahrwerk beeinträchtigt. Trotzdem wurde das Flugzeug auch nach dem Krieg eingesetzt und war bei der 800. Staffel in Korea im Einsatz, bis es 1967 aus dem Verkehr gezogen wurde.

Herkunftsland:	Großbritannien
Typ:	(Seafire LF.Mk III) einsitziger trägergestützter Jäger und Jagdbomber
Triebwerk:	ein 12-Zylinder V-Motor Rolls-Royce Merlin 55M mit 1.600 PS (1.193 kW)
Leistung:	Höchstgeschwindigkeit 560 km/h; Steigleistung 1.525 m in 1 min, 54 sek; Dienstgipfelhöhe 7.315 m; Reichweite 890 km
Gewicht:	Leermasse 2.814 kg; max. Startmasse 3.465 kg
Abmessungen:	Spannweite 11,23 m; Länge 9,21 m; Höhe 3,42 m
Bewaffnung:	zwei vorwärts gerichtete 20-mm-Kanonen, vier vorwärts gerichtete 7,7-mm-Browning-Maschinengewehre in den Eintrittskanten der Flügel sowie eine externe Bomben- und Raketenlast von 227 kg

Supermarine Spitfire Mk I bis V

Mitte der 30er Jahre begann R. J. Mitchell mit dem Entwurf der Spitfire. Ohne sich an Vorgaben halten zu müssen, entwcikelte er den Typ 300 um den Rolls-Royce-Merlin-Motor herum. Das Modell ging im Juni 1936 als Spitfire Mk 1 in die Produktion. Die Lieferungen für Einsätze begannen im Juli 1938 an die 19. Staffel in Duxford. Diese war in der Schlacht von England im Einsatz. Die Spitfire war hier ein stärkerer Gegner für die Bf 109 als die schlechter manövrierbare Hurricane. Der Mk I folgten 1.566 IB-Maschinen mit einer doppelten 20-mm-Kanone, die Mk IIA und IIB mit dem Merlin XII, die experimentelle Mk III mit dem Merlin XX, die Mk IV (2 Griffon-Motoren), 229 Fotoaufklärerversionen der Spitfire Mk V und schließlich die Mk V mit verstärktem Rumpf für den Merlin 45 oder Merlin 50, Abwurfbehälter und Einichtungen für Bomben. Der Zusatz LF bezeichnet Flugzeuge mit kürzerem Flügel für geringe Höhen und F bezeichnete Maschinen mit dem Standardflügel. A,B und C stehen für verschiedene Bewaffnungsmuster.

Herkunftsland:	Großbritannien
Typ:	(Spitfire Mk VA) einsitziger Jäger und Jagdbomber
Triebwerk:	ein 12-Zylinder-V-Motor Rolls-Royce Merlin 45 mit 1.478 PS (1.102 kW)
Leistung:	Höchstgeschwindigkeit 594 km/h; Anfangssteiggeschwindigkeit 1.204 m/min; Dienstgipfelhöhe 11.125 m; Reichweite 1.827 km
Gewicht:	Leermasse 2.267 kg; max. Startmasse 2.911 kg
Abmessungen:	Spannweite 11,23 m; Länge 9,12 m; Höhe 3,02 m
Bewaffnung:	acht vorwärts gerichtete 7,7-mm-Maschinengewehre in den Eintrittskanten der Flügel

Tupolev SB-2

Die SB-2 war Mitte der 30er Jahre einer der bekanntesten Bomber. Rein zahlenmäßig war er in den späten 30er Jahren der häufigste Bomber der Welt, und auch das erste moderne Flugzeug mit belastbarer Außenhaut, das in Russland 1935 in die Produktion ging. Die SB-2 wurde anfänglich mit 730 PS (544 kW) starken M-100-Motoren geliefert, die fest sitzende Propeller antrieben. Dann erschien jedoch der 860 PS (641 kW) starke M-100A-Motor in einer breiteren Gondel, der einen höhenverstellbaren Propeller antrieb. Die Gesamtproduktion der SB-2-Serie betrug 6.967 Flugzeuge, und die wichtigste Variante war die SB-2bis mit anderen und stärkeren Motoren und größerer Kraftstoffkapazität. Andere Varianten waren etwa 200 SB-RK-Sturzbomber mit 1.100 PS (820 kW) starken Klimov-M-105R-Motoren und die 111 in der Tschechoslowakei in Lizenz gebauten B-71-Bomber. Auf der Abbildung ist eine SB-2bis der russischen Luftwaffe zu sehen, die Ende 1941 von den Deutschen erbeutet wurde.

Herkunftsland:	Russland
Typ:	(SB-2bis) dreisitziger leichter Bomber
Triebwerk:	zwei 12-Zylinder-V-Motor Klimov M-103 mit 960 PS (716 kW)
Leistung:	Höchstgeschwindigkeit 450 km/h; Steigleistung 1.000 m in 1 min, 48 sek; Dienstgipfelhöhe 9.000 m; Reichweite 2.300 km
Gewicht:	Leermasse 4.768 kg; max. Startmasse 7.880 kg
Abmessungen:	Spannweite 20,33 m; Länge 12,57 m; Höhe 3,25 m
Bewaffnung:	zwei lenkbare, vorwärts gerichtete 7,62-mm-Maschinengewehre an der Rumpfnase, ein lenkbares, rückwärts gerichtetes 7,62-mm-Maschinengewehr in der Rückenkanzel, ein lenkbares, rückwärts gerichtetes 7,62-mm-Maschinengewehr am Rumpfbauch sowie eine interne Bombenlast von 600 kg

Tupolev Tu-2

Nach ihrem Erstflug als Modell ANT-58 im Januar 1941 war die Tu-2 einer der besten Hochgeschwindigkeitsbomber, die im 2. Weltkrieg zum Einsatz kamen. Sie wurde jedoch erst nach dem Krieg in größerer Anzahl gebaut (über 2.500 Flugzeuge). Über die Entwicklungsstationen ANT-59 und ANT-60 (das zweite dieser beiden Modelle wurde zum Tu-2-Modell) wurde die Tu-2S von Frühjahr 1944 an als Tu-2 geliefert; sie hatte stärkere Motoren und schwerere offensive und defensive Bewaffnung. Der Typ besaß, wie sich zeigte, gute Einsatzfähigkeiten als Tiefangriffsbomber, was seine Leistungen, Kraft und Vielseitigkeit anging. Die einzigen beiden anderen Modelle, die nennenswerte Einsätze im 2. Weltkrieg hatten, waren das Langstreckenmodell Tu-2D und der Fotoaufklärer Tu-2R. Auf der Abbildung ist eine Tu-2S eines sowjetischen Bomberregiments zu sehen, das 1945 an der Ostfront im Einsatz war.

Herkunftsland:	Russland
Typ:	(Tu-2S) viersitziger mittelschwerer Tiefangriffsbomber
Triebwerk:	zwei 14-Zylinder-Doppelsternmotoren Schwezow ASh-82FN mit 1.850 PS (1.379 kW)
Leistung:	Höchstgeschwindigkeit 547 km/h; Steigleistung 5.000 m in 9 min, 30 sek; Dienstgipfelhöhe 9.500 m; Reichweite 2.100 km
Gewicht:	Leermasse 7.474 kg; max. Startmasse 11.360 kg
Abmessungen:	Spannweite 18,86 m; Länge 13,8 m; Höhe 4,56 m
Bewaffnung:	zwei vorwärts gerichtete 20-mm-Kanonen an den Flügelansätzen, ein lenkbares, rückwärts gerichtetes 12,7-mm-Maschinengewehr im hinteren Cockpit, ein 12,7-mm-Maschinengewehr am Rumpfrücken, ein12,7-mm-Maschinengewehr am Rumpfbauch sowie eine interne Bombenlast von 4.000 kg

Vickers Vincent

In den frühen 30er Jahren waren die Standard-Kooperationsflugzeuge der britischen Luftwaffe an Übersee-Schauplätzen, die Fairey IIIF und die Westland Wapiti. Beide Typen waren veraltet, und auf der Suche nach einem Nachfolgemodell kam das Luftfahrtministerium zu der Überzeugung, dass der neue Torpedobomber Vildebeest das Potenzial für ein Mehrzweck-Kampfflugzeug besaß. Daher baute man 1932 eine Vildebeest Mk I zu einem Modell einer Mehrzweck-Version um, was zu Aufträgen für 196 Vincent-Mk I-Maschinen führte, die zwischen Juli 1934 und Oktober 1936 als neue Flugzeuge oder Vildebeest-Umbauten fertig gestellt wurden. Etwa 171 dieser Flugzeuge traten bei der britischen Luftwaffe in Dienst (12 Geschwader in Indien, im Mittleren Osten und in Ostafrika), und sie waren bis 1941 im Irak im Einsatz. Eine kleinere Anzahl wurden an den Irak und Neuseeland überstellt. Das Bild zeigt eine Vincent der neuseeländischen Luftwaffe von 1940.

Herkunftsland:	Großbritannien
Typ:	dreisitziges Mehrzweckflugzeug
Triebwerk:	ein 9-Zylinder-Sternmotor Bristol Pegasus IIM3 mit 635 PS (473,5 kW)
Leistung:	Höchstgeschwindigkeit 228,5 km/h; Anfangssteiggeschwindigkeit 233 m/min; Dienstgipfelhöhe 5.180 m; Reichweite 2.012 km
Gewicht:	Leermasse 1.918 kg; max. Startmasse 3.674 kg
Abmessungen:	Spannweite 14,94 m; Länge 11,175 m; Höhe 5,41 m
Bewaffnung:	ein vorwärts gerichtetes 7,7-mm-Maschinengewehr in der Backbordseite des Vorderrumpfes, ein lenkbares, rückwärts gerichtetes 7,7-mm-Maschinengewehr im hinteren Cockpit sowie eine externe Bombenlast von 499 kg

Vickers Wellesley

Die Wellesley wurde 1933 als Privatunternehmen auf eine offizielle Ausschreibung für einen Mehrzweck- und Torpedobomber hin entworfen. Sie basierte auf der neuen geodätischen Bauweise und erschien bei ihrem Erstflug im Juni 1935 als gewebeüberzogener, frei tragender Eindecker mit einem Flügel, der ein gutes Längenverhältnis hatte. Das Luftfahrtministerium gab zunächst 96 Wellesley-Mk-I-Maschinen in Auftrag. Sie waren als mittelschwere Bomber optimiert und trugen die Bomben in zwei Behältern unter den Flügeln. Die Wellesley Mk I trat im April 1937 in den Dienst, und bis Mai 1938 wurden insgesamt 176 Flugzeuge gebaut. Die meisten der späteren wurden (mit der inoffiziellen Bezeichnung Wellesley Mk II) mit einer durchgehenden Glashaube, die die Spitze überbrückte, und hinteren Cockpits gebaut. Die Wellesley wurde in der ersten Hälfte des 2. Weltkrieges nutzbringend in Ost- und Nordafrika eingesetzt. Auf dem Bild ist eine Wellesley Mk I der 76. Staffel der britischen Luftwaffe zu sehen, die 1938 in Finningley stationiert war.

Herkunftsland:	Großbritannien
Typ:	(Wellesley Mk I) zwei-/dreisitziger Mehrzweckbomber
Triebwerk:	ein 9-Zylinder-Sternmotor Bristol Pegasus XX mit 835 PS (622,5 kW)
Leistung:	Höchstgeschwindigkeit 367 km/h; Steigleistung 6.000 m in 17 min, 30 sek; Dienstgipfelhöhe 7.770 m; Reichweite 4.635 km mit einer Bombenlast von 481 kg
Gewicht:	Leermasse 3.066 kg; max. Startmasse 5.670 kg
Abmessungen:	Spannweite 22,73 m; Länge 11,66 m; Höhe 4,67 m
Bewaffnung:	ein vorwärts gerichtetes 7,7-mm-Maschinengewehr in der Eintrittskante des Backbordflügels, ein lenkbares, rückwärts gerichtetes 7,7-mm-Maschinengewehr im hinteren Cockpit sowie eine interne Bombenlast von 907 kg

Vickers Wellington B.Mk I bis X

Eines der wichtigsten Kampfflugzeuge Großbritanniens zu Beginn des 2. Weltkrieges war die Wellington. Ein Großteil der Bombardierungen ging auf ihr Konto, bis gegen Ende des Jahres 1941 eine größere Anzahl viermotoriger schwerer Bomber zur Verfügung stand. Von da an machte der Typ eine zweite Karriere als Seeaufklärer, Transporter und Übungsflugzeug, und zwar weit über das Kriegsende hinaus. Die Gesamtproduktion betrug 11.461 Stück. Die letzte Maschine wurde erst im Oktober 1945 geliefert. Im Oktober 1938 hatte man sie in Dienst genommen; das Anfangsmodell war die Wellington Mk I mit 1.000 PS (746 kW) starken Pegasus-XVIII-Sternmotoren, und ihre Entwicklung als Bomber führte über die Mk III mit Rolls-Royce-Merlin-V-Motoren, die Mk III mit Hercules-Sternmotoren, die Mk IV mit Pratt & Whitney-Twin-Wasp-Sternmotoren, die Mk VI mit Merlin-Motoren und die Mk X mit Hercules-Motoren. Wellingtons bildeten den Hauptanteil des ersten Luftangriffs mit 1.000 Bombern.

Herkunftsland:	Großbritannien
Typ:	(Wellington Mk X) sechssitziger mittelschwerer Bomber
Triebwerk:	zwei 14-Zylinder-Doppelsternmotoren Bristol Hercules XI oder XVI mit 1.675 PS (1.249 kW)
Leistung:	Höchstgeschwindigkeit 410 km/h; Steigleistung 4.570 m in 27 min, 42 sek; Dienstgipfelhöhe 6.705 m; Reichweite 3.033,5 km mit einer Bombenlast von 680 kg
Gewicht:	Leermasse 10.194 kg; max. Startmasse 16.556 kg
Abmessungen:	Spannweite 26,26 m ; Länge 19,68 m; Höhe 5,31 m
Bewaffnung:	zwei lenkbare, vorwärts gerichtete 7,7-mm-Maschinengewehre in der Nasenkanzel, vier lenkbare, rückwärts gerichtete 7,7-mm-Maschinengewehre in der Heckkanzel, ein lenkbares, seitlich ausgerichtetes 7,7-mm-Maschinengewehr in jeder der beiden Balkenpositionen sowie eine interne Bombenlast von 2.041 kg

Vickers Wellington GR.Mk VIII bis XIV

Als die Wellington in ihrer ursprüglichen Bomberfunktion veraltet war, empfahl sich angesichts der Zuverlässigkeit und Dauerhaftigkeit des Typs eine Weiterentwicklung als Marineflugzeug für das Küstenkommando statt für das Bomberkommando. Die erste der so entstandenen Varianten war die Wellington GR.Mk VIII, die im Frühling 1942 als Weiterentwicklung des Bombers Mk IC mit einem ASV.Mk-II-Radar oder einem Leigh Light für Schiffs- oder U-Boot-Bekämpfungseinsätze in Betrieb genommen wurde. Diesen 394 Flugzeugen folgten 180 GR.Mk-XI-Schiffsbekämpfungsflugzeuge, die auf dem Mk-X-Bomber mit ASV.Mk-II- oder III-Radar basierten; 58 GR.Mk-XII-U-Boot-Bekämpfungsflugzeuge mit ASV.Mk-III-Radar und einem Leigh Light; 844 GR.Mk XIII-Tages-Torpedobomber mit Hercules-XVII-Motoren und ASV.Mk-II-Radar und 841 GR.Mk-XIV-Nachtflugzeuge mit ASV.Mk-III-Radar und einem Leigh Light. Viele GR.Mk-IV-Maschinen wurden 1944–1945 an Frankreich weitergegeben, einige wurden noch 1946 an Frankreich verkauft.

Herkunftsland:	Großbritannien
Typ:	(Wellington GR.Mk XIII) sechs-/siebensitziger Seeaufklärer
Triebwerk:	zwei 14-Zylinder-Doppelsternmotoren Bristol Hercules XVII mit 1.735 PS (1.294 kW)
Leistung:	Höchstgeschwindigkeit 402 km/h; Dienstgipfelhöhe 4.875 m; Reichweite 2.816 km
Gewicht:	Leermasse 9.974 kg; max. Startmasse 14.062 kg
Abmessungen:	Spannweite 26,26 m; Länge 19,68 m; Höhe 5,38 m
Bewaffnung:	zwei lenkbare, vorwärts gerichtete 7,7-mm-Maschinengewehre in der Nasenkanzel, vier lenkbare, rückwärts gerichtete 7,7-mm-Maschinengewehre in der Heckkanzel sowie eine interne Bomben- und Torpedolast von 2.041 kg

Vought SB2U Vindicator

Im Oktober 1934 in Auftrag gegeben, war die SB2U der erste Eindecker-Aufklärer und Sturzbomber der US-Marine. Gleichzeitig wurde jedoch wegen der bleibenden Zweifel an ihrer hohen Start- und Landegeschwindigkeit ein einzelnes Doppeldeckermodell XSB3U-1 in Auftrag gegeben. Das Modell des XSB2U-1-Eindeckers machte seinen Jungfernflug im Januar 1936. Im Oktober desselben Jahres erteilte die US-Marine einen Auftrag für 54 SB2U-1-Flugzeuge mit dem 825 PS (615 kW) starken Pratt & Whitney-R-1535-96-Motor. Die SB2U-1 wurde vom Dezember 1937 an geliefert, und auf sie folgten 58 bzw. 57 Exemplare der SB2U-2 mit veränderter Ausrüstung und der SB2U-3 mit schwererer Bewaffnung und vergrößerter Kraftstoffkapazität. Die SB2U wurde 1942 aus dem Verkehr gezogen. Frankreich und Großbritannien kauften 39 bzw. 50 im Wesentlichen ähnliche V-156F- bzw. Chesapeake-Mk-I-Flugzeuge. Das Bild zeigt eine SB2U-2, eingesetzt vom 5. Bereichsleiter der Bomberstaffel VB-2, stationiert im Juli 1939 auf der USS Lexington.

Herkunftsland:	USA
Typ:	(SB2U-3) zweisitziger träger- und landgesützter Sturzkampfbomber
Triebwerk:	ein 14-Zylinder-Doppelsternmotor Pratt & Whitney R-1535-2 Twin Wasp Junior mit 825 PS (615 kW)
Leistung:	Höchstgeschwindigkeit 391 km/h; Anfangssteiggeschwindigkeit 326 m/min; Dienstgipfelhöhe 7.195 m; Reichweite 1.802 km
Gewicht:	Leermasse 2.556 kg; max. Startmasse 4.273 kg
Abmessungen:	Spannweite 12,77 m; Länge 10,36 m; Höhe 4,34 m
Bewaffnung:	ein vorwärts gerichtetes 12,7-mm-Maschinengewehr im oberen Backbordteil des Vorderrumpfes, ein 12,7-mm-Maschinengewehr im hinteren Cockpit sowie eine externe Bombenlast von 454 kg

Vought F4U Corsair

Die F4U Corsair wurde mit einem umgekehrten Möwenflügel entworfen, um die Spannweite und die Länge des Hauptfahrwerks so kurz wie möglich zu halten. Sie war als trägergestütztes Jagdflugzeug geplant, reifte jedoch zu einem Tiefangriffs- und Bodenkampfunterstützungsflugzeug, das hauptsächlich im Pazifik gegen die Japaner eingesetzt wurde. Der Typ absolvierte im Mai 1940 seinen Erstflug und wurde im Februar 1943 im Kampf eingesetzt, allerdings landgestützt, da man den Fähigkeiten des Typs als trägergestütztes Flugzeug nicht traute. Bewaffnet mit Bomben und Raketen statt der ursprünglichen festen Geschütze, blieb die Corsair bis nach dem 2. Weltkrieg in Produktion, doch die Hauptvarianten im Krieg waren die F4U-1 (4.399 Maschinen in fünf Nebenvarianten), die F4U-4 (2.651 Maschinen in fünf Nebenvarianten), 4.006 von Goodyear gebaute FG-1-Maschinen in drei Nebenvarianten und 735 von Brewster gebaute F3A-1-Maschinen in drei Nebenvarianten.

Herkunftsland:	USA
Typ:	(F4U-4) einsitziger träger- und landgestützter Jäger und Jagdbomber
Triebwerk:	ein 18-Zylinder-Doppelsternmotor Pratt & Whitney R-2800-18W Double Wasp mit 2.250 PS (1.678 kW)
Leistung:	Höchstgeschwindigkeit 718 km/h; Anfangssteiggeschwindigkeit 1.180 m/min; Dienstgipfelhöhe 12.650 m; Reichweite 2.511 km
Gewicht:	Leermasse 4.175 kg; max. Startmasse 6.149 kg als Jäger oder 8.845 kg als Jagdbomber
Abmessungen:	Spannweite 12,49 m; Länge 10,27 m; Höhe 4,5 m
Bewaffnung:	sechs vorwärts gerichtete 12,7-mm-Maschinengewehre in den Eintrittskanten der Flügel sowie eine externe Bomben- und Raketenlast von 907 kg

Vultee A-35 Vengeance

Anfang 1940 erhielt Vultee einen französischen Auftrag für einen Sturzbomber, in dem man die Lieferung von 300 dieser V-72-Flugzeuge zum September 1941 vereinbarte. Frankreichs Fall unterbrach das Programm für einige Zeit, es kam jedoch wieder in Gang durch britische Aufträge für 700 V-72-Kampfflugzeuge mit den Bezeichnungen Vengeance Mk I und II. Die USA kaufte auch 200 A-31-(Vengeance Mk III-)Maschinen für eine Lieferung im Rahmen des Lend-Lease-Abkommens für Großbritannnien und stattete dann die A-35 mit amerikanischer Ausrüstung und größerem Einfallwinkel der Flügel aus. Die A-35 (100 St.) hatte den 1.600 PS (1.193 kW) starken R-2600-11-Motor, die A-35A umfasste 99 Umbauten mit veränderter, vorwärts gerichteter Bewaffnung und die A-35B (Vengeance Mk IV) umfasste 563 noch weiter verbesserte Maschinen. Man machte nur begrenzten Einsatzgebrauch von dem Typ, der im Allgemeinen als Zielschlepper diente. Auf dem Bild ist eine A-35B Vengeance der Groupes de Bombardement 1/32 der französischen Luftwaffe 1943 in Nordafrika zu sehen.

Herkunftsland:	USA
Typ:	(A-35B) zweisitziger Sturzbomber und Tiefangriffsflugzeug
Triebwerk:	ein 14-Zylinder-Doppelsternmotor Wright R-2600-13 mit 1.700 PS (1.267,5 kW)
Leistung:	Höchstgeschwindigkeit 449 km/h; Steigleistung 4.570 m in 11 min, 18 sek; Dienstgipfelhöhe 6.795 m; Reichweite 2.253 km
Gewicht:	Leermasse 4.672 kg; max. Startmasse 7.439 kg
Abmessungen:	Spannweite 14,63 m; Länge 12,12 m; Höhe 4,67 m
Bewaffnung:	sechs vorwärts gerichtete 12,7-mm-Maschinengewehre in den Eintrittskanten der Flügel ein lenkbares, rückwärts gerichtetes 12,7-mm-Maschinengewehr im hinteren Cockpit sowie eine interne und externe Bombenlast von 907 kg

Westland Lysander

Die Lysander entstand aus einer Ausschreibung von 1934 für einen Schlachtaufklärer und ein Kooperationsflugzeug. Die Zwei-Mann-Besatzung sollte die bestmögliche Sicht nach vorne und zu den Seiten hinaus haben, besonders aber nach unten. Daher war sie um einen soliden Rumpf konstruiert, der ein großes, verglastes Cockpit unter dem hoch angelegten Flügel trug. Das erste von zwei Modellen absolvierte seinen Erstflug im Juni 1936, und die Gesamtproduktion umfasste die Lysander Mk I (169 Flugzeuge), die vom Juni 1938 an eingesetzt wurde, die Lysander Mk II (517 Stück) mit dem 905 PS (675 kW) starken Bristol-Perseus-XII-Motor, die Lysander Mk III (517 Stück) mit dem Mercury-XX-Motor und die Lysander Mk IIIA (347 Stück), eine verbesserte Version der Mk III. Von 1941 an wurde der Typ verstärkt als Zielschlepper eingesetzt (100 neue TT.Mk-IIIA-Maschinen, die 70 Umbaumodelle ergänzten) und für den Agententransport nach Europa. Auf dem Bild ist eine der 36 an die Türkei gelieferten Lysander Mk II-Maschinen zu sehen. Diese war 1940 in Yesilköy stationiert.

Herkunftsland:	Großbritannien
Typ:	(Lysander Mk I) zweisitziges taktisches Aufklärungs- und Kooperationsflugzeug
Triebwerk:	ein 9-Zylinder-Sternmotor Bristol Mercury XII mit 890 PS (664 kW)
Leistung:	Höchstgeschwindigkeit 369 km/h; Steigleistung 3.050 m in 6 min, 48 sek; Dienstgipfelhöhe 7.925 m; Reichweite 966 km
Gewicht:	Leermasse 1.844 kg; max. Startmasse 3.402 kg
Abmessungen:	Spannweite 15,24 m; Länge 9,3 m; Höhe 3,35 m
Bewaffnung:	zwei vorwärts gerichtete 7,7-mm-Maschinengewehre in den Radverkleidungen, ein lenkbare, rückwärts gerichtetes 7,7-mm-Maschinengewehr im hinteren Cockpit sowie eine externe Bombenlast von 227 kg

Westland Wapiti

Mitte der 20er Jahre realisierte die britische Luftwaffe, dass ihr Bestand an Mehrzweck-Doppeldeckern de Havilland D.H.9A aus dem 1. Weltkrieg bald veraltet sein würde. Daraufhin wurde ein Nachfolgemodell ausgeschrieben, das bessere Leistungen, größere Ladekapazität, einen strapazierfähigen Rahmen für alle Einsatzorte der britischen Luftwaffe und schließlich eine möglichst umfassende Verwendung von D.H.9A-Komponenten, von denen man noch reichhaltige Lagerbestände hatte, ausweisen sollte. Der Sieger wurde die Westland Wapiti, die die Flügelzelle und das Seitenleitwerk der D.H.9A verwendete. Das Wapiti-Modell absolvierte den Erstflug im März 1927. Nach weiterer Entwicklung wurden 570 Exemplare des Typs gebaut, und zwar für Großbritannien, Australien, Kanada und Südafrika in Varianten bis zur Wapiti Mk VI sowie für China als Wapiti Mk VIII. Das Bild zeigt eine Mk IA der australischen Luftwaffe als Schleppflugzeug aus den 40er Jahren.

Herkunftsland:	Großbritannien
Typ:	(Wapiti Mk III) zweisitziges Mehrzweckflugzeug
Triebwerk:	ein 14-Zylinder-Doppelsternmotor Armstrong Siddeley Jaguar VI mit 490 PS (365 kW)
Leistung:	Höchstgeschwindigkeit 225 km/h; Steigleistung 1.525 m in 4 min, 18 sek; Dienstgipfelhöhe 6.280 m; Reichweite 1.062 km
Gewicht:	Leermasse 1.442 kg; max. Startmasse 2.449 kg
Abmessungen:	Spannweite 14,15 m; Länge 9,91 m; Höhe 3,61 m
Bewaffnung:	ein vorwärts gerichtetes 7,7-mm-Maschinengewehr im oberen Teil des Vorderrumpfes, ein lenkbares, rückwärts gerichtetes 7,7-mm-Maschinengewehr im hinteren Cockpit sowie eine externe Bombenlast von 263 kg

Westland Whirlwind

Die Whirlwind war das erste einsitzige, zweimotorige Jagdflugzeug der britischen Luftwaffe, und nach ihrem Entwurf sollte eine vorwärts gerichtete Batterie von vier 20-mm-Kanonen in der Rumpfnase angebracht werden. Das Triebwerk basierte auf zwei Rolls-Royce-Peregrine-Motoren, der im Prinzip eine modernisierte Version des klassischen Kestrel war. Doch die Entwicklungsprobleme des Motors (da zu der Zeit der Hersteller eher seinen großen Merlin-Motor verbessern und dessen Produktion maximierte), hatten zur Folge, dass die Zukunft der Whirlwind beschränkt war. Die Produktion erreichte nur 112 Flugzeuge, welche für eine kurze Zeit zwischen Juni 1940 und Juni 1943 im Einsatz waren. Der Typ wurde nur von zwei Staffeln geflogen, und die übrig gebliebenen Whirlwind Mk-Jäger wurden später zum Whirlwind Mk IA-Jagdbomber-Standard aufgestockt. Das Flugzeug hatte auch eine hohe Landegeschwindigkeit, was die Einsatzmöglichkeiten beschränkte.

Herkunftsland:	Großbritannien
Typ:	(Whirlwind Mk IA) einsitziger Langstreckenjagdbomber
Triebwerk:	zwei 12-Zylinder-V-Motoren Rolls-Royce Peregrine I mit 765 PS (570 kW)
Leistung:	Höchstgeschwindigkeit 579 km/h; Anfangssteiggeschwindigkeit 396 m/min mit zwei 227-kg-Bomben; Dienstgipfelhöhe 9.145 m; Reichweite etwa 1.287 km
Gewicht:	Leermasse 3.769 kg; max. Startmasse 5.166 kg
Abmessungen:	Spannweite 13,72 m; Länge 9,83 m; Höhe 3,2 m
Bewaffnung:	vier vorwärts gerichtete 20-mm-Kanonen in der Rumpfnase sowie eine externe Bombenlast von 454 kg

Yakovlev Yak-1

Die Yak-1 absolvierte ihren Erstflug im Januar 1940. Sie war ein leichtgewichtiges Jagdflugzeug und basierte auf einem Rahmen aus einer Leichtmetalllegierung und Holz. In der Gestaltung war die Yak-1 von typischer moderner Jägerform mit einem tief liegenden, frei tragenden Flügel, geschlossenem Cockpit und einziehbarem Hauptfahrwerk und ging Ende der 40er Jahre in die Produktion. Bis zum Sommer 1943 wurden 8721 Flugzeuge geliefert. Die wichtigsten Modelle waren die eigentliche Yak-1, die Yak-1B mit gestutztem Hinterrumpf, der die Einpassung einer klarsichtigen Kuppelhaube erlaubte, und das leichtere Yak-1M-Modell mit weiteren Verbesserungen. Weiterentwicklungen waren die Yak-3, Yak-7 und die Yak-9. Diese Jagdflugzeug-Serie war die beste, die der sowjetischen Luftwaffe während der ersten Hälfte des Krieges zur Verfügung.

Herkunftsland:	Russland
Typ:	(Yak-1, Standard der frühen Produktion) einsitziger Jäger und Jagdbomber
Triebwerk:	ein 12-Zylinder-V-Motor Klimov M-105P mit 1.100 PS (820 kW)
Leistung:	Höchstgeschwindigkeit 600 km/h; Steigleistung 5.000 m in 5 min, 24 sek; Dienstgipfelhöhe 10.000 m; Reichweite 700 km
Gewicht:	Leermasse 2.347 kg; max. Startmasse 2.847 kg
Abmessungen:	Spannweite 10 m; Länge 8,48 m; Höhe 2,64 m
Bewaffnung:	eine vorwärts gerichtete 20-mm-Kanone in einer Motorinstallation, zwei vorwärts gerichtete 7,62-mm-Maschinengewehre im oberen Teil des Vorderrumpfes sowie eine externe Bomben- und Raketenlast von 200 kg

Register

Jäger